KB117039

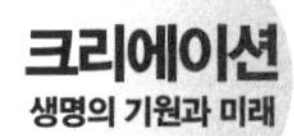
크리에이션
생명의 기원과 미래

CREATION : The Origin of Life / The Future of Life

중앙books
JoongAng Ilbo

지금의 내가 존재할 수 있게 나에게 세포를 물려준

아버지 데이비드 그리고 나의 세포를 물려받은

베아트리체와 제이크에게 이 책을 바칩니다.

생명의 과거에서 미래로의 탐험

진화를 가장 잘 설명한 책은 이미 출간되었다. 1859년 11월 찰스 다윈(Charles Darwin)은 증명 가능한 진화의 논리를 서술한 명저이자 '자연선택'에 대한 통찰력 있는 논거들로 진화의 굵직한 틀을 설명한《종의 기원*On The Origin of Species*》을 세상에 내놓았다. 다윈의 책이 출간된 후 지난 150년 동안 과학은 그 이론과 모델을 꾸준히 개선시키며 발달하고 있다. 하지만 생물학 연구의 면면은 따지고 보면 "종(種)은 오랜 시간에 걸쳐 유효성의 여부에 따라 형질을 획득하거나 상실하면서 변화해 왔다"라는《종의 기원》의 핵심적인—다윈이 지어낸 수식어인 '변이를 동반한 유전'이라는—이론을 보강하는 역할에 그쳤다고 해도 과언이 아니다. 결국 한 세기하고도 반백년 동안의 연구는 사실상 자연선택설의 견고함에 대한 재확인이었던 셈이다.

이 책은 '종의 기원 이전의 존재'에 대한 책이다. 또한 자연선택의 통제권 밖에 존재하는 새로운 형태의 생명을 설계할 수 있게 됨에 따라 앞으로 '만나게 될 존재'에 대한 책이기도 하다. 할리우드식으로 표현하자면 '생명의 전편과 후편'쯤 되겠다. 두 편 모두 변이를 동반한 유전과 관련이 있다.

전편에서 우리는 생명의 기원을 탐색하는 여정에 오를 것이다. 원시시대의 암석들과 바다 그리고 부글부글 끓어오르는 용암의 소용돌이 속에서 생명이 없는 화학 물질이 생물학적 물질로 격상하는 과정을 더듬어본다. 후편에서는 인간을 매개로 이루어지는 생명의 변형을 탐구해볼 것이다. 더불어 설계와 조작을 통해 새로운 생명의 형태들을 구축하는 다양한 시도들도 살펴본다. 이러한 시도들을 살펴보기 전에 먼저 40억 년에 걸친 지구의 진화를 이해하고, 지금과 같은 삶에 도달하도록 인류를 이끈 200~300년에 걸친 생물학의 발전상부터 파악해야 한다.

이 책은 크게 두 부분으로 나누어져 있다. 그렇지만 상호 의존적인 밀접한 분야이자 여러 가지 개념들이 복잡하게 얽혀 있는 하나의 숲이기도 하다. 지금 인류는 진화의 초기 단계에서 일어났던 과정들에 대한 깊이 있는 지식뿐만 아니라 생물을 꽤 심오한 단계까지 조작할 수 있는 기술을 보유하고 있다. 그리고 세포들을 분리하고 다시 합성하는 기술 덕분에 역사상 최초의 생명이 지니고 있던 세포들에 대한 지식도 더 많이 알게 되었다.

이러한 이유로 이 책은 두 가지 이야기를 들려준다. 두 이야기는 따로 떼어놓을 수 없을 만큼 긴밀하게 연결되어 있지만 반드시 연속해서 읽을 필요는 없다. 생명의 미래에 관한 이야기를 먼저 읽고 싶다면 지금 바로 후편인 2부에서 시작해도 무방하다.

차례

PART Ⅱ 생명의 미래

I

The Origin of Life

생명의 기원

The Origin of Life

서장

•

생명은 어디에서 왔는가

"살아남는 종은 가장 강한 종도, 가장 똑똑한 종도 아니다.
변화에 가장 잘 적응하는 종이 살아남는다."

- 찰스 다윈(Charles Darwin)

이런! 책을 펼치다가 그만 종이에 손가락을 베였다. 약간 짜증이 나겠지만 가벼운 상처일 테고 조금 아프긴 하겠지만 금세 아물 것이다. 하지만 베인 상처가 유발하는 미시적 반응은 홍수나 대지진과 같은 대규모 재앙에 대처하는 인류의 행동과 견주어도 될 만큼 복잡하고 조직적이며 심오하다. 천재지변이 일어났을 때 우리가 가장 먼저 하는 일은 비상 대응이다.

베인 상처 안팎에서 일어나는 일련의 일들은 살아 있는 세포들이 만들어내는 아름다운 합작품이라고 설명할 수 있다. 종이의 날카로운 모서리가 피부의 가장 바깥쪽 표면을 베는 그 순간, 피부 전체에 고루 퍼져 있는 세포들은 통각수용체(nociceptor)를 호출하여 즉각적인 비상 대응에 돌입한다. 통각수용체 표면에 돋아 있는 길고 가느다란 신경섬유들을 통해 손가락 끝에서 발사된 전기신호가 1초를 헤아리기도 전에 뇌의 피질세포로 전달된다. 이 시점에서 통증이 인식된다. 그리고 뇌는 생각의 속도로 팔에 있는 근육세포들에 임무를 하달한다. '주변 세포들은 즉각, 일제히 수축하라!' 근육은 즉각 수축하고 팔은 움찔한다. 여기까지 과정은 심장이 한 번 박동하기도 전에 일어난다.

베임으로 인해 혈관 벽에 머물러 있는 세포들은 서로 갈라지는데 세포들의 갈라짐이 바로 치료 과정에 시동을 거는 결정적 사건이다. 모세혈관이 벌어지면서 상처에서는 피가 흐른다. 피가 진홍색인 이유는 헤모글로빈(hemoglobin)이라는 혈색소 때문인데 납작하고 오목한 원반처럼 생긴 적혈구 세포를 가득 채우고 있는 헤모글로빈은 우리 몸 구석구석으로 산소를 운반하는 단백질 분자다. 사람은 평균적으로 5리터가량의 혈액을 유지하고 있는데 그중 절반에 조금 못 미치는 양을 이 적혈구가 차지하고 있다. 혈액의 나머지 부분은 보통 체액이라고 부르는 혈장이 담당하고 있다.

이 혈장 속에는 전체 혈액의 1퍼센트 미만을 구성하는 세포들이 있는데 베인 상처를 치료하는 데 없어서는 안 될 이 세포들이 바로 백혈구 세포다. 몸속에 침투하자마자 왕성한 번식력으로 우리 몸을 감염시키는 박테리아 같은 기회 감염성 침략자들을 찾아내어 싸우고 물리치는 임무를 맡고 있다.

한편 통증의 방아쇠를 당겼던 신경세포의 말단은 혈액 속으로도 신호를 보내 혈소판이라는 세포들을 소집한다. 혈소판은 과도한 출혈을 방지하기 위해 한데 엉겨 덩어리를 형성하는 '신속 대응팀'이다. 혈소판이 하는 또 하나의 역할은 비상 신호를 보내어 수십 종의 다른 '일꾼'들, 즉 상처를 보호하고 재건 과정을 개시할 세포와 단백질들을 호출하는 일이다. 신호를 받은 동맥 혈관 벽의 근육세포들은 수축과 동시에 경련을 일으킨다. 이로 인해 비로소 손가락이 욱신거리기 시작한다. 욱신거림은 혈액의 흐름을 제한하고 동시에 면역세포가 행동을 개시할 공간을 확보해준다. 이후 단백질 덩어리를 형성함으로써 출혈로 인한 혈액의 유실은 일단 수습된다. 상처 치유의 첫 번째 단계가 잘 마무리된 것이다. 이로써 몸의 내부와 바깥세상을 구분해주던 방책이 다시 세워졌으니 이제 정화와 복구 작업도 순조롭게 진행될 수 있다.

약 한 시간 후부터 상처 주변에 모이는 세포들은 대부분 호중성 백혈구(neutrophil)들이다. 이 녀석들은 세포막에 있는 탐지기를 이용해 사건의 진원지에서 발생하는 화학적 응급 신호를 감지하고 그중 가장 강력한 신호를 향해 이동한다. 호중성 백혈구들은 진원지에 도착하자마자 박테리아들을 습격해 잔해와 파편들을 빨아들이면서 소위 청소 전문가의 역할을 톡톡히 해낸 뒤 자멸한다.

다음 24시간이 흐르는 동안 또 한 무리의 세포들이 진원지로 집결한다. 각각의 세포들은 면역 시스템의 '대식세포(macrophage)'로 발달한다. 대식세포들은 호중성 백혈구들의 잔해와 잠재적 위험을 안고 있는 잔류물을 찾아내 게걸스럽게 먹어 치운다.

이때 중요한 점은 베인 상처가 원래 있던 세포들로 자연스레 복원되지 않는다는 것이다. 혹시 그렇게 되면 베이기 전에 있던 감각을 잃을 수도 있다. 물론 벌어진 상처의 틈에 새로운 피부 세포들이 채워지는 것도 아니다. 혹여나 그러한 과정이 진행된다면 우리 몸은 여기저기 불룩불룩 튀어나온 혹으로 볼썽사나워질 수 있다. 인간의 신체는 가능한 흔적을 남기지 않고 상처가 나기 이전 상태로 복구하기 위해 최선을 다한다. 그러기 위해서는 상처를 새살로 감쪽같이 덮어야 한다. 그것이 바로 세포들의 치밀하고도 복잡한 합작품이다. 달리 말하면 새로운 조직의 탄생이다.

무언가를 복원하기 위해서는 가장 먼저 토대부터 쌓아야 한다. 종이에 베이고 이틀이 지나는 동안 섬유아세포(fibroblast)라는 세포 구성성분이 상처의 진원지로 몰려든다. 스스로를 복제하면서 진원지로 몰려든 섬유아세포들은 주름진 촉수처럼 생긴 '위족(pseudopodia, 僞足)'을 뻗어 상처 표면을 덮는다. 위족을 뻗어 복구 작업을 위한 토대를 형성하던 섬유아세포들의 행진은 진원지 중앙에서 다른 위족을 만나는 순간 멈춘다. 행진을 멈춘 세포들은 새로운 혈관이나 피부 조직의 일부로 변신을 시작한다. 이렇게 적당한 위치에 자리를 잡은 섬유아세포들은 나머지 복구 프로젝트의 토대 혹은 모체가 될 콜라겐을 생산하고 분비한다.

당연히 피부는 세포로 이루어져 있다. 하지만 세포의 종류는 한 가지가 아니다. 피부 세포들은 끊임없이 안쪽에서부터 재생산되고 층층이 성장해 바깥쪽에 있는 죽은 세포들을 밀어낸다. 섬유아세포들이 만든 토대에는 모낭세포를 비롯하여 땀샘, 지방 분비샘뿐 아니라 피부에 산소와 영양을 공급하는 혈관세포 등 다양한 종류의 세포들이 자리를 잡는다. 복원된 새로운 조직 안에도 이 모든 세포들이 하나도 빠짐없이 재건된다.

책을 펼치다 손을 베인 지 한 달쯤 지나면 사실상 상처는 다 나은 것처럼 보인다. 하지만 우리가 손을 베였다는 사실을 까맣게 잊은 후에도 세포들은 몇 달 어쩌면 1년 넘도록 상처의 진원지를 말끔히 복구하고 흉터가 남지 않게 하려는 노력을 멈추지 않는다. 복구 작업이 진행되는 동안 연료를 공급해주기 위해 뻗어 나와 있던 임시 혈관들이 제자리로 돌아가면서 상처의 붉은 기도 점차 옅어지고 복구 작업의 토대 역할을 했던 임시 콜라겐 발판도 좀 더 영구적인 콜라겐 층으로 교체된다. 새로운 생체 조직 조각, 즉 우리 몸의 일부가 된 새살은 이렇듯 사소하지만 반드시 필요한 복구 작업을 통해 완성된다.

이 복구 프로젝트는 수천 개의 세포들이 동원되어 고도로 특화된 수천 개의 새로운 세포들을 생산하고 이렇게 생산된 세포들이 표피와 각종 샘, 정맥과 동맥으로 변신하는 과정이다. 모든 생명이 세포로부터 새로운 생체 조직을 창조할 수 있다는 사실은 현존하는 생명뿐 아니라 이전에 존재했던 모든 생명의 존재마저 통합하는 웅장한 개념이다.

지구상에는 우리가 알고 있는 우주의 모든 별들을 합친 수보다 많은 세포들이 존재한다. 박테리아 하나만 보자. 대충 따져도 지구상에 존재하는 세균성 세포의 수는 5×10^{30}(5,000,000,000,000,000,000,000,000,000,000)개쯤 된다. 체격에 따라 수십조 개의 차이는 있겠지만 이 책을 읽고 있는 당신도 대략 50조 개의 인간 세포로 이루어져 있다. 한마디로 우리는 걸어 다니는 페트리 접시(Petri dish, 세균 배양에 쓰이는 둥글고 납작한 접시-옮긴이)인 셈이다.

건강한 사람은 온전히 자신의 세포만 가진 채 무균 상태로 태어난다. 하지만 평범한 성인의 장(腸) 속과 피부를 비롯해 모든 표피의 안팎에 퍼져 있는 비(非) 인간 세포의 수는 인간 세포의 10배에 육박하며 대개 박테리아, 즉 세균의 형태를 지닌다. 물론 박테리아만 존재하는 것은 아니다. 우리 몸에는 박테리아와 닮은 고세균류도 있고 더 크고 복잡한 효모세포뿐 아니라 원생생물, 경우에 따라서 기생충도 서식하고 있다. 지금 이 순간에도 있는지조차 모르는 1,000여 종 이상의 세포들이 인간의 신체에 무임승차하고 있다. 게다가 무임승차 세포들 중에는 생명과 직결되는 것들도 있다. 이들 대부분은 인간 세포의 크기보다 훨씬 작다. 하지만 세포의 수로 따져보면 아찔할 정도로 엄청나다.

우리 몸에 살고 있는 이방인들은 생명이 오로지 세포로 매개된다는 사실을 여실히 보여준다. 종이에 베인 상처의 복구 작업은 기막힐 정도로 복잡하지만 한편으로는 베이고 수축되었다가 며칠 안에 새로운 조직으로 덮으면 그만이다. 이와 유사한 일들이 지구 곳곳에서 매분마다 수십억 번씩 일어나고 있다. 그저 종이에 베인 상처가 치유되는 일 정도가 아닌, 모든 생명의 근본적인 활동이 세포를 통해 일어나고 있는 것이다.

손가락의 새로운 피부 세포를 포함하여 모든 세포는 이미 존재하는 세포가 둘로 분열하면서 탄생한다. 이 단순한 사실을 근거로 종이에 베인 상처의 세포들이 40억 년을 거슬러 올라가 이 규칙에서 유일한 예외였던 세포—최초의 세포—를 조상으로 갖고 있다고 추론할 수 있다. 상처를 덮기 위해 새롭게 태어난 세포들은 지구상에 등장한 최초의 생명에서 단 한 번도 끊어지지 않고 이어져 내려온 사슬의 맨 마지막 세포들이다.

그렇다면 우리는 이러한 사실을 어떻게 알 수 있을까? 세포란 대체 무엇인가? 세포들은 모든 생명 활동을 무슨 수로 실행하는 것일까? 베인 상처의 회복이 세포들로 인한 정교한 합작품이라고는 했지만 이는 인간의 생각이 관여하지 않고 진행되는 사소한 생물학적 활동일 뿐이다. 하지만 이 사소한 과정이 어떻게 일어나는지 끈질기게 물고 늘어지다 보면 우리는 결국 생명의 본질과 기원을 다룰 때 묻게 되는 질문과 대답에 다다른다. 이 책은 바로 그 질문과 그에 대한 대답, 즉 인류의 기원, 생명의 기원 그리고 새로운 생명의 기원에 관한 이야기를 담고 있다. 그리고 모든 이야기의 중심에는 '세포'가 있다.

생명이 어디서 출발했느냐는 우리가 던질 수 있는 가장 근본적인 질문 중 하나이기도 하고 인류가 존재한 이래로 끊임없이 천착해온 질문이기도 하다. 신이 재채기를 하고 침을 뱉고 수음을 해서 세상을 창조했다는 고대 이집트의 신화뿐 아니라 무(無)에서 생명이 창조되었고 진흙으로 인간이 빚어졌다는 기독교의 창세기에 이르기까지 문화나 종교를 막론하고 어느 나라나 창조 신화 하나쯤은 갖고 있다.

진짜 이야기는 19세기 중반에서 20세기로 넘어오는 기간 동안 생물학의 위대한 세 이론들과 함께 모습을 드러내기 시작했다. '세포설'과 '자연선택을 통한 다윈의 진화론' 그리고 나중에 밝혀진 'DNA 결합 구조'라는 세 이론들은 서로 깔끔하게 맞물리며 생명의 작동 원리를 설명해준다. 생명의 작동 방식을 설명해준 것까지는 좋은데 이 세 가지 이론으로 인해 인류는 한 가지 심대한 질문을 피할 수 없게 되었다. 바로 '생명은 어떻게 시작되었는가?'

우리와 동시대를 살고 있는 과학자들은 지금도 잡힐 듯 말 듯 중요한 실마리들을 찾아 이야기의 빈틈을 메우기 위해 부단히 애쓰고 있다. 최근 이전에 없던 맹렬한 열정과 현대 생물학의 든든한 지원을 바탕으로 까마득히 먼 과거를 재구성하여 생명의 기원을 설명한 한 가지 모델이 부상하고 있다. 최초의 생명이 어떻게 시작되었는가를 진지하게 묻기 시작한 것은 유전자와 단백질 그리고 이들의 화학적인 생명 활동의 원리에 대한 이해가 견고해진 아주 최근에 들어서였다. 현대 생물학은 단순성보다는 복잡성을 밝혀냈고 복잡한 회로망으로 연결된 화학반응들이 복제, 유전, 감각, 운동, 생각 등 생명의 모든 활동을 일으킨다는 사실을 입증했다.

이 모든 활동들은 공짜로 일어나지 않는다. 즉 이러한 활동들에 연료가 될 에너지가 필요하다. 에너지가 없으면 우리는 죽는다. 생명의 기원을 밝히려면 먼저 복잡하게 얽힌 이 회로망들의 실타래부터 풀어야 할 것이다. 이 과정들—인간을 인간답게 만들어주는, 수십억 년 동안 그래왔던 것처럼 세포들을 살아 있게 해주는 화학반응들—을 이해하기 위한 단초는 현미경으로나 볼 수 있는 미시세계, 다시 말해 세포라는 지극히 작은 세계 안에 있다.

현대의 천문학과 물리학에서 살펴보듯이 생물학의 위대한 이론들도 획기적인 실험을 통해 이제 막 검증되기 시작했다. 우주를 향한 인간의 탐험은 모든 만물의 기원을 설명한 빅뱅(Big Bang)이론을 탄생케 했고 스위스와 프랑스 국경에 건설된 강입자충돌기(Large Hadron Collider)에서는 탄생 후 수백만 분의 1초라는 시간 동안 배아 상태였을 우주의 모습을 재현하기 위한 사상 초유의 실험이 진행되고 있다. 유사 이래 최대의 실험을 수행하면서 물리학자들은 시간이 시작될 때 만들어져서 지금까지 존재하는 가장 기본적인 입자인 힉스 보손(Higgs Boson)의 정체를 밝혀냈다. 이와 마찬가지로 지구상 최초의 생명 출현 과정을 이해하기 위해 생물학자들이 취할 수 있는 최선의 방법도 생명을 재현하는 것이리라.

인간은 수년 내에 '두 번째' 생명의 탄생을 40억 년 만에 목격하게 될 것이다. 아마 세포와 유사한 그러나 기존 세포에서 유래하지 않은 새로운 생명이 실험실에서 탄생할 것이다. 바야흐로 지금은 생물학의 황금기라 해도 과언이 아니다. 전 세계 곳곳에서 근본적인 질문들을 해결하기 위한 열정적인 연구들이 진행되고 있다. 지구 역사의 혁명적 시점을 향한 우리의 여정은 그 자체로 생물학의 이야기다. 그리고 그 이야기의 시작은 물론 세포다.

The Origin of Life

1장

세포의 발견

"이 단순한 실험으로 결정타를 맞았으니

자연발생설은 두 번 다시 소생하지 못할 것이며

어떤 것이 오류인지도 모르고 오류를 피하는 방법도 모른 채

어설픈 실험으로 사람들을 기만했던 자들도

다시는 입을 열지 못할 것이다."

–루이 파스퇴르(Louis Pasteur)

생명은 세포들로 이루어져 있다.

현미경으로나 볼 수 있는 세포의 모습은 미세하고 끈적끈적한 주머니들의 방대한 모음인 까닭에 생명을 묘사하기란 거의 불가능하다. 하나의 종, 가령 인간을 예로 들면 절대적으로 정해진 숫자는 없지만 성인의 경우 대략 50조 개의 세포를 갖고 있으며 뇌의 성상교세포(astrocyte)에서 위의 효소분비세포(zymogenic cell)에 이르기까지 그 종류도 수백 가지나 된다. 다양한 종류만큼 크기도 다양하다. 가장 긴 세포는 척추에 있는 뉴런(neuron)으로, 다 펼치면 엄지발가락까지 닿을 정도다.

인간이 가진 거대 세포들 중에서 가장 큰 것은 여성의 난자다. 맨눈으로 볼 수 있을 만큼 크다. 그리고 가장 작은 세포는 난자의 짝 정자다. 크기에서는 뒤지지만 정자는 숫자로 부족함을 벌충한다. 평범한 성인 남성은 매달 무려 100억 개 정도의 정자를 생산하는 반면, 여성의 난자는 그 수가 한정되어 있는데 사춘기에서 폐경기까지 양쪽 난소에서 번갈아가며 매달 하나씩 난자를 생산한다. 여성은 정해진 수의 난자를 모두 갖고 태어난다. 의미인즉 이 책을 읽는 당신의 최초 세포도 할머니 몸속에서 시작되었다는 것이다. 난자를 제외한 거의 모든 세포는 맨눈은커녕 현미경을 들이대고 봐도 대부분 뚜렷하게 구별되지 않는다. 대개 딱히 정체를 알 수 없는 뿌연 액체 속에 아주 조금 진한 막으로 둘러싸인 무색의 작은 방울들로 보일 뿐이다.

실험실에서 조직을 냉동시킨 다음 100분의 1밀리미터도 채 안 되는 두께로 단면을 잘라 유리 슬라이드 위에 올려놓고 보면 촘촘하고 추상적인 무늬를 이루며 빼곡히 들어찬 세포들이 보인다. 세포를 걸쭉한 액체에 넣고 배양하기도 하는데 희뿌연 하늘에 떠 있는 흐린 별들처럼 막연하게 모습을 드러낸다. 분홍색이나 보라색으로 세포를 염색하는 방법도 있다. 최근에는 세포 내부의 활동들을 가시화하기 위해 초록색이나 붉은색의 형광 염료로 염색한다. 그러나 살아 있는 생명 안에서 세포들은 대부분 해파리같이 불투명하게 보인다.

각종 세포들은 고도로 특화된 조직의 일원으로 하나의 기관이 기능을 충분히 수행하도록 조화롭게 작동한다. 모든 생명 활동은 세포들이 맡은 바 역할을 톡톡히 수행한 결과인 셈이다. 당신이 이 문장을 읽을 수 있는 것도 안구 주변의 근육세포들이 수축과 이완을 통해 안구를 왼쪽에서 오른쪽으로 조절해주기 때문이다. 잠시 책에서 눈을 떼고 저만치 멀리 있는 어떤 것을 바라본다면 그 순간 안구의 근육세포들은 수정체 안의 명세포(clear cell)들을 잡아당겨 멀리 있는 물체에 초점을 맞춰준다. 우리의 눈동자가 무심코 움직이는 것 같지만 사실 눈동자를 움직이기 위해서는 무의식적이지만 복잡한 공동

작용이 필요하다. 수정체를 통과해 들어온 빛의 입자가 안구 안쪽 면의 망막에 있는 추상체(cone)와 간체시세포(rod photoreceptor cell)를 때리면 이 두 세포 집단은 광자를 취합하여 전기신호로 바꾼다. 이렇게 전기신호로 바뀐 정보가 신속하게 뉴런을 통과해 시신경을 거쳐 뇌로 전달되면 처리와 인식 그리고 운이 좋다면 이해까지 가능해진다.

모든 동작, 심장 박동, 우리가 품은 생각들, 우리가 느낀 사랑이나 증오, 권태, 흥분, 좌절, 기쁨, 고통 같은 감정들, 신나게 술 마신 뒤의 숙취, 피부에 난 멍, 재채기, 가려움, 줄줄 흐르는 콧물, 지금까지 들거나 보거나 냄새 맡거나 맛 본 모든 것들은 세포들이 서로 또는 외부 세상과 소통한 결과다.

SF 작가 더글러스 애덤스(Douglas Adams)는 지표의 대부분이 단단한 땅이나 암석이 아닌 물이기 때문에 '지구(Earth)'라는 이름은 우리의 행성과 어울리지 않는다고 이의를 제기했다. 만일 우리가 알고 있는 800여 개의 행성과 뚜렷이 구별되는 특징을 살려 우리의 고향별에게 진짜 이름을 지어준다면 아마도 '세포(Cell)'라고 해야 할 것이다. 지구는 우리가 알고 있는 한 유일하게 생명으로 초만원인 행성이며 모든 생명은 세포로 이루어져 있기 때문이다. 지구상에 살았던 생명체들 가운데 열에 아홉이 이미 멸종했다는 사실을 감안하면 지금까지 지구상에 존재했던 세포의 수는 한마디로 계산 불가다.

이러한 개념은 아주 최근에야 밝혀졌다. 생물학은 아무리 잘 쳐줘도 350년 역사밖에 되지 않은 젊은 과학이고 포괄적이며 보편적인 기준에서 하나의 학문 분야로 완전히 자리 잡은 지는 고작 150년 남짓이다. 반면 물리학은 꽤 오랜 역사를 갖고 있다. 17세기 중반까지 물리학자들은 미래의 물리학자들에게도 신뢰를 얻을 만큼 정확한 우주 지도를 완성했다. 아이작 뉴턴(Isaac Newton)은 사물의 운동 법칙뿐 아니라 우리가 지구 위를 붕 떠서 날아가지 않고 두 발을 붙이고 사는 이유를 설명하는 일련의 법칙들의 기초를 세웠다. 하지만 '생명과학'이라고 알려진 학문 분야는 훨씬 뒤에야 모습을 드러냈다. 까닭인즉 대부분의 과학은 대상을 관찰하고 그 대상이 왜 현재의 모습을 갖게 되었는지를 밝히는 데서 발전하기 시작하는데 별이나 행성들과 달리 1673년 이전까지는 세포를 보았다는 사람은커녕 그 존재를 인식한 사람도 없었다.

과학이 본격적인 학문으로 자리 잡기 시작한 것도 그 즈음이었다. 영국에서는 뉴턴과 로버트 후크(Robert Hooke)와 같은 젠틀맨 계급의 과학자들이 주축이 되어 최초의 과학기구인 왕립학회(Royal Society)가 설립되었다. 그러나 세포생물학이 탄생할 즈음 세포라는 미시세계를 최초로 들여다본 사람은 권위 있는 학회의 가발 쓴 젠틀맨 과학자가 아니었다. 믿기지 않겠지만 생물학 이야기를 시작한 사람은 네덜란드의 직물상 안톤 반 레벤후크(Antonie van Leuwenhoek)다.

옷감을 제작하고 판매하는 사업은 광학 렌즈의 발달과 불가분의 관계였다. 왜냐하면 직물상은 섬유의 품질을 좌우하는 직물 조직의 밀도를 검사하기 위해 시계 제작자들이 쓰는 루페(loupe, 소형 돋보기)와 비슷한 확대경을 사용했기 때문이다. 노련한 렌즈 세공사였던 레벤후크는 네덜란드 섬유의 중심지인 델프트(Delft)에서 일하고 있었다. 특히 뜨거운 유리 막대를 잘라 양쪽 끝을 눌러 공 모양의 렌즈를 만드는 기술이 뛰어났다. 그 기술로 당대 최고의 현미경 제작자로 인정받은 그는 렌즈 제작 과정만큼은 결코 공개하지 않았다고 한다.

레벤후크의 렌즈는 후추 한 알 정도 크기의 작고 볼록한 공 모양으로 한 손에 들고 조작할 정도의 작은 판에 붙어 있었다. 오늘날 우리가 사용하는 현미경과는 닮은 데가 전혀 없는 장치였다. 폭은 2.5센티미터, 길이는 5센티미터가량의 직사각형 구리판 한쪽에 있는 구멍에 공 모양의 렌즈를 넣고 렌즈 가까이 있는 은(銀) 못에 표본을 끼운 다음 못을 고정하는 나사를 돌려 초점을 조절했다. 레벤후크가 만든 현미경의 월등한 배율은 렌즈의 볼록함이 좌우했다.

그는 렌즈를 통해 작은 사물을 들여다보는 일에 흠뻑 빠져 있었다. 레벤후크는 호기심을 참지 못하고 치유 과정을 눈으로 직접 확인하기 위해 일부러 상처를 내기도 했다. 왕립학회의 공식 학술지인 〈철학회보Philosophical Transactions〉에 이런 서신을 보내기도 했다. "피가 어떻게 구성되어 있는지 관찰하기 위해 다양한 시도를 해본 결과, 마침내 내 손가락에서 채취한 피가 방울 모양의 작고 둥근 입자들로 이루어져 있음을 발견했습니다." 그가 본 것은 적혈구 세포들로 짐작되는데 이 관찰 기록은 개별 세포를 관찰한 최초의 보고서임에 분명하다.[1)]

현미경 관찰 능력이 점점 좋아지면서 그는 몸에서 채취할 수 있는 모든 종류의 조직과 체액을 관찰하기 시작했다. 자신의 치아에서 긁어낸 물질에서 치석의 주범인 박테리아도 관찰했다. 17세기가 저물 무렵, 레벤후크는 맨눈으로는 볼 수 없는 미시세계의 탐험가로 이름을 날리기 시작했다. 그가 본 것을 눈으로 확인하기 위해 영국의 윌리

---

1) '짐작'된다고 한 까닭은 그가 우유에서도 작고 둥근 입자를 발견했다고 설명했기 때문이다. 이 입자는 아마 우유에 떠 있는 지방 입자일 것이다.

엄 3세(King William Ⅲ)를 위시한 고관들이 줄을 이어 그를 찾아왔다. 하지만 한 가지 표본만큼은 철저히 비밀에 부쳤다. 비록 '스스로의 명예를 더럽히지 않고 부부간 성교에서 얻은 자연스러운 부산물'이라고 표본의 주석에 밝혔지만 그것은 다름 아닌 자신의 정자였다.

결론부터 말하자면, 그가 관찰한 것은 오늘날 우리가 알고 있는 정자의 모습 그대로의 단일 세포들이었다. 동네 호수에서 떠온 물방울 속에서도 세포들을 발견했는데 그가 관찰한 세포들은 물속에서 유영하는 생물들과 조류(藻類)를 포함한 단세포 생물들로, '원생생물'이라 부르는 것들이었다.

레벤후크는 적혈구, 정자, 박테리아뿐 아니라 독립생활을 하는 단세포 생물을 정확하게 관찰한 최초의 인물이었다. 그러한 단세포 생물들에게 '극미동물(animalcules)'이라는 귀여운 이름을 붙여주었고 1670년대에는 마침내 자신이 발견한 것들을 그림으로 그려 런던의 왕립학회에 보냈다. 하지만 왕립학회의 회원들은 회의적이었다. 이유인즉, 학회의 중심이라 할 수 있는 현미경 전문가 로버트 후크에게 템스 강물에서도 그와 똑같은 생물들이 관찰되느냐고 자문했지만 첫 관찰에서는 아무것도 발견하지 못했기 때문이다.

당시 미세한 대상을 관찰하는 데 있어 후크는 전대미문의 전문적 기술을 갖고 있었고 이미 10년 전에 《마이크로그라피아: 확대경이 보여준 극미한 생물의 생리학적 묘사들*Micrographia: or Some Physiological Descriptions of Minute Bodies made by Magnifying Glasses*》이라는 놀라운 책을 출간해 선풍적인 인기를 끈 전력도 있었다. 책의 부제를 그토록 정확하게 달아 놓은 것도 매우 이례적인 일이었다. 예상하다시피 그의 책에는 주석과 함께 지극히 작은 사물들의 그림이 실려 있었다. 후크의 현미경은 2개의 렌즈가 달린 15센티미터가량의 원통과 조명용 불꽃의 조도(照度)를 높여줄 크리켓 공 크기의 수정 구슬로 구성되어 있었다. 한 페이지로도 모자라 접어서 끼운 커다란 종이에 그린 거대한 벼룩의 모습을 포함하여 이 장치가 보여준 이미지들 가운데 많은 것들이 지금 우리 눈에도 꽤 익숙한 모습 그대로다. 한껏 클로즈업된 무시무시한 꽃등에의 눈은 후크의 간단한 장치와는 달리 매우 발달한 오늘날의 전자현미경으로 찍은 사진과 놀라우리만치 닮았다. 새뮤얼 피프스(Samuel Pepys, 영국 작가이자 해군행정관, 왕립학회 회장을 역임했으며 《일기*Diary*》로 유명하다.-옮긴이)는 《마이크로그라피아》 한 권을 손에 넣은 후 《일기》에 '평생 읽은 책 가운데 가장 기발한 책'이라고 적었다.

틀리지 않은 말이다. 하지만 그 놀라운 책에는 한 가지 매력적인 아이러니가 있었다. 후크가 상세하게 묘사한 그림들 중에는 코르크나무의 껍질을 세로로 자른 단면을 그린 그림이 있었다. 그림을 자세히 보면 전반적인 구조를 형성하면서 촘촘하게 결합된 구성단위들이 보인다. 후크는 본문에서 이 구성단위들을 '세포'라는 용어로 설명한다. 실제로 이 구성단위들은 한때 코르크나무 세포들을 담고 있던 죽은 세포벽들이다. 그는 '작은 방'이라는 의미의 라틴어 셀라(cella)에서 유래했다는 이유로 이 단어를 선택했지만 주석에서는 이 구성단위들이 공기로 가득 차 있기 때문에 코르크에 부력이 생긴다고 설명하고 있다. 비록 세포들의 잔해를 관찰하고 그것들에게 세포라는 이름을 붙였지만 정작 그는 자신이 관찰한 것이 모든 생명의 단위라는 사실이나 그 이름이 영원한 유산으로 남으리란 사실을 꿈에도 몰랐을 것이다.

세포는 이렇게 발견되었다. 그렇다면 세포는 어디서 어떻게 탄생했을까? 레벤후크의 호기심과 기술력으로 미지의 세계를 덮고 있던 베일은 걷혔지만 이후의 진전은 편견으로 무장한 이데올로기의 장벽에 가로막혀 원천 봉쇄되고 말았다.

자연발생설의 시작과 끝

레벤후크가 살짝 엿본 세포의 기원은 여전히 오리무중이었다. 당시에도 사람들은 남성(수컷)과 여성(암컷)이 섹스를 하면 종종 새로운 생명이 태어난다는 사실을 알고 있었다. 어쩌면 대부분의 섹스가 눈에 띄지 않았기 때문일지도 모르지만 그럼에도 불구하고 세포의 기원에 대해서는 아주 괴상한 개념 하나가 집요하게 자리하고 있었다.

수천 년 동안 생명의 기원을 설명하는 가장 인기 있는 이론은 다름 아닌 '자연발생설'이었다. 처음 자연발생설을 실질적으로 설명한 사람은 생물학의 아버지로 불러야 마땅한 아리스토텔레스(Aristotle)였다. 기원전 3세기 중반, 동물의 역사에 관해 쓴《동물계*Animalia*》에서 아리스토텔레스는 특정 종들의 기원에 대해 다음과 같이 설명했다.

> 어떤 동물은 부모에게서 태어나지만 어떤 동물은 혈족 무리로부터가 아니라 자연발생적으로 생긴다. 즉 곤충들이 흔히 그렇듯 부패한 흙이나 썩은

채소 더미에서 생기기도 하며 동물 몸속의 몇몇 기관들의 분비물로부터 자연적으로 발생하기도 한다.

《동물계》는 최초의 생물학 교과서라고 해도 손색이 없을 만큼 매혹적인 책이다. 다양한 범주의 종들을 관찰하고 그 결과를 빼곡하게 싣고 있는데 어떤 부분은 억지로 끼워 맞춘 게 아닌가 하는 의심이 들기도 한다.[2] 자연발생에 관해 아리스토텔레스가 설명한 한 가지 개념은 19세기까지도 집요하게 살아남아 수십 가지의 사례로 구체화되었다. 기원전 1세기 로마의 건축가이자 저술가인 비트루비우스(Vitruvius)는 건축가들을 위한 권고의 글에서 무심코 자연발생설을 언급했다.

도서관은 아침의 빛을 받아야 하므로 반드시 동쪽을 향해야 한다. 이는 도서관의 장서를 잘 보관하기 위해서인데 남쪽이나 서쪽을 향할 경우 축축한 바람 때문에 벌레들이 발생해 걷잡을 수 없이 좀먹을 것이고 습기가 번져 책에 곰팡이가 슬게 된다.

16세기에 스트라스부르의 치글러(Ziegler of Strasbourg)는 레밍(lemming, 쥐의 일종-옮긴이)의 조상이 먹구름에서 내려왔다고 주장했다.[3]

---

2) 가령 아리스토텔레스는 어떤 물고기들은 수컷도 암컷도 아니며 성별이 뚜렷한 동종의 물고기들과 달리 자연적으로 발생되는 경향이 있다고 주장했다. 오늘날 알려진 바로, 모든 물고기들은 유성생식을 하는 동물이며 클라운피시나 양놀래기과의 물고기와 같이 몇몇 종들은 환경에 따라 성별을 바꿀 수도 있다.

3) 레밍이 집단 자살을 한다는 개념도 집단 이동을 하는 장면을 보고 만들어낸 엉뚱한 신화다. 1958년 디즈니 사가 제작한 〈화이트 와일드니스White Wildness〉라는 다큐멘터리에도 등장한다.

실제로 레벤후크의 발견 이후 잇따라 등장한 세포와 생명의 기원에 대한 모든 견해들은 하나같이 자연발생설을 염두에 두고 있었다. 기체화학의 아버지이자 존경받는 과학자로 역사에 남은 17세기 브뤼셀의 장 바티스트 반 헬몬트(Jean Baptiste van Helmont)도 자연발생설을 증명하기 위해 한 가지 실험을 했다. 그는 땀에 전 셔츠를 밀 한 움큼과 함께 단지에 넣어 저택 지하실에서 스무하루 동안 발효를 시켰다. 자, 보라! 이 조합으로 쥐가 탄생했노라![4)]

과거의 무지를 마냥 웃어넘길 수는 없다. 우리도 같은 우를 범하지 않도록 경계해야 한다. 자연발생설은 끈질겼지만 견고한 과학적 이론은 아니다. 부적절한 사례들, 특히 큰 동물의 기원에 대한 황당한 설명은 치밀하고 정확한 관찰에서 비롯된 것이 아니었다. 기존의 생명에서 발생했다고 하든, 무에서 창조되었다고 하든, 생명의 기원에 대해 논하는 질문보다 더 근본적인 질문은 별로 없을 것이다.

이 논의가 본격적으로 도마에 오른 것은 레벤후크가 최초로 세포를 발견하고도 거의 200년이 지나서였다. 자연발생설이 최종적으로 파기되면서 비로소 면밀한 관찰, 검증 가능한 예측 가설 등 과학의 품질 보증 마크와 같은 특징들이 등장한다. 하지만 국제적 주역, 아낌없는 재정적 후원, 명예와 배신 등 철저히 드라마적인 특징들과 함께 모습을 드러낸다.

4) 쥐 실험을 하는 생물학자라면 당연히 알겠지만 일반적인 집쥐의 임신 기간은 3주, 즉 21일가량이다. 또한 쥐는 틈만 나면 어디든 드나드는 늘 굶주린 작은 동물이다. 곡물이 있는 곳이라면 반드시 쥐가 존재한다.

세포설의 드라마틱한 출현

18~19세기를 거치는 동안 현미경의 품질 개선으로 미세한 대상에 대한 연구는 날로 인기를 더해갔다. 가장 괄목할 만한 진전은 동물의 미시세계에 대한 탐구가 아니라 식물과 조류에 대한 탐구에서 나타났다. 19세기 초반 동안 식물의 다양한 부분들이 세포로 이루어져 있다는 사실이 드러났지만 그때까지도 세포가 살아 있는 모든 것들에게 편재한다는 사실은 밝혀지지 않았다.

당시 이러한 발견의 종주국은 독일이었으며 교과서에는 '작은 알갱이(Körnchen)', '소낭(Kügelchen)', '방울(Klümpchen)'과 같은 용어들이 실리기 시작했다. 그러나 조직에 대한 설명이 진전을 보인 데 반해 조직이 발생한 기원에 대한 언급은 없었다. 세포의 탄생은 1832년 처음 기록되었다. 바르텔레미 듀모티어(Barthélemy Dumotier)라는 벨기에 남작이 한 조류에서 세포 분열을 관찰했다. 조류가 점차 길게 자라 이윽고 격벽이 보이더니 하나의 세포가 둘이 된 것이다. 곧이어 여러 사람이 듀모티어가 진행했던 방식으로 관찰을 시도했고 다양한 조류와 식물에서 세포 분열이 포착되었다.

세포 번식에 대한 이렇다 할 일관된 모델도 없이 세포의 내부 구조가 탐구 대상이 되기 시작했다. 현미경의 품질은 날로 좋아졌고 1831년 로버트 브라운(Robert Brown)이 난초의 세포에서 '일반적으로 세포막보다 조금 덜 투명한 원형의 유륜(乳輪) 같은 것'을 관찰했다.[5] 그리고 그것에 오늘날까지도 유효한 세포핵이라는 이름을 붙여주었다. 지금 우리는 세포핵이 모든 복잡한 생명체 안에서 유전자

암호를 관리하는 본부라는 사실을 알고 있다.[6)]

세포 분열을 관찰했던 듀모티어와 마찬가지로 브라운도 모든 생명이 보편적으로 세포핵을 갖고 있다고 가정하지 않았다. 수많은 사람들이 세포 분열은 세포가 탄생하는 하나의 예외적인 수단이라고 생각했으며 동물 조직에서는 그러한 분열이 관찰되지도 않았다. 대개의 식물세포는 동물세포에 비해 상당히 컸기 때문에 동물의 살에 대한 연구도 나뭇잎 관찰 방법을 따를 수밖에 없었다. 동물의 조직, 그중에서도 뇌세포에서 세포핵이 관찰되었지만 이번에도 세포핵이 모든 세포에 존재한다는 사실은 인정받지 못했다. 상황을 더 악화시킨 것은 인간 세포 가운데 가장 공통적인 단일 유형 세포인 적혈구 세포에는 세포핵이 존재하지 않는다는 사실이었다. 실제로 적혈구 세포로 발달하는 동안 세포핵은 사라진다.

세포설을 설명하는 거의 모든 교과서마다 어김없이 거론되는 사람들이 있다. 테오도어 슈반(Theodor Schwann)과 마티아스 야코프 슐라이덴(Mattias Jakob Schleiden)이다. 슈반에 따르면 세포설의 탄생에는 '유레카(eureka)'의 순간이 있었다고 한다. 슈반과 슐라이덴은 1837년 한 저녁식사 자리에서 우연히 만났다. 슈반은 머리는 좋으나 세상 물정에 어두운 키 작은 해부학자였다. 한 번 조직 실험을 시

---

5) 기체나 액체 안에서 분자들이 충돌하며 일어나는 미세한 입자들의 불규칙한 움직임을 설명한 브라운 운동(Brownian Motion)으로 유명하다.

6) 브라운이 이름을 붙인 것은 분명하지만 아쉽게도 세포핵의 발견에 대한 공로는 레벤후크에게 돌아갔다. 1682년 로버트 후크에게 쓴 서신에서 그는 물고기의 적혈구 세포 안에 좀 더 작은 덩어리가 존재한다고 설명했다. 엄밀히 말하면 설명도 미흡하고 세포핵의 의미에 대한 어떤 암시도 이어지지 않았다. 그런데 왕립학회에 보관된 이 서신에서 근세시대 들어 한 편집자가 무심코 휘갈겨 쓴 '세포핵의 발견'이라는 메모가 발견되었다.

작하면 며칠 동안 꿈쩍도 않고 몰두하곤 했다. 로버트 브라운의 세포 핵 정의에 영향을 받은 생물학자 슐라이덴은 불안증이 심해 자살 충동에 시달리기도 했다.

진화론과 유전학의 발달로 결국에는 통합되지만 당시 식물학과 동물생물학은 완전히 동떨어진 별개의 분야였다. 저녁식사 내내 두 사람은 동물과 식물 조직에 대한 각자의 연구에 대해 토론을 벌였다. 토론의 주제가 세포 한가운데 있는 미세한 덩어리인 세포핵에 이를 즈음에는 분명 그곳의 다른 손님들도 두 사람의 대화를 흥미롭게 지켜보았을 것이다. 슈반과 슐라이덴은 식물세포나 동물세포 모두 똑같은 세포핵을 갖고 있다는 접점에 이르렀다. 자리를 박차고 일어난 두 사람은 곧바로 슈반의 실험실로 달려가 실험일지를 비교했다. 유레카! 살아 있는 생물의 조직은 세포로 구성되었다는 이론이 확고해진 순간이었다.

이는 가슴 뛰는 이야기지만 사실 슈반과 슐라이덴은 세포에 기반을 둔 생명 모델의 발달에 그다지 큰 공헌을 하지는 못했다. 게다가 중대한 부분에서 결정적인 오류를 범했다. 두 사람 이전에도 식물과 동물의 세포핵의 존재를 입증하려는 연구들이 많았고 1837년 이전에도 세포의 보편성을 제안한 과학자들이 있었다. 그럼에도 슈반이 '세포설'이라는 용어를 처음 사용했으나 그와 슐라이덴은 새로운 세포의 발생이라는 문제에서 가장 결정적으로 빗나가고 말았다. 두 사람은 이미 존재하는 세포들 사이의 빈 공간에 새로운 세포핵이 자연발생적으로 생기면서 새로운 세포가 만들어진다고 설명한 것이다. 이는 세포핵이 씨의 역할을 하며 마치 결정이 서서히 자라듯 새로운 세포가 생성된다는 의미였다. 레밍의 조상이 하늘에서 내려왔다는 주장만큼 터무니없지는 않지만 어쨌든 여전히 자연발생설의 망령을 떨치지 못한 것은 분명했다.

오늘날 우리가 알고 있는 새로운 세포의 발생에 대한 대부분의 지식은 생물학이 간과한 영웅이자 정치와 인종 문제의 희생양이었던 로베르트 레마크(Robert Remak)에서 비롯되었다. 폴란드계 유대인이었던 레마크는 성년기를 베를린에서 보냈다. 자신이 원하는 대학에서 가르치기 위해 그는 정통파 유대교를 버리고 개종을 하는 등 생각지도 못했던 일을 해야 했다. 탁월한 과학적 소양 덕분에 마침내 베를린 대학에서 강의를 맡게 되었고 뒤이어 조교수로 임명되었다. 그러나 그에게는 실력에 맞는 월급은커녕 변변한 실험실조차 주어지지 않았다. 그와 동시대를 살았던 세포생물학자 루돌프 피르호(Rudolf Virchow)와 한번 비교해보자. 유복한 프로이센 집안의 자제였던 피르호는 대담하고 자신감 넘치는 사람이었다. 훗날 '의료계의 교황'이나 '우리 시대를 대표하는 의사이자 과학자이며 정치가로서 모든 자질을 갖춘 유일한 사람'이라는 칭송까지 받는다. 레마크보다 여섯 살 어렸지만 두 사람은 동시에 베를린 대학의 교수로 임명되었다.

신중한 관찰을 거듭한 끝에 레마크는 슈반과 슐라이덴의 주장을 포함한 모든 형태의 자연발생설을 거부했다. 10년에 걸쳐 개구리와 닭의 배아, 근육세포와 적혈구 등 온갖 종류의 동물 조직을 연구하면서 레마크가 본 것은 세포가 둘로 분열하는 모습뿐이었다. 풍선 가운데를 끈으로 조이는 것처럼 세포도 한가운데가 조여지면서 급기야 둘로 갈라졌다. 즉 세포는 오로지 세포 분열을 통해서만 탄생했다.

1854년 피르호는 "직접적인 계승을 통하지 않은 생명은 존재하지 않는다"라고 선언하기에 이른다. 1년 후 그 선언은 '모든 세포는 세포로부터(omnis cellula e cellula)'라는 라틴어 문구로 번역되었다. 세간의 관심과 인기를 한 몸에 받은 피르호는 당시 세계적인 베스트셀러였던 자신의 저서 《세포병리학*Die Cellularpathologie*》을 포함하여 자신의 손을 거친 모든 저술마다 이 개념을 설파했다. 그러나 그 어떤 저술에서도 레마크의 이름을 언급하지 않았다. 연구는 별로 하지도 않고 동료의 노고를 무단으로 도용한 셈이다. 격노한 레마크는 피르호에게 보낸 편지에서 라틴어 문구에 대한 자신의 의견을 이렇게 적었다.

> 나에 대한 언급이 전혀 없는 '그 문구를 보면' 마치 당신 혼자 밝힌 개념처럼 보이는구려. 당신이 발생학에 대한 확고한 전문 지식이 없으니 그 문구가 조롱을 자초한다는 사실을 알 만한 사람이라면 다 알 것이오. 이 문제가 공론화되는 것을 원치 않으시거든 속히 나의 공로를 인정하기를 부탁하는 바요.

간혹 우리는 과학도 사람이 하는 일이라는 사실을, 과학을 하는 사람들 각자의 성격이나 인품도 가세한다는 사실을 잊곤 한다. 이처럼 공로에 대한 인정은 과학계의 영원한 골칫거리다.[7]

피르호의 옳지 못한 행동에도 불구하고 어쨌든 레마크와 피르호는 '생명은 곧 세포이며 세포는 오로지 다른 세포로부터 나온다'라는 사실에 대해 분명히 못 박았다. 그러나 여전히 좀비처럼 과학의 언저리를 배회하던 자연발생설은 1860년 프랑스에서 다시 한 번 격렬한 파란을 일으켰다. 이 좀비 같은 자연발생설을 마침내 영원한 죽음에 이르게 한 사람은 루이 파스퇴르(Louis Pasteur)였다. 자신의 이름에서 유래한 살균 기술로 유명세를 타기 전, 파스퇴르는 야심찬 젊은이였지만 프랑스 과학아카데미(French Academy of Science)의 입회를 두 번이나 거절당한 비운의 과학자였다.

당시 자연발생설을 지지하던 걸출한 한 인물이 실시한 실험으로 자연발생설의 존재감은 또다시 점화되었다. 펠릭스 푸셰(Felix Pouchet)는 건초에서 곰팡이가 발생한다는 사실을 입증하고 싶었다. 심지어 건초와 공기와 물을 살균해도 곰팡이가 발생한다는 것을 증명하려 했다. 푸셰는 실험에 쓸 성분들을 끓이고 액체 수은에 담가서 식혔다. 마법처럼 건초에서 곰팡이가 피어났다. 과학아카데미는 마지막으로 한 번 더 이 사실이 입증되기를 원했고 자연발생설 논의에 결말을 맺는 최초의 사람에게는 2,500프랑을 상금으로 주겠다고 제안했다.

파스퇴르는 푸셰의 실험에서 결점을 발견했다. 수은의 표면을 덮고 있던 얇은 먼지층 때문에 곰팡이가 발생했다고 생각한 그는 푸셰

---

7) 분명히 말하지만, 레마크에 대한 행동이 뒤통수를 치는 배신자처럼 보일지는 모르지만 피르호는 악한 사람이 아니었다. 그는 일생 동안 정치에 대한 열의도 컸고 사회 정의를 위해 싸웠으며 독일과 프로이센에서 시민 개혁을 주동하여 성공으로 이끌기도 했다. 전해오는 이야기에 따르면, 그의 개혁적 성향이 프로이센의 수상 오토 폰 비스마르크(Otto von Bismarck)의 심기를 건드렸고 마침내 비스마르크는 피르호에게 결투를 신청했다. 결투에서 피르호는 무기를 선택할 권리가 있었는데 그가 선택한 무기는 소시지였다. 하나는 충분히 익힌 소시지를, 또 하나는 회충이 가득 찬 소시지를 갖고 나왔다. 소시지를 끔찍이도 싫어하던 철혈 재상(Iron Chancellor) 비스마르크는 결투를 포기했다고 한다.

의 실험 장치를 약간 변형시켜 가장 간단한 실험을 계획했다. 이를 위해 미생물에 노출되면 그 즉시 뿌옇게 될 정도로 걸쭉한 죽을 살균하여 개방된 플라스크와 주둥이를 에스(S)자 모양으로 길게 만든 플라스크에 나누어 담았다. 파스퇴르는 개방된 플라스크의 죽에는 공기 중의 먼지 입자가 묻어서 미생물이 침투할 수 있지만 다른 플라스크의 죽에는 백조의 목처럼 생긴 주둥이 때문에 미생물이 침투할 수 없으리라고 계산했다.

며칠이 지나자 개방형 플라스크의 죽은 뿌옇게 변했다. 하지만 백조 목 플라스크의 죽은 그때도 말짱했을 뿐 아니라 언제까지나 그대로였다. 시험 삼아 백조 목 주둥이를 떼어내자 며칠 만에 죽은 뿌옇게 변했다. 파스퇴르는 상금을 요구했고 이후 정당하게 프랑스 과학아카데미의 정회원으로 선출되었다.[8)]

끈질긴 자연발생설이 맞이한 최후의 운명은 파스퇴르가 한 말 속에 가장 잘 묘사되어 있다. "이 단순한 실험으로 결정타를 맞았으니 자연발생설은 두 번 다시 소생하지 못할 것이며 어떤 것이 오류인지도 모르고 오류를 피하는 방법도 모른 채 어설픈 실험으로 사람들을 기만했던 자들도 다시는 입을 열지 못할 것이다."

잔인하게 들리지만 이는 진실이다. 수천 년의 생명력을 갖고 있던 생물학의 미신은 과학의 본질적인 특징, 즉 '실험'의 철퇴를 맞고 사라졌다. 그리고 백조 목 플라스크로 세포설이 완성되었다. 위대한 이

---

8) 공기 중에 오염균이 있다는 주장을 더 확실하게 입증하기 위해 파스퇴르는 다른 장소에서 이 실험을 실시했다. 먼지 가득한 방 안과 비교적 공기가 깨끗한 해발 800미터의 몽블랑 산에서 실험했지만 결과는 달라지지 않았다. 공기가 깨끗하면 미생물도 번식하지 않았다.

론들이 모두 그렇듯 세포설도 관찰에 기반하고 실험으로 입증된 개념들이 하나로 통합된 이론이며 생물학에서 중요한 하나의 마디가 되었다. 생명을 이루는 물질에 대한 수백 년에 걸친 수많은 연구는 아래의 두 이론으로 요약된다.

(1) 모든 생명은 세포로 이루어져 있다.

(2) 세포는 오로지 다른 세포의 분열을 통해서 생성된다.

위대한 이론이라면 마땅히 그래야 하듯 세포설도 중대한 의의를 갖는다. 모든 생명, 즉 살아 있는 지구에 서식하는 거주자들을 설명하는 단순하고도 포괄적인 이론이라는 점이다. 그러나 알다시피 지구에는 헤아릴 수 없이 다양한 세포들이 존재한다. 일례로 인간의 적혈구가 우리와 가장 가까운 친척이라 할 수 있는 영장류의 적혈구와 치환되면 심각한 결과를 초래할 정도로 매우 다르다. 레마크가 그랬듯 우리는 닭처럼 거리가 먼 종들을 관찰하기 시작하고서야 인간의 적혈구 세포와 달리 닭의 적혈구에 세포핵이 있다는 사실을 알게 되었다. 세포설을 이루는 첫 번째 이론은 지구의 다양한 생명들에 실로 어마어마한 종류의 세포들이 존재함을, 두 번째 이론은 그 다양성이 시작되는 방식을 입증한 것이다.

적응해야 살아남는다

슈반, 슐라이덴, 레마크를 비롯한 여러 사람들이 세포를 요리조리 관찰하고 있을 즈음, 영국해협 건너편에서는 일찌감치 가장이 된 한 젊은이가 지난 여행을 회상하며 메모를 정리하느라 여념이 없었다. 생명이 있는 것들이 진화하는 방식을 설명하는 이론을 차분하고 신중하게 준비하던 이 젊은이는 바로 찰스 다윈이었다.

진화, 즉 종들이 변화한다는 생각은 이미 19세기에 하나의 개념으로 자리 잡고 있었지만 그 과정에 대해서는 밝혀진 바가 없었다. 다윈은 5년 동안 HMS 비글(Beagle)호에 몸을 싣고 수천 마일을 여행하면서 세상 저편의 표본들을 수집했다. 고향으로 돌아온 다윈은 사촌 에마 웨지우드(Emma Wedgwood)와 결혼했다. 도자기 업계의 거물 조사이어 웨지우드(Josiah Wedgwood)의 후손이었던 다윈과 에마는 켄트 주 다운하우스에 정착했다. 경제적으로 유복했던 다윈은 웅대한 개념을 차근차근 다듬기 시작했다. 몇 년 동안 과학적으로나 개인적으로 우여곡절을 겪은 끝에 1859년《종의 기원》을 발표했다.[9]《종의 기원》에서 다윈은 생물학에서 두 번째로 위대한 통합 이론을 제시하는데 다름 아닌 진화를 일으키는 과정을 설명한 이론이었다.[10]

유럽의 현미경학자들과 달리, 다윈의 주된 관심 대상은 거의 모든 동물들, 즉 맨눈으로도 볼 수 있는 거시세계였다. 어떤 개체군이든

---

9) 결정적으로《종의 기원》을 출간하도록 다윈을 자극한 사람은 사실상 다윈과 같은 결론을 도출하고 다윈에게 그 결론을 설명한 서신을 보낸 탐험가이자 생물학자였던 앨프리드 러셀 월리스(Alfred Russel Wallace)였다. 진정 신사다웠던 다윈은 공동으로 출판하자고 월리스에게 제안했다.

각각의 개체들을 비교하면서 다윈은 개체의 신체적 특징이 서식지에 따라 조금씩 다르게 나타난다는 사실을 알아냈다. 이러한 차이로 인해 어떤 개체는 경쟁에서 유리한 위치를 점한다.

개미핥기 개체군을 예로 들어보자. 한 마리가 다른 개체들보다 약간 더 긴 혀를 갖고 있다면 이 녀석은 조금 더 깊은 곳에 위치하고 있는 촉촉하고 맛있는 흰개미들을 찾아낼 수 있을 것이다. 아마 더 많이 먹을 수 있으니 결과적으로 다른 녀석들보다 건강해질 것이다. 건강하니 더 오래 살 테고 어쩌면 암컷들에게 더 매력적으로 보일 수 있다. 결과적으로 이 녀석은 새끼를 더 많이 낳을 것이고 그 새끼 개미핥기들도 조금 더 긴 혀를 갖고 태어날 가능성이 높다. 개미핥기로서는 혀가 길수록 더 유리하기 때문에 이러한 번식이 몇 세대에 걸쳐 일어나면 긴 혀는 그 개체군의 지배적인 형질이 되고 머지않아 표준이 될 것이다. 이런 식으로 몇 세대를 이어나가면서 종은 변한다. 이전 이론들과 대조적으로 다윈은 한 개체가 생애 동안 획득한 형질이 그 자식에게 바로 전달되지 않는다는 사실을 확인했다.

수년에 걸친 집요한 관찰 끝에 그는 개미핥기의 혀나 털 색깔 등 개체군 전반에 걸쳐 나타나는 그러한 형질들이 각 개체에게 이점으로 작용한다는 원칙을 세웠다. 그러한 형질들이 특정 개체군 안에서

10) 꼼꼼한 기록자였던 다윈은 자신이 본 것이나 한 일들을 거의 빠짐없이 기록했다. 덕분에 다윈의 중대한 삶의 여정들은 꽤 상세한 부분들까지도 문서화되었다. 다윈의 서신들뿐만 아니라 휘갈겨 쓴 낙서나 짧은 메모들까지 데이터화하는 방대한 작업이 'The Complete Works of Charles Darwin Online'에서 지금도 진행 중이다. 이 웹사이트를 방문하면 시험 삼아 바순을 연주했다는 일화부터 지렁이들에 관한 이야기와 자녀들이 즐겁게 놀 수 있도록 다운하우스의 중앙 계단을 나무 미끄럼틀로 만들어주었다는 이야기까지 다윈의 일거수일투족에 대해 알 수 있다. 누구도 발견하지 못했던 위대한 이론을 성립한 것만큼 진화에 대한 기록의 방대함과 놀라움은 이루 말할 수 없을 정도로 엄청나다.

더 많이 발현되는 까닭은 이 형질들이 번식률을 더 높여주기 때문일 것이다.

가령 암컷의 환심을 사기 위해 한껏 거드름을 피우는 수컷이라든가, 얼핏 보면 종잡을 수 없는 기준으로 수컷을 선택하는 암컷의 행동처럼 교미(성)에는 선택을 좌우하는 중요한 다른 힘도 존재한다. 그러나 자연선택은 우리가 살고 있는 생명의 세계를 형성하는 지배적인 힘이다. 이는 실수와 새로운 시도 그리고 교정 작업이 어우러진, 일종의 시행착오 시스템이다. 진화는 무계획적이며 방향성도 없다. 예나 지금이나 간혹 열등하다거나 우월하다는 말로 비교하지만 종들은 더 진화하거나 덜 진화한 것도 아니며 더 열등하거나 더 우월하지도 않다. 각자 처한 환경에서 살아남기 위해 그저 반복을 통해 더 잘 적응한 것뿐이다.

실제로는 결코 해서는 안 되는 실험이겠지만 보르네오(Borneo) 밀림에서 도구를 사용할 정도로 똑똑한 오랑우탄일지라도 심해의 열수 분출공(熱水噴出孔)에서 뿜어져 나오는 끓는 물에서는 단 1분도 버티지 못할 것이다. 하지만 그 뜨거운 분출공 속에도 길이 2미터에 이르는 거대한 서관충(捿管蟲)과 수십 종의 박테리아를 포함한 수백 가지의 종들은 꽤 만족스럽게 존재의 끈을 이어가고 있다. 변화는 당연한 것이고 적응해야 살아남는다.

《종의 기원》이 출간되고 150년 동안 무수한 과학자들이 상상할 수 있는 모든 방식을 동원하여 진화론을 찌르고 당기고 비틀고 꼬집었다. 과학자들은 땅돼지(혹은 개미핥기)에서 얼룩말에 이르기까지 헤아릴 수 없을 만큼 많은 종들을 관찰하며 그들의 행동을 연구했다.

세대에서 세대로 적응이 어떻게 이어지는지를 밝히기 위해 처음에는 수학적 모델을 이용해 무수한 개체군들의 시뮬레이션을 고안하기도 했고 나중에는 컴퓨터를 이용하거나 인위적으로 조성한 환경에 개체들을 강제로 가두어 놓고 관찰하기도 했다. 유전이 어떻게 작동하는지, 하나의 이점이 다음 세대의 어떤 부분에서 드러나는지를 밝히기 위해 수많은 종들을 동종끼리는 물론이고 이종끼리 교배시키기도 했다. 그뿐 아니라 수십 년 동안 몇 탱크 분량의 박테리아를 번식시키면서 행동에서 나타나는 변이들도 후손에게 전달된다는 사실을 관찰했다.

오늘날 인간은 종들의 유전자 암호를 판독하기에 이르렀고 DNA의 차이로 인해 종들이 분기(分岐)하면서 각자에게 더 적합한 자리를 차지했다는 사실도 밝혀냈다. 걱정스럽게도 항생물질의 적대적 행위에 적응하여 내성을 갖게 된 박테리아 개체군도 발견했다. 다윈이 세운 이론의 뼈대에 수정과 살 붙이기 작업이 진행되는 동안 중대한 이론에 필연적으로 따르는 공격에도 불구하고 그가 말한 '한 가지 큰 논의'는 온전히 살아남았다. 그리하여 다윈의 진화론에는 어김없이 '자연선택에 의한'이라는 수식어가 붙는다. 직감이나 추측 혹은 어림짐작으로 쓰이는 '이론'이라는 단어의 일반적인 의미는 과학적인 의미에 비하면 가련할 정도로 가볍다. 과학자들이 말하는 '이론'은 사실과 분간할 수 없을 정도로 견고하게 본질을 설명하고 예측한, 검증 가능한 일련의 개념들 중에서도 최고봉이다.

다윈이 쓴 필생의 걸작은 자연발생이라는 고인 물에서 세포에 관한 연구들이 터져 나오던 즈음에 구상되었다. 하지만 그가 논하던 진화는 새로운 생명의 출현에 대한 것이 아니다. 그 책은 제목에도 암시된 것처럼 새로운 종의 기원에 관한 책이다. 한 유기체가 변이된 형질을 너무 많이 획득해서 더 이상 동일한 종의 이전 모습 그대로 복제되지 않을 때 새로운 종이 발생한다.

자연선택을 이야기할 때면 우리는 주로 두드러져 보이는 형질들, 이를테면 가지로 갈라진 뿔이나 털 색깔 또는 개미핥기의 혀를 예로 든다. 그러나 오늘날 자연선택에 의한 진화론은 다윈조차 거의 알지 못했던 미시세계로까지 확장할 수 있다. 앞서 가상의 예로 들었던 개미핥기의 혀가 긴 까닭은 개체군 안에서 한 개체가 우연히 혀에 조금 더 많은(혹은 더 큰) 세포를 갖게 되고 혀 조직에서 이 차이를 유발한 유전자가 정자나 난자를 통해 다음 세대로 전달되었기 때문이다.

마찬가지로 종이에 베인 상처에서 혈소판이 쐐기 모양의 덩어리를 형성해 혈액의 손실을 막아주는 까닭도 실제 수천 세대와 종을 거슬러 올라가 (어쩌면 상처가 잘 낫지 않거나 출혈로 인한 죽음을 고민할 수밖에 없던) 먼 조상 피조물들이 자신의 혈액 내에서 덩어리를 형성하지 못하는 세포들을 탈락시켰기 때문이다.

결정적으로, 현재 우리는 개체나 세포가 선택되는 것이 아니라 이 점을 만드는 정보 운반체가 선택된다는 사실을 알고 있다. 앞으로 전개될 이야기에서 혈액 응고와 같은 정보를 전달하는 운반체, 바로 DNA가 가장 핵심적인 역할을 할 것이다.

세포설과 자연선택설은 '생명은 유래한다'라는 똑같은 사실을 반영한 이론이다. 생명은 점진적으로 그리고 결국에는 극적으로 변하지만 본질적으로 이전에 있던 것의 적응된 연속이다.[11)]

시간이 흐를수록 자연선택에 의한 진화론을 공식적으로 인정해야 한다는 목소리는 증감을 반복했고 책의 출간 이후 50년 남짓 동안에도 진화론은 과학자들 논쟁에 단골손님이었다. 하지만 오늘날, 적어도 과학자들 또는 진화론을 전반적으로 이해하는 사람들 사이에서 자연선택은 지구상에 존재하는 생명의 다양성을 설명하는 최고의 이론으로 굳건하게 자리 잡았다. 정의상 과학은 시간이 지나면서 오류를 정정해 나가는 학문이지만 다윈의 이론이 통째로 대체되는 일은 거의 불가능해 보인다. 게다가 다윈의 이론과 세포설은 서로를 더욱 강력하게 뒷받침한다.

비록 다윈 이전에도 유기체들은 시간에 따라 변한다는 간단한 진화의 개념이 있었지만 1859년 당시 세포설과 진화론은 확실히 새롭고도 혁명적인 이론이었다. 이 두 이론은 인류의 역사 전반을 지배하던 관점, 즉 피조물들은 그 하나하나가 별개의 모습으로 창조된 것이라는 관념에 철퇴를 가했다. 다윈의 치열한 연구와 18세기부터 19세기에 걸친 현미경학자들의 면밀한 관찰이 없었다면 생명의 다중 기원 이론, 즉 식물이나 동물 혹은 균류를 가르는 기원뿐 아니라 모든 유기체들마다 각자의 기원이 있다는 이론은 그런대로 설득력을 가

11) 다윈의 이론은 자명한 사실이고 입증과 검증이 가능한 진실이며 모든 점에서 더할 나위 없이 탄탄한 진실임에도 불구하고 실제로 몇 년에 걸쳐 수많은 사람들을 당혹하게 했다. 다윈의 급진적이면서도 철두철미한 이론에 대한 반대도 즉각적이고 노골적이었지만 지지 세력도 그에 못지않았다. 당시 다윈을 지지했던 인물들 가운데 가장 호전적이었던 토머스 헉슬리(Thomas Huxley)는 "그 이론을 생각하지 않다니 이보다 더 멍청할 수는 없다"라고 말했다. 다윈을 감싸려고 내뱉은 말이지만 오히려 다윈이 책에 실은 방대한 연구와 치밀한 내용을 가리는 발언이기도 했다. 반면 세포설은 단 한 사람의 반대도 없이 등장했다. 관찰과 개선을 거치더니 수월하게 진리로 자리 잡았다. 우리는 자연선택의 법칙, 유전의 법칙 그리고 DNA의 작용(이 두 가지도 곧 만나게 될 것이다)을 생물학의 절대적인 초석으로 여긴다. 마땅한 대우다. 하지만 세포설은 간단한 추측으로 등장했고 곧이어 맞는 이론으로 여겨졌다. 유별난 특혜를 받은 것 같지만 그렇다고 불평할 수도 없는 이론이다.

졌을지 모른다. 게다가 헤아릴 수조차 없는 많은 종류의 세포들과 그 세포들의 고도로 특화된 기능들까지 들먹인다면 별개의 혹은 복수의 기원이 있다는 이론은 심지어 타당해 보였을지도 모른다.

하지만 다윈과 세포설 덕분에 우리는 모든 유기체들을 하나의 장엄한 계보로 연결할 수 있다. 다윈이 자신의 걸작 마지막 단락에도 썼듯이 '생명이 힘을 지닌 채 몇 가지 또는 하나의 형태로 탄생했다는 관점은 실로 장엄하다.' 인간이 글로 적은 가장 멋진 글이기도 하고 자주 인용되는 글귀이기도 하다. 어떤 글들은 그저 인용되면 그뿐인 글도 있다. 하지만 다윈은 이 마지막 몇 단어 안에서 한 가지 질문을 던졌다. '몇 가지 또는 하나의 형태'라니 대체 그것이 무엇일까? 생명의 계통수(系統樹)의 출발점에는 무엇이 있을까? 하나의 형태? 하나의 세포? 또는 여러 개의 세포일까? 깊게 파고들어야 할 이 역사적 질문에 대한 해답은 과거가 아니라 살아 있는 모든 세포의 분자적인 구조 안에 있다. 세포가 자신의 형질을 전달하는 메커니즘, 그 형질들이 변형되는 메커니즘을 밝힌다면 우리는 생명이 단일한 기원을 가졌느냐는 질문에 대한 해답을—아울러 처음 등장할 때 생명의 모습도—보게 될 것이다.

The Origin of Life

2장

•

생물학의 도약

"사람들이 실패하는 것은

그들의 두뇌가 뛰어나지 못해서가 아니라,

막다른 골목에서 헤어 나오지 못하거나

너무 빨리 포기해버리기 때문이다."

– 프랜시스 크릭(Francis Crick)

지금 바로 창문을 열고 몇 개의 종이 보이는지 세어볼 수 있는가? 책상에 앉아 내다본 뜰에는 식물 40종(적어도 그중 여섯 종은 이름을 알고 있다)과 거미 한 마리, 다람쥐 한 마리 그리고 살찐 산비둘기 한 마리가 보인다. 더불어 아늑한 흙 속에, 나뭇잎 위에 그리고 벽돌 틈에 수백만 종의 생물들이 살고 있다. 어디 그뿐이겠는가! 다람쥐의 털이나 산비둘기의 깃털 속에는 작은 기생성 곤충들이 무임승차하고 있을 것이다. 게다가 이 무임승객들도 수천 종의 박테리아들에게는 윤택한 서식 환경이 되어줄 것이다. 지구상에 존재하는 박테리아는 수와 질량 면에서 모든 생물의 합을 능가한다. 비옥한 흙 한 삽만 떠도 그 안에는 수십억 마리의 박테리아가 살고 있다.

눈을 내리깔면 보이는 당신의 코끝에도 장담컨대, 우리가 알고 있는 우주의 별보다 더 많은 생물들이 존재한다. 지금까지 인간이 파악한 생물은 대략 200만 종인데 날마다 새로운 종이 발견되고 이름이 붙여지고 있으니 실제로는 훨씬 더 많을 것이다. 생명은 아찔할 만큼 다양하다. 하지만 더욱 아찔한 사실은 생명이 가진 유사성이다.

대단한 논리를 대지 않고도 우리는 인간이 침팬지나 고릴라와 매우 닮았다는 사실을 인정한다. 설계자가 있다면 아예 속이려고 작정을 했든가 아니면 애초에 빈약한 상상력으로 피조물들을 대강 비슷하게 만들어놓고 혈육이 아닌 것처럼 겉모양만 슬쩍 바꾸었을지도 모를 일이다. 인간의 손을 타서 생김새는 저마다 다르지만 모든 개는 늑대와 아주 가까운 종이 분명하며 과학도 이를 입증했다. 좀 더 깊이 분석하고 들어가면 돌고래가 자기와 생김새가 닮은 참다랑어보다 하마와 훨씬 더 가까운 종이라는 사실도 알 수 있다. 더 깊이 파고들면 돌고래와 참다랑어 그리고 하마가 한 조상에서 갈라져 나왔다는 사실도 알 수 있다. 등뼈와 눈뿐만 아니라 하마와 참다랑어의 앞발과 지느러미에 해당하는 돌고래의 지느러미발의 뼈 구조를 보면 이 사실이 더욱 분명해진다.

하지만 플라타너스의 이파리와 시클리드(cichlid, 관상용 민물고기)의 지느러미 사이에서 유사성을 찾기란 여간해서 쉽지 않다. 또 서부긴코가시두더지(western long-beaked echidna)와 최근 말레이시아 제도에서 발견된 '스펀지밥'의 이름을 딴 버섯인 스펀지포르마 스퀘어팬치(spongiforma squarepantsii) 사이에서도 닮은 점을 찾기 어렵다. 투더스 필로멜로스(turdus philomelos)와 칸디다 알비칸스(candida albicans) 사이에서도 닮은 점을 찾기 힘들긴 마찬가지다. 전자는 귀여운 노래지빠귀(song thrush)이고 후자는 아구창(thrush)을 일으키는 크림색의 균류인데 두 종 모두 'thrush'라는 이름과 관련이 있다.

지구라는 동물원은 크기와 모양이 제각각인 세포들로 이루어져 있다. 하지만 석유를 동력으로 움직이는 자동차들이 기본적으로 모두 똑같은 것처럼 세포들도 기본적으로는 모두 똑같다. 자동차는 차대와 엔진, (주로 네 개의) 바퀴와 핸들 등으로 이루어져 있다. 엔진이나 외관, 바퀴 등 여러 부분의 세밀한 차이가 포르셰 911과 트라반트를 만든다. 그러나 화석연료에서 동력을 공급받는 내연식 금속 엔진을 장착한 공통 조상에서 탄생한 자동차들임에는 변명의 여지가 없다.

세포도 그러하다. 속을 들여다보면 여러 가지 구조와 부분들이 있는데 이들은 한 기관의 일부로서 혹은 독자적으로 기능을 수행한다. 전반적인 구조면에서 세포는 모두 기본적으로 똑같지만 고도로 특화되어 생명들 각각의 복잡성과 적응성을 구축하고 있다.

생물학의 도약을 위한 발판은 1800년대 중반을 주름잡던 세포과학자들이 마련했다. 그 시기가 생물학의 열기에 달뜰 수밖에 없었던 까닭은 진화를 추론해낸 다윈의 위업뿐 아니라 생물학에 생기를 불어넣어줄 텃밭을 가꾸던 한 오스트리아 성직자의 연구 덕분이었다. 그레고어 요한 멘델(Gregor Johann Mendel)은 언제나 성직자로 묘사된다. 이는 엄연한 사실이다. 하지만 그 사실이 세상을 바꾼 실험주의자이자 천재 과학자로서의 업적을 퇴색시켜버린다.[1] 다윈이 위대한 걸작을 집필하고 있을 즈음, 멘델은 완두콩에 흠뻑 빠져 수만 번씩 교배시키며 완두콩을 연구하고 있었다. 과학자라면 누구나 입버릇처럼 말하겠지만 횟수가 쌓일수록 통계로서 가치는 높아진다. 엄청난 횟

---

1) 아이러니하게도 멘델은 훗날 대수도원장이 되었지만 역사는 성직자로서 멘델의 업적마저 제대로 기억해주지 않는다.

수로 교배를 거듭하면서 멘델은 다양한 완두콩 종들을 교배했을 때 후손 세대에서 나타나는 결과를 완벽하게 예측할 수 있다는 사실을 발견했다. 무엇보다 그는 형질들이 개별적으로—식물의 나머지 다른 형질들과 상관없이 독립적으로—유전된다는 사실을 입증했다.

가령 보라색 꽃의 완두콩과 흰색 꽃의 완두콩을 교배하면 다음 세대에 분홍색 꽃이 피는 것이 아니라 보라색 꽃과 흰색 꽃이 예측 가능한 비율로 핀다. 이런 식으로 이종교배를 거듭하자 패턴이 분명하게 드러났다. 형질은 양쪽 부모로부터 공평하게 유전되지만 간혹 더 우세하게 나타나는 형질이 있다.

키가 큰 것과 작은 것을 교배했을 때 자녀 식물은 모두 부모의 평균 키보다 컸다. 이 자녀 식물들을 교배시키자 후손 넷 중 셋은 키가 컸고 하나는 키가 작았다. 이러한 비율을 관찰하면서 멘델은 모든 형질들이 개별적으로 유전된다는 사실뿐만 아니라 어떤 형질은 다른 형질보다 지배적으로 나타난다는 사실까지 발견했다. (멘델과 완두콩 이야기는 고등학생도 알 만큼 보편적인 생물학 이야기 중 하나다.) 결국 그는 (정식 명칭은 나중에 붙여졌지만) 유전자—독립적인 유전 단위—의 존재를 발견한 것이다.[2)]

---

2) 멘델의 핵심 실험들은 1856년에서 1863년까지 7년에 걸쳐 실시되었고 이에 관한 논문은 1866년 지역 교구의 이류 학회지였던 〈브륀의 박물학회보Proceedings of the Natural History Society in Brunn〉에 실렸다. '멘델을 지지하던 학자들은 이 논문의 필사본을 115부 만들어 배포하기로 결정했다. 여러 사람이 남긴 기록을 보면 그중 한 부를 다윈에게 보냈고 1882년 다윈이 사망한 후 그의 서재에서 멘델의 논문이 발견되었다고 한다. 그러나 어찌 이런 일이! 논문이 들어 있던 봉투는 미개봉 상태였다. 다윈은 논문을 읽지 않았던 것이다. 모든 것을 아우르는 단 하나의 법칙으로, 유전의 메커니즘과 그 변수를 포함하는 법칙으로 두 이론이 결합되었다면…….' 애석하지만 이 이야기는 사실이 아니다. '만약'이라는 전제가 붙은 상상일 뿐이다. 다윈의 서재에는 개봉됐든 아니든 멘델의 완두콩 논문의 필사본 따위는 없었다. 실제로 다윈의 장서들을 관리하는 담당자에 따르면 다윈의 방대한 장서들 가운데 멘델의 이름이 찍힌 문서는 단 한 편도 없었다고 한다. 믿거나 말거나 어쨌든 매력적인 상상이긴 하다.

멘델의 논문은 오랫동안 무관심 속에 묻혀 있다가 20세기에 들어서면서 재조명을 받았다. 여기에는 맨눈으로 볼 수 있는 세계를 초월한 관찰 기술의 발전이 큰 역할을 했다. 20세기 신기술은 생물학의 범위를 유기체에서 세포로, 분자와 원자 수준의 세계로 줌인시켰고 이러한 줌인 기술과 더불어 현대 유전학이 탄생했다.

DNA의 실체가 드러나다

멘델이 사망한 1884년부터 1950년대 사이에 유전자 연구의 뼈대가 되는 중대한 발전들이 잇따랐다. 멘델은 각각의 형질이 개별적인 단위로 유전된다는 사실을 밝혔고 이탈리아의 해양 생물학자들은 성게의 세포에서 염색체—소시지와 비슷한 모양의 말쑥한 구조로 모든 세포의 세포핵 안에 존재하며 세포가 분열할 때 뚜렷하게 나타난다—를 발견했다.

생물학자들은 세포의 주인이 누구냐에 따라 염색체의 숫자가 다르다는 사실도 밝혀냈다. 또한 염색체의 숫자에 이상이 생기면 후손에게 매우 좋지 않은 결과를 초래하거나 번식 자체가 불가능해질 수 있다는 사실도 밝혀냈다. 1920년대 토머스 헌트 모건(Thomas Hunt Morgan)은 초파리의 근친교배를 통해 멘델이 주장한 유전 단위가 염색체상에 정확한 위치를 갖는다는 사실을 증명했다. 한편 독일의 학자들은 염색체가 인산을 함유하고 있다는 점에서 세포의 다른 성분들을 구성하는 단백질들과 화학적으로 확연히 다른, 이른바 DNA라고 하는 분자들로 이루어져 있음을 증명했다.

1940년대 뉴욕에서는 오즈월드 에이버리(Oswald Avery)와 콜린 매클라우드(Colin MacLeod) 그리고 매클린 매카티(Maclyn McCarty)가 죽은 세포에서도 뭔가가 집요하게 살아남아 있음을 확인했고 이로써 형질을 부여하고 전달하는 물질이 DNA라는 사실을 밝혀냈다. 이 세 사람보다 10여 년 전 DNA에 주목했던 선임자가 있었다. 영국 의사였던 프레드 그리피스(Fred Griffith)는 폐렴이 진행되는 동안 유독성 폐렴균과 무독성 폐렴균이 모두 존재하며 무독성 폐렴균이 유독성 폐렴균의 형질을 습득한다는 사실에 주목했다. 심지어 유독성 폐렴균을 죽였을 때도 독성이 옮겨졌다. 유독성 폐렴균을 끓여서 죽인 다음 그 즙을 무독성 폐렴균과 섞자 무독성 폐렴균이 유독성 형질을 습득한 것이다. 에이버리와 그의 팀도 그리피스의 실험을 그대로 반복했지만 이들은 폐렴균에서 형질을 전달하는 운반체로 짐작되는 성분들을 체계적으로 하나씩 제거하면서 형질이 전달되는 원리를 밝히고자 했다. 유독성 폐렴균의 DNA를 제거하자 비로소 형질전환이 일어나지 않았다. 즉 형질을 부여하고 전달하는 핵심적인 유전 물질은 세포 내부의 단백질이나 다른 어떤 성분도 아닌 DNA인 것으로 보였다.

틀림없이 DNA는 중요한—어쩌면 유일한—유전 성분이었다. 하지만 대체 DNA가 어떻게 작동하는지는 여전히 알 수 없었다. 그 해답은 DNA의 구조에 있었다. 1952년 킹스 칼리지(King's College)에서도 모리스 윌킨스(Maurice Wilkins), 로잘린드 프랭클린(Rosalind Franklin), 레이먼드 고슬링(Raymond Gosling)을 포함한 한 팀의 과학자들이 분자의 3차원 입체 구조를 보여주는 조영술에 대한 전문 지식으로 무장하고서 DNA를 연구하고 있었다. 당시 분자의 복잡한 구조를 증명하는 표준 기술이었던 X선 회절은 사상 최초로 원자폭탄을 제조했던 맨해튼 프로젝트(Manhattan Project, 제2차 세계대전 중 원자폭탄 개발 계획을 지칭하는 암호명-옮긴이)에 가담했던 윌킨스가 런던으로 가져온 기술이었다.

X선 회절의 원리는 18세기와 19세기에 유행했던 일종의 실루엣 초상화와 유사했다. 간단하게 말하면, 피사체에 밝은 빛을 조사하고 그 반대편에 투영된 명암을 포착하는 것이다. 이 조영술에 쓰이는 가시광선을 인간에게 조사하면 빛이 투과하지 못하여 실루엣이 분명하게 나타나는 반면, 피사체가 분자인 경우에는 X선이 투과되면서 특징적인 음영들만 규칙적이고 신비로운 소용돌이 모양으로 사진판에 나타난다. 이러한 패턴을 만드는 원자의 배열을 파악하려면 수학적인 추론이 필요하지만 어쨌든 결과물은 실루엣 초상화와 똑같다. 즉 너무 작아서 다른 방법으로는 볼 수 없는 분자의 독특한 초상을 얻는 것이다.

이 기술에 단연 독보적이었던 사람은 프랭클린이었다. 고슬링과 함께 고단하고 지루한 작업을 수행하면서 그녀가 찍은 수많은 사진들 가운데 51번 사진(Photo 51)은 인류 역사상 가장 위대한 업적 가운데 하나로 꼽힌다.

케임브리지의 과학자 프랜시스 크릭(Francis Crick)과 제임스 왓슨(James Watson)이 바로 그 사진을 입수했다. 과학은 늘 다른 사람의 연구를 바탕으로 발전해 나간다지만 프랭클린과 고슬링의 사진에서

DNA가 이중나선 구조로 상징되는 꼬인 사다리 모양이라고 밝힌 것은 엄연히 크릭과 왓슨의 통찰력과 천재성 덕분이었다. 1953년 4월 25일 과학 저널 〈네이처〉에 발표한 짧은 논문에서 크릭과 왓슨은 꼬인 사다리의 가로장들의 화학적 성분을 문자의 쌍으로 나타냈다.

아데닌(adenine)은 A, 티민(thymine)은 T, 시토신(cytosine)은 C 그리고 구아닌(Guanine)은 G로 표시했다. 각각의 문자는 사다리의 수직 기둥에 연결되어 있으며 반대편 기둥에 수직으로 연결된 상응하는 문자와 짝을 이루어 사다리의 가로장을 형성하고 있다. 이중나선 구조를 형성하고 있는 염기쌍들은 한 치의 오차도 없이 정확하다. 즉 A는 언제나 T와, C는 언제나 G와 쌍을 이룬다.

크릭과 왓슨은 과학에서 꽤 절제된 표현으로 알려진 짧은 말로 논문을 끝맺었다. "우리는 특정하게 쌍을 이루는 구조가 곧 유전 물질의 복제 구조라 생각했고 지금까지 관찰한 바로는 우리가 알고 있는 범위를 벗어나지 않았다."

DNA가 놀라운 실체를 드러낸 최초의 사건이었다. 이중나선 구조를 해체하여 두 가닥의 사슬로 나누더라도 각 사슬 구조에 이미 정보가 담겨 있으므로 즉시 각 사슬의 짝을 다시 맞출 수 있다. A에는 반드시 T를, C에는 G를 대응시키면 되기 때문이다. DNA는 구조 자체에 복제를 위한 정보를 제공하는 능력을 지니고 있다. 크릭과 왓슨 그리고 프랭클린이 얻은 결과 덕분에 인간은 '복제될 수 있고 세대에서 세대로 전달될 수 있는 분자'의 정체를 알게 되었다.[3)]

핵염기, 줄여서 그냥 염기라고도 하는 분자들은 세로로는 사다리의 기둥을 붙잡고 가로로는 서로의 짝과 손잡고 있다. DNA의 각 사슬에는 이와 같은 염기쌍이 수백 만 개가 있으며 세포핵을 가지는 인간 세포 하나 안에만도 2미터에 달하는 DNA가 촘촘하게 감겨 있다. 물론 좀 더 세밀하게 살펴보면 촘촘하게 감긴 사슬들이 작은 단백질 덩어리를 다시 촘촘하게 감고 있어서 마치 실에 구슬을 꿰놓은 것처럼 보인다. 이렇게 감기고 얽힌 사슬들이 뭉쳐서 두꺼운 줄다리기 밧줄처럼 생긴 염색체를 형성한다.

염색체의 수나 길이는 종에 따라 매우 큰 차이를 보이지만 염색체의 숙주인 개체의 크기나 복잡성에 따른 차이는 없는 것으로 알려져 있다. 인간은 스물세 쌍의 염색체를 갖고 있고 박테리아는 말쑥한 고리 모양의 염색체 하나만 갖고 있다. 100개 이상의 염색체를 갖고 있는 잉어도 있지만 수천 개의 염색체를 갖고 있는 일부 식물에 비하면 새 발의 피다.

한 유기체의 염색체들을 채우고 있는 DNA 일체를 게놈(genome)이라고 한다. 사람이 가진 스물세 개의 염색체, 즉 인간의 게놈에는 대략 30억 개의 염기 문자(A, T, C, G)가 있다. 이해하기 쉽게 말하자면 20만 쪽짜리 전화번호부 책을 채울 수 있는 문자를 갖고 있는 셈이다. 하지만 인간이 정자와 난자가 만난 수정란이었을 때부터 종이에 손을 베여 새로운 피부 세포가 탄생할 때까지 모든 세포가 둘로 갈라질 때마다 세포들 속에 있는 모든 DNA도 스스로를 복제한다. 그리하여 새로운 세포는 부모 세포와 똑같은 DNA를 갖게 되는 것

3) DNA가 세포 안에서 활동하는 이중나선의 매끈한 구조라고 생각할 테지만 사실 DNA는 자신의 무수한 임무들을 수행하느라 잠시도 쉴 틈 없이 꼬였다 풀렸다 접혔다 결합했다를 반복하는 굉장히 역동적인 분자다. 실험실에서 추출한 DNA는 실처럼 생긴 희멀건 콧물처럼 보인다.

이다.[4]

세대에서 세대로 복제될 수 있다는 사실은 정말 기막힌 기술이다. 그것만으로도 이 세상은 아름다운 분자들로 가득 찬 셈이다. DNA의 신비로운 힘은 정보를 숨기고 있는 일종의 암호인 화학 문자들, 즉 염기들로 이루어진 사슬에 있다. 그 정보는 스스로를 복제하는 데 필요한 중요 명령을 포함하여 생명의 모든 활동을 지시하는 교본이라 할 수 있다. DNA 암호의 작동 원리를 알아낸다면 돌연변이와 변이의 비밀뿐 아니라 다윈이 말한 '몇 가지 혹은 한 가지 형태'가 과연 무엇인지를 밝혀줄 해답에 더 가까이 다가갈 수 있다. 나아가 최초에 생명이 어떻게 형성되었는지 그 베일을 벗길 중요한 단서도 얻게 될 것이다.

DNA 작동 방식

모든 생명은 단백질에 의해 만들어지거나 아예 단백질로 이루어져 있다. 단백질은 생물의 조직들과 생리작용의 촉매들을 만든다. 뼈와 털뿐 아니라 단백질 자체로 이루어지지 않은 신체의 모든 기관들까지 만들어내는 제조 공장이다. 물론 이는 인간 또는 포유동물에만 국한된 것이 아니다. 모든 나뭇잎, 나무 껍질, 파충류의 비늘, 뿔, 균

4) 생물학은 경고와 예외로 가득 찬 학문이며 그중 예외가 조금 더 중요한 비중을 차지한다. 정자와 난자의 생성 과정에서는 약간 다른 형태의 세포 분열이 일어나는데 이를 감수분열(meiosis)이라고 한다. 이 결과 각각의 성 세포는 전체 유전 물질의 절반씩을 나눠 갖는다. 정자와 난자가 만나 수정될 때 이 절반들이 합쳐지면서 온전한 유전 물질을 갖게 된다.

류, 깃털과 꽃잎들마저도 단백질에 의해 만들어졌거나 단백질로 이루어져 있다. 이 생명의 일꾼은 아미노산—아미노산이라는 화학적 명칭을 얻을 자격이 되는(분자 내에 아미노기와 카복실기를 가진) 무수한 분자들을 총칭하는 이름—이라고 하는 더 작은 단위들이 연결된 것이다.

지금 우리는 게놈 안에 존재하는 각각의 유전자—개별적인 유전 단위—가 단백질 구조를 암호화하고 있는 DNA 염기들의 독특한 쌍들로 이루어진 암호 조각이라는 사실을 알고 있다. 하지만 수많은 종들의 게놈 중 유전자는 극히 일부에 지나지 않는다. 나머지는—실제로 인간의 경우에도 DNA의 거의 대부분은—작업용 발판이나 심지어 허가 없이 침입한 바이러스들이 멋대로 끼워 넣은 삽입물들 또 각종 메모와 지시사항들로 이루어져 있다. 일부는 조상으로부터 전달된 유전자의 찌꺼기들로, 자연선택으로부터 도태되어 서서히 기능이 녹슬면서 현재 우리에게서는 발현되지 못하고 게놈 안에 희미한 흔적으로만 남아 있는 것들이다.[5)]

1953년 DNA가 나선형으로 꼬인 사다리 모양이고 복제와 암호화라는 두 가지 힘을 가지고 있다는 사실을 밝힌 크릭과 왓슨의 엄청난 도약 이래 생물학의 가장 큰 도전 과제는 DNA의 암호를 푸는 것이었다. 이는 곧 DNA 사슬에서 유전자 부분과 아닌 부분을 최초로 가려내는 일이기도 했다.

---

5) 이 유전자 찌꺼기의 존재는 1960년대에 불필요한 잉여성을 의미하는 '정크 DNA'라는 이름으로 처음 소개되었다. 그러나 아직까지 연구되지 않았지만 불필요한 찌꺼기라는 이름은 어울리지 않는다. 그것들 대부분이 유전자가 아닐 뿐 DNA인 것은 분명하기 때문이다.

이 책의 모든 문장들을 하나의 유전자라고 생각해보자. 인간의 게놈은 길이로는 이 책의 40배쯤 될 테고 내용은 어찌됐든 처음부터 끝까지 책의 문장들을 임의로 나열한 또 하나의 책이라고 볼 수 있다.

그중 관련 있는 문장들을 어떻게 구별할까? 전달 체계로 작용하는 언어라는 시스템에서 문장은 문자들을 끼워 맞춰 단어를 완성하고 단어에 단어를 더해 의미를 합성하면서 구두점으로 완성된다. 실제로 띄어쓰기도 안 되어 있고 구두점도 없는 문장에서 의미를 유추하기란 상당히 어렵다. 세포로서는 필연적이지만 과학으로서는 다행히 DNA도 이와 똑같다.

DNA의 단어들과 문장들의 의미를 밝힐 수 있느냐 없느냐를 논하기에 앞서 과학자들이 풀어야 할 문제는 어디서부터가 유전자의 시작이고 어디까지가 끝인지, 어디서 띄어쓰기를 해야 하는지 다시 말해 문장의 구두점을 찾는 일이었다.

1960년대까지 과학자들은 생명이 단백질에 의해 만들어졌거나 단백질로 이루어져 있으며 단백질은 다시 아미노산으로 이루어져 있다는 사실을 밝혀냈다. 그리고 DNA가 단백질을 암호화하고 있는 유전 물질이라는 사실도 밝혀졌다. 하나의 발견에서 또 하나의 발견까지, DNA 암호에서 단백질까지는 엄청난 틈이 있었다. 크릭과 나중에 노벨상을 받은 또 한 명의 과학자 시드니 브레너(Sydney Brenner)는 DNA에서 기능하고 있는 두 개의 문자 사이에 실험적으로 분자를 끼워 넣는 방법으로 암호화 과정을 교란시켜 단백질의 생산을 의도적으로 방해하는 실험을 진행했다.

'구조이동 돌연변이(frame-shift mutation)'라고 알려진 이 교란 방법은 셔터 속도를 잘못 맞춘 영사기로 사진을 찍었을 때 하나의 프레임에 두 개의 영상이 절반씩만 나타나는 것과 같다. 하나나 둘 또는 네 개의 염기에 상응하는 것을 끼워 넣어 DNA를 교란시켰을 때도 이와 같은 결과가 관찰되었다. 즉 기능이 붕괴된 단백질이 생산된 것이다.

하지만 세 개의 염기를 치환했을 때 생성된 단백질은 여전히 유효했다. 이 실험으로 크릭과 브레너는 DNA의 암호화가 염기 세 개를 한 단위로 이룬다고 추측했다. '해독틀(reading frame)'이라는 용어로 알려진 이 단위 패턴이 바로 DNA의 띄어쓰기 단위였다. 이로써 염기 문자들 세 개씩 의미 있는 한 조, 즉 코돈(codon, 유전 정보의 최소 단위)을 이룬다는 사실이 드러났다.

여기서 출발한 미국인 과학자 한 명과 독일인 과학자 한 명이 1961년 최초로 배제법을 이용해 DNA에 암호화된 메시지를 해독했다. 마셜 니런버그(Marshall Nirenberg)와 하인리히 마태이(Heinrich Matthaei)의 관심은 DNA 배열이 단백질로 전사되는 자연스러운 일련의 과정이 아니라 오로지 티민(T)이라는 염기로만 이루어진 유전자 암호를 길게 뽑아내는 일이었다. 두 사람은 활동 중인 세포의 구조 안에 이 유전자 암호를 삽입하고 여기에 단백질 합성에 필요한 아미노산을 공급했다. 모든 생명이 20가지 아미노산으로 구성된다는 사실을 알고 있었던 두 과학자는 20개의 시험관마다 20개의 아미노산을 모두 담되 혼합물 각각에 하나씩 방사성 수준이 다른 아미노산을 첨가하고 이름표를 붙였다.

만약 자신들이 조작한 DNA로부터 생성된 단백질이 방사성을 띤다면 어떤 아미노산이 티민 세 개짜리 염기로 암호화된 것인지 구별할 수 있을 터였다. 각각의 시험관에서 단백질을 추출하자 19개 시험관에서 추출한 단백질에서는 방사성 아미노산이 검출되지 않았고 단 하나의 시험관에서 추출한 단백질에서 가이거 계수기(Geiger counter, 방사능 검출기)의 버저가 울렸다. 오로지 티민으로만 이루어진 유전자 암호가 페닐알라닌(phenylanine)이라는 아미노산으로만 이루어진 단백질을 합성한다는 사실이 발견된 것이다.

이로써 암호화의 강력한 특징이 알려지게 되었다. 그로부터 몇 년 동안 염기 배열을 달리 한 실험들을 통해 나머지 19개 아미노산을 암호로 바꿔주는 각각의 코돈을 찾아냈고, 1960년대 말에 이르러 마침내 DNA가 단백질을 암호화하는 방식을 모조리 읽어낼 수 있게 되었다.

다음과 같은 DNA 조각이 있다고 가정하자.

cctgggaccaacttcgcgaagcgggaagcccggcgg

위 조각을 세포가 읽어내는 방식대로 염기 3조로 묶어보자.

cct ggg acc aac ttc gcg aag cgg gaa gcc cgg cgg

그리고 이번에는 각 염기 3조에 해당하는 아미노산 이름을 그 아래에 약자로 적은 것이다.

cct ggg acc aac ttc gcg aag cgg gaa gcc cgg cgg

Pro Gly Thr Asn Phe Ala Lys Pro Glu Ala Arg Arg

(프롤린, 글리신, 트레오닌, 아스파라긴, 페닐알라닌, 알라닌, 리신, 프롤린, 글루타민, 알라닌, 아르기닌, 아르기닌)

이런 식으로 아미노산들이 연결되어 단백질 조각을 형성한다.

그렇다면 과학자들은 유전자의 시작과 끝을 어떻게 알까? DNA 언어에도 구두점이 있다. A, T, G, C들이 끊임없이 이어진 사슬에서도 세포는 유전자의 시작을 정확하게 읽어낸다. 왜냐하면 모든 유전자는 단 하나의 예외도 없이 모두가 ATG가 연속된 지점, 이른바 '시작 코돈'을 갖고 있기 때문이다. 우리가 문장을 쓸 때 첫 알파벳을 대문자로 쓰는 것과 같다. 이와 마찬가지로 유전자에는 끝을 알려주는 마침표도 있다. TGA, TAG, TAA로 된 세 개의 코돈이 '마침 코돈'이다. 하나의 유전자 세트의 해독틀은 항상 ATG로 시작하고 마침 코돈 세 개 중 하나에서 끝난다.

정리하자면, 단백질은 아미노산들이 연결된 긴 끈이고 이 아미노산들의 배열을 암호화하고 지정하는 것이 바로 DNA다. 아미노산들은 3차원적으로 접히고 포개져 단백질을 이루는데 이때 생긴 홈과 구멍들, 조임쇠와 주머니들 덕분에 단백질들은 고유 기능을 갖는다.[6] 또한 새로운 목적을 위해 팀을 이루기도 한다. 가령 적혈구 세포 안에

6) 망막 유전자 Chx10에서 추출한 아미노산 사슬은 유독 짧게 돌출한 DNA 사슬에 손잡이 모양으로 달라붙어서 세포에게 다른 유전자를 활성화할 것을 지시한다. 마치 우리가 '찾아보기'에 있는 단어를 이용해 본문의 특정한 문장을 찾는 것과 비슷하다.

존재하며 우리 몸 구석구석으로 산소를 운반해주는 헤모글로빈은 철 원자 하나를 운반하기 위해 네 종류의 단백질이 팀을 이룬 것이다.

거미줄의 놀라운 특징들도 그것을 구성하는 몇 가지 단백질이 정교하게 복합체를 형성한 결과로, 일부는 깔끔하게 접혀서 또 어떤 것들은 차곡차곡 겹쳐서 강철과 맞먹을 강력한 장력을 부여한다. 어떤 단백질들은 효소로서 생체 반응들—우리를 살아 있게 해주는 세포 내 대사 활동—에 촉매로 작용한다. 감각을 인지하도록 특화된 단백질도 있다. 망막의 간상체나 원추체 속에서 빛의 입자 하나하나를 찾아내 시각적 인지 과정을 촉발하는 단백질이 그 예다. 이 모든 기능들은 단백질들이 매우 정밀한 방식으로 접히고 연결되어 서로 상호작용한 결과다. 이렇게 단백질의 기능은 저마다 다르지만 그 기초를 이루는 암호는 모두 똑같다.

암호를 해독하여 작동시키는 것, 이것이 바로 생물학의 주춧돌이다. 그렇다면 해독은 어떤 과정을 통해 일어날까? 게놈이 제조 공장을 작동시킬 계획안을 갖고 있는 본부라고 치면 계획안 원본이 본부 밖으로 유출될 수 없으므로 계획안을 복사해서 전달할 적절한 전령이 필요하다. 쉽게 말하면 DNA와 단백질 제조공장 사이에 전달자가 필요하다는 말이다. 사촌지간처럼 DNA와 모양이 비슷한 RNA가 바로 그 전달자다.

DNA는 가로장들로 연결된 사다리의 두 기둥이 나선형으로 꼬인 모양이다. 반면 RNA는 가로장들이 노출된 한 줄짜리 사슬이다. 어떤 특정한 단백질 하나가 필요하면 DNA의 이중나선이 둘로 갈라지면서 단백질과 관련된 유전자가 노출된다. 노출된 유전자 위로 한 줄짜리 RNA가 포개지면서 유전자의 각 문자들이 거울에 비친 것처럼 RNA에 복사된다. '메신저 RNA(messenger RNA, 이하 mRNA)'라는 이름에 충실한 이 전령이 게놈에서 단백질 제조 공장으로 정보를 전달하는 역할을 한다.

나중에 더 살펴보겠지만, 생명의 기원에서 RNA는 단순한 전령 이상의 매우 중요한 역할을 한다. 어쨌든 이제 우리는 '몇 가지 혹은 한 가지 형태'라는 구절에 내포된 질문을 풀기 위한 최초의 그리고 가장 큰 단서를 손에 쥐었다. 앞서 설명한 시스템은 보편적인 사실이다. 우리가 아는 한, 네 개의 문자들로만 이루어진 DNA가 스무 개의 아미노산으로 이루어진 단백질로 해독되는 이 시스템을 필요로 하지 않거나 이 시스템에 전적으로 의존하지 않는 생명 형태는 없다. 이것이 바로 생물학의 '센트럴 도그마(central dogma)'—DNA가 RNA를 만들고 RNA가 단백질을 만든다—다. 세상에 알려진 모든 생명이 이 시스템에 의존한다는 사실은 모든 생명이 단일한 공통 기원에 연결되어 있다는 추측을 불가피하게 만든다. 단언컨대, 우리가 현재 알고 있는 것과 같은 생명이 어떻게 출현했는지 이해하려면 우선 이 시스템이 어떻게 발생하는지를 밝히지 않으면 안 될 것이다.[7]

---

7) '교리'라는 의미의 단어 '도그마(dogma)'를 부정하던 계몽주의 시대에 '도그마'라는 이름을 사용한다는 것은 살아 있는 모든 것들을 위한 일종의 연민이었을 것이다. 이 과정을 '도그마'라는 이름으로 부르기 시작한 사람은 프랜시스 크릭이었다. 몇 년 후 크릭은 마음에 품었던 그 단어의 의미가 다른 사람들과 같지 않을 수도 있다는 생각에 유감을 내비쳤다. 그리고 과학의 다른 법칙이나 규칙들이 그랬듯이 몇 년이 지나면서 이 법칙도 순화되고 다듬어졌다. 그래서인지 오류가 전혀 없는 틀림없는 사실이면서 그 명칭이 암시하듯 교리적인 느낌은 전혀 남아 있지 않다.

생명의 대칭성

만약 생명이 공유하고 있는 암호와 도구들이 단일한 기원을 분명하게 가리키기에 충분치 않다면 그야말로 생물학이 사라져버릴 일이다. 여러분도 손바닥을 위로 향하게 하고 두 손을 들어보시라. 두 손은 서로 닮았다. 여전히 손바닥을 위로 향한 채 한 손을 다른 손 위로 겹쳐 보면 엄지손가락들이 옆으로 삐져나오면서 한 손이 다른 손을 완전히 덮지 못할 것이다. 물론 이 원리 때문에 장갑 산업이 돈을 번다. 무슨 수를 써도 왼쪽 장갑은 오른손에 맞지 않는다. 두 손이 서로의 거울상인 것처럼 생명의 분자들 중에도 거울상을 가지는 것들이 있다.

원자는 한가운데 양전하를 갖는 핵과 핵을 둘러싸고 있는 음전하를 갖는 전자들로 구성되어 있다. 전자들은 각각의 원자들을 분자 형태로 붙들어주는 결합을 형성하는 한편, 전자들끼리는 자석의 극처럼 서로 밀어낸다. 그러므로 전자들은 가능하면 멀리 떨어져 간격을 벌리려고 한다. 분자를 만들기 위해 원자들끼리 결합할 때 원자들은 되도록 같은 간격을 유지하려고 한다. 따라서 가능하면 어느 쪽으로든 대칭의 형태를 만들려는 성향이 있다. 가령 질소처럼 결합이 가능한 세 개의 가지를 갖고 있는 원자는 세 개의 가지가 모서리로 향한 삼각형 모양의 분자를 형성하려고 할 것이다.

한편, 이산화탄소는 일직선 모양의 분자다. 탄소 원자는 네 개의 가지를, 산소 원자는 두 개의 가지를 갖고 있으므로 탄소는 양쪽에 산소 하나씩 이중 결합의 형태로 갖고 있는 셈이다. 하지만 탄소처럼 네 개의 가지를 가진 원자가 네 개의 결합을 하려고 한다면 2차원 적 결합이 아닌 3차원, 즉 삼각형을 한 면으로 하는 피라미드 형태로 결합 공간을 넓혀야 한다. 탄소 원자는 피라미드의 중심에서 네 개의 가지를 똑같은 간격으로 벌리고 있어야 할 것이다. 각 모서리에 있는 원자들이 모두 같은 원자라면 더할 나위 없이 좋을 테고 두세 개가 다른 원자여도 괜찮다. 하지만 네 개의 모서리를 각기 다른 원자들이 차지하면 곧바로 손대칭성(chirality)이 가능해진다. 쉽게 말해서 정확히 같은 원자들이 같은 구조로 결합될 때 거울상으로 배열된다는 말이다. 화학에서는 이를 고대 그리스어에서 '손(kheir)'이라는 의미로 쓰인 단어를 빌려 '분자 비대칭성'이라 부른다.

간혹 우리는 지구상의 생명을 '탄소 기반' 유기체라고 말한다. 의미인즉 모든 DNA와 단백질이 탄소 원자를 주요 성분으로 하는 틀에서 만들어진다는 것이다. 앞서 살펴본 것처럼 탄소는 '손이 있는' 분자이므로 서로의 거울상을 형성하는 분자를 만들 수 있다. 따라서 오른손잡이(우향)와 왼손잡이(좌향) 탄소 기반 분자들의 혼합물을 발견할 수 있다는 추론도 가능해진다. 주목해야 할 점은 어떤 생명이든 단백질을 구성하는 아미노산은 모두 왼손잡이, 즉 좌향 아미노산이라는 사실이다.[8)]

분자의 비대칭성은 분자에 빛을 비추는 간단한 방법으로도 확인할 수 있다. 벽에 슬링키(slinky, 스프링 모양의 무지개 색 장난감-옮긴이)

---

8) 키랄(chiral), 즉 대칭 조작으로 겹쳐지지 않는 이성질체를 가진 분자가 왼쪽 비대칭인지 오른쪽 비대칭인지를 결정하는 명명 협약들은 분명치도 않을 뿐더러 그다지 쓸모도 없다. 일반적으로 천연적으로 생성되는 아미노산들은 L-아미노산으로 간주되며 이들이 만드는 단백질은 왼쪽 가지를 가진 좌향 단백질이다.

를 매달고 이리저리 흔들어보자. 슬링키는 상하좌우로 파동을 일으킨다. 만약 슬링키를 수직으로 갈라진 틈에 넣고 흔든다면 양옆으로 움직이던 파동은 사라지고 수직 파동만 남을 것이다.

특정한 분자들도 빛에 대해 정확히 이러한 필터 효과를 낸다. 빛은 모든 방향으로 퍼지지만 분자들은 단일한 평면으로 빛을 편광시킬 수 있다. 루이 파스퇴르는 청징법(clarification)을 이용해 와인에서 불순물을 제거한 다음 순수한 주석산(tartaric acid)만을 모은 용액에 빛을 비추었을 때 빛이 편광되는 현상에 주목했다.[9)]

그러나 그가 주목했던 또 한 가지 사실이 있었다. 화학적으로는 동일한 분자임에도 불구하고 실험실에서 합성한 주석산에서는 편광 현상이 관찰되지 않았던 것이다. 이유는 이렇다. 주석산에 있는 분자들은 탄소를 기반으로 하는데 실험실에서 합성할 때는 좌향과 우향 버전이 동일한 양으로 만들어진다. 무작위로 동전을 튕겼을 때 앞뒷면이 나오는 확률이 비슷한 것과 같다. 즉 우향이든 좌향이든 한 가지 버전이 일으키는 편광 효과는 거울상을 이루는 반대 버전과 상쇄되어 버린다. 그러나 청징법으로 불순물을 제거한 와인의 주석산은 와인을 만들 때 들어가는 효모세포에서 천연적으로 합성되는 것으로 모두 우향성 분자들이다. 이렇게 한쪽 방향으로 편향성을 가진 분자들이 빛의 한쪽 면만을 통과시키기 때문에 편광 현상이 나타난 것이다.

재미 삼아 와인을 통해 화학적 결합이나 공간적 상상력을 설명했

---

9) 프랑스 출신인 파스퇴르는 와인에 각별한 관심을 갖고 있었던 듯하다. 실제로 그의 이름을 딴 살균기법인 파스퇴르 기법(pasteurization)도 우유가 아닌 와인을 살균하기 위해 개발된 것이었다.

지만 이는 매우 중대한 사실이다. 왜냐하면 우리는 여전히 그 이유를 잘 모르지만 단백질은 오로지 좌향 아미노산, 즉 왼손잡이 아미노산들만 취급하기 때문이다. 모든 단백질을 구성하는 스무 가지 아미노산들이 죄다 왼손잡이인 까닭은 여전히 미스터리다.

비유기적으로 분자를 합성했을 때 좌향과 우향 버전이 동일한 양으로 만들어진다는 파스퇴르의 발견은 의학계 역사상 가장 끔찍한 비극을 예고하는 발견이었다. 탈리도마이드(thalidomide)는 순한 약물이지만 진정과 진통 효과가 크다. 불면증에서 두통에 이르기까지 다양한 증상에 효과가 있어 소위 '기적의 약'이라는 별명까지 얻었다. 하지만 구토를 예방해주는 효능도 있던 터라 아침마다 입덧으로 고생하는 임산부들에게 처방된 것이 화근이었다.

이 약이 처음 시판된 1957년부터 전 세계 시장에서 회수된 1962년까지 태아였을 때 탈리도마이드에 노출되었던 1만 명 이상의 아기들이 팔다리 왜소증을 비롯해 여러 가지 심각한 선천적 기형을 갖고 태어났다. 탈리도마이드는 비대칭성 분자로 두 개의 거울상 버전 중 하나만 변이를 일으킨다고 알려져 있다. 파스퇴르의 주석산과 마찬가지로 제약회사에서 생산된 탈리도마이드에는 두 개의 거울상 버전이 분리되지 않았기 때문에 시판된 약품 역시 두 버전이 같은 비율로 섞여 있었다.

지금 우리는 탈리도마이드의 두 가지 버전이 모두 인체 내에서 그 상을 뒤집어 혼란을 일으키며 심지어 무해한 버전일지라도 초기 발달 상태에 있는 태아에게 위험할 수 있다는 사실을 알고 있다. 여전히 나병이나 기타 질병에 효과적인 치료제로 탈리도마이드를 처방하는 국가도 있다. 그렇다 하더라도 임산부의 탈리도마이드 복용만큼은 반드시 엄격하게 금지해야 한다.

단백질이 매우 배타적인 좌향성 분자라는 사실과 더불어 분자에 손잡이 특성이 있다는 것은 생물학적 현상이다. 우연일 수도 있지만 빼도 박도 못하게 정해진 것만은 분명하다. 이 획일성은 하나의 시스템이 단일한 기원을 가지고 발달했음을 의미한다. 생명이 두 갈래로 나누어 진화했다면 어쩌면 우리는 우향 단백질과 좌향 단백질을 모두 볼 수 있을지도 모른다.

DNA도 편향성을 갖는데 단백질과는 정반대로 언제나 오른손잡이, 즉 우향이다. 오른손의 검지를 펴고 시계 방향으로 원을 그리면서 차츰 손을 더 멀리 뻗어보라. 우리가 흔히 보는 나사못처럼 가장 보편적인 형태의 이중나선의 방향도 이렇다.[10] 이중나선의 완벽한 거울상 이성질체가 존재할 수도 있겠지만 현재까지 그런 이성질체는 밝혀지지 않았다. 우향 DNA만 취급한다는 것으로 생명은 또 한 번 단일한 기원이 있음을 드러내고야 말았다.

이 세상과 똑같은 거울상 세상이 존재할 수도 있겠지만 실제로 존재하지 않는다는 사실은 생명의 단일한 기원을 인정할 수밖에 없게 만드는 근거가 된다. 좌향이든 우향이든 선택의 기회가 있었을 수도 있지만 어쨌든 단 하나만 선택되었다. 선택되지 못한 한쪽은 폐기되

10) 괴상한 방향으로 꼬인 DNA 그림을 널리 알리는 데 심혈을 기울이고 있는 웹사이트가 하나 있다. 'Left-Handed DNA of Shame'인데 나는 그 웹사이트가 달갑지 않다. 왼쪽으로 꼬인 색다른 DNA를 로고로 삼고 있는 기관도 있다. 이곳은 외계 생명체의 존재와 관련된 연구를 수행한다. 로고를 디자인할 때 실수인지 아니면 이 세상 바깥의 생물학을 주로 연구한다는 사실을 알리기 위한 의도적인 유희인지는 잘 모르겠다. 어쨌든 꽤 영리한 발상이기는 하다.

어 앞으로 그 모습을 드러낼 수 없다. 생물학적 구조가 개시된 바로 그 시점에서 어쩌면 그저 동전 던지기처럼 우연한 사건이 벌어져 영원히 바꿀 수 없는 절대적 방향이 정해졌는지도 모른다.

세포의 끈질긴 생명력

부모 세포로부터의 세포 유래와 세포 안에서 서서히 일어난 유전자 변화로 종의 기원은 모두 단일한 기원을 보증하는 특징을 지닌다. 생물학의 세 가지 측면—세포는 이미 존재하는 세포로부터 유래하고, DNA의 불완전한 복제 과정에서 변이가 일어나며, 그 결과로 종의 변이가 유전된다는 점—에서 보면 일단 논리적으로나마 멀고 먼 과거로 거슬러 올라가 하나의 출발점에 도달할 수밖에 없는 '단일한 혈통'의 베일은 벗겨진 셈이다.

달리 표현하면, 종이에 베인 상태에 대한 합작 대응의 결과로 부모 세포로부터 뽑아져 나온 새로운 세포들은 모두 숭고한 직계 혈통의 후손들이라는 것이다. 생명계는 멸종으로 가득 차 있지만 손가락의 새로운 세포들은 역사상 가장 긴 혈통에서 살아남은 위대한 세포들이다.

탄생의 기원은 각자의 몸을 이루는 모든 세포들이 생성되기 시작한 수정란으로 거슬러 올라간다. 난자와 정자의 융합으로 한 사람, 바로 당신이라는 독특한 유전자 조합이 형성되기 시작했을 것이다. 그와 같은 경로로 수정란의 발생까지 DNA도 역추적할 수 있다. 그렇게 계속 부모로, 조부모로, 당신의 족보에 있는 모든 조상을 거쳐 올라가면 사실상 인간이라는 종의 역사를 추적할 수 있다.

여기서 끝일까? 물론 어림없다. 이 세포들은 유인원을 닮은 조상들의 일생도 거슬러 올라간다. 정확히 누구였는지는 모르지만 그들은 뼈를 깎아 도구를 만들고 부싯돌로 불을 붙였으며 유인원들 가운데서도 단연 독보적으로 행동하며 무리지어 살았다.[11]

물론 여기서도 끝이 아니다. 직립 유인원의 생식세포로 존재하기 전 당신 세포의 조상은 과거에 멸종한 영장목(靈長目), 어쩌면 침팬지와 마카크(영장목 중 긴꼬리원숭잇과의 한 속-옮긴이)를 반씩 닮은 프로콘술(proconsul) 속(屬)을 거쳤을 것이다. 더 과거로 올라가면 당신의 세포는 원숭이로, 그 전에는 여우원숭이와 더 비슷했을 털북숭이 조상들의 몸속에 있었다. 이렇게 계속 올라가 어떤 지점에서 세포의 조상은 뾰족뒤쥐를 닮은 털과 젖꼭지를 갖고 있는 생물의 몸속에 대식세포나 뉴런들의 형태로 존재했을 것이다.

당신의 조상인 이 생물들은 6,500만 년 전 공룡 시대로 불리던 시절 북회귀선 어귀에 엄청난 굉음을 내며 거대한 운석이 떨어졌을 때도 존재했다. 그뿐인가! 계보로 이어진 당신의 세포는 사나운 설치류처럼 생긴 거구의 키노돈티아(cynodontia) 목(目)과 같은 초기 포유류들의 몸속에서 이전의 뾰족뒤쥐 같은 생물들의 흥망성쇠를 똑똑

11) 화석화된 뼈들로만 인간의 과거를 추적할 수 있는 것은 아니다. 물론 화석 추적은 중요한 방법이다. 340만 년 전 탄자니아 라에톨리(Laetoli) 지역의 부드러운 화산재에 찍힌 오스트랄로피테쿠스 아파렌시스(Australopithecus Afarensis)의 발자국은 인류의 직립 보행을 설명하는 놀라운 증거지만 유인원을 닮은 이들이 진짜 인간의 직계 조상인지는 장담할 수 없다. 인류 진화를 나타내는 화석 기록은 지독하리만치 일관성이 없다.

히 목격했다. 2억 2,000만 년 전보다 훨씬 더 이전 최초 포유류들이 등장하기도 전에 당신 세포의 조상은 길이 2미터가량의 악어를 닮은 디아덱테스(diadectes) 속처럼 털이 없고 차가운 피가 흐르는 파충류의 알 속에 있었을 것이다.

알 속에 존재하기 위해 당신 세포의 조상은 그 동물의 호흡기관에 두꺼운 콜라겐 틀을 생산할 수 있도록 세포를 진화시켜 여러 세대를 거치면서도 살아남아야 했을 것이다. 아마 원시 폐라는 참신한 기관 덕분에 이 동물들은 물이 없는 곳에서도 너끈히 살아남았을 것이다.

더 올라가서 당신 세포의 조상은 3억 7,500만 년 전 근육질의 목을 갖고 있어서 물 밖으로 고개를 내밀 수 있었던 라이노디프테루스(rhinodipterus)와 같은 폐어들을 거쳤을 것이다. 이 혁명적인 사건으로 폐어는 물속에서 산소를 흡수하는 대신 공기를 들이마실 수 있었을 테고 그 덕분에 폐어에게는 새로운 먹잇감들이 즐비한 신세계가 열렸을 것이다.

또다시 거슬러 올라가면 당신 세포의 조상은 지느러미와 아가미가 달린 훨씬 더 물고기다운 동물의 몸속에 자리 잡고 있었다. 더 과거에는 뱀장어나 칠성장어를 닮은 헤엄치는 초기 척추 생명체 속에 있었다. 그보다 더 과거에는 길이 5센티미터쯤 되는 창고기와 닮았으며 좀 더 벌레에 가까운 생물 속에 있었다. 이쯤에서 세포들 가운데 하나가 게놈을 복제하던 중 전체 DNA가 네 배로 늘어나는 엄청난 실수를 저지르고야 말았다. 다행히 척추가 발생할 기본적인 유전자 플랫폼을 만들었을 뿐 치명적인 결과를 초래하지는 않았던 모양이다.

조금 더 위로 거슬러 올라가면 해면처럼 생긴 덩어리 안에서 세포의 조상을 만날 수 있다. 시간을 좀 더 과거로 돌리면 세포의 조상은 제멋대로 부유하거나 바위 위에 덩어리로 뭉쳐 있었을 것이다. 당신 세포의 조상은 이렇게 과거로, 끊어지지 않고 계속 더 먼 과거로 이어져왔다. 이러한 세포의 혈통은 천재지변과 재앙들에서 살아남았고 시시때때로 떨어지는 운석들도 피했으며 모든 멸종에서도 살아남았다. 게걸스러운 포식자를 포함하여 거의 40억 년 동안 태양계에서 일어났던 모든 사건들로부터 살아남은 것이다.

종이에 베인 손가락의 새로운 세포들을 포함하여 당신의 세포들 대부분은 한 번도 끊어진 적 없는 이 길고 긴 계보에서 뻗어 나온 최후의 가지들이다. 당신의 삶이 종말을 고함과 동시에 그들의 이야기도 끝난다. 살아남아서 다음 세대의 세포들로 생명을 잇는 유일한 세포는 정자 혹은 난자다. 일생동안 당신을 위해 수고를 아끼지 않았던 수백조 개의 세포들 가운데 기막히게 운이 좋은 이 세포 한 줌이 정자 또는 난자와 만나 아기를 만들 것이다. 하지만 세포들 안에 있던 정보는 사라지지 않고 고스란히 전달된다.

그렇게 전달된 DNA가 유전자의 영원한 생존을 보장하는 가장 효율적인 방법으로 모든 세포들을 한데 모아 또 하나의 유기체를 만드는 것이다. 생명은 놀라우리만치 보수적인 시스템이다. 모든 종들의 DNA가 똑같고, 암호로 쓰이는 문자들도 똑같고, 암호화하는 방식도 심지어 분자들의 방향성마저도 똑같다. 박테리아에게 맞는 것이 흰수염고래에게도 맞는다. 단일한 뿌리를 갖지 않으면 결코 이런 보수성을 보여줄 수 없다.

지질연대를 거슬러 갈수록 우리의 족적은 점점 희미해지겠지만 이 경로는 오늘날 지구상에 존재하는 또는 존재했던 어떤 생물에게도 적용이 가능하다. 과거로 올라갈수록 간극은 더 커 보일 것이다. 물론 이것은 어디까지나 가설일 수밖에 없다. 비록 우리가 종의 기원을 충분히 이해한다고 할지라도 하나의 종이 다른 종의 직계 조상이라는 주장은 종종 과장된 것이기는 하다. 하지만 진화의 포괄적인 범위에 대해서는 충분히 숙지했으니 어떤 생물에서 시작하든 과거로의 여정을 따라가다 보면 하나의 개념적 발원지에 이르게 된다. 시간을 거꾸로 거슬러 갈수록 생명의 계통수의 가지들은 점점 줄어들고 결국 하나의 줄기에 다다를 것이다.

아이슬란드 온천의 끓는 진흙에서 추출한 세포의 과거든 스위트피(sweet pea) 꽃의 과거든 아니면 슈퍼마켓에서 산 송이버섯의 과거든 우리는 모두 똑같은 경로를 따라 매번 같은 지점에 이를 것이다. 세포들은 필연적으로 오래전 생명의 기원에서 뻗어 나와 한 번도 끊어지지 않고 완벽하게 연결된다. 이 계보는 꼼짝없이 하나의 존재로 연결되어 있으며 우리는 이를 '공통 조상(Last Universal Common Ancestor)', 줄여서 'LUCA'라고 부른다. 신생 지구의 어디에선가 LUCA는 둘로 분열했다. 그 순간부터 우리가 생명이라는 이름으로 정의하려고 무던히 애쓰는 그것은 어마어마한 일련의 반복을 통해 결국 당신까지 이어져왔다. 아찔할 정도로 끈질기게 생존한 것이다.

어쩌면 '생명'이라 부를 수 있는 실체들이 몇 차례 등장했는지도 모른다. 하지만 생명은 오로지 단 한 번 끈질기게 살아남았으며 끊어지지 않고 이어졌다. 이를 확신하는 까닭은 대단한 이유 때문이 아니다. 현재 생명의 다른 형태들이 존재하지 않기 때문이다. 적어도 아직까지는 발견되지 않았다. '그림자 생물권(shadow biosphere)'이 존재한다는 초현대적인 가정도 있긴 하다. 그림자 생물권은 우리가 알고 있는 생명의 계통수와는 다른 특징을 가지고 있는 또 하나의 (혹은 여러 개의) 줄기가 있으리라는 개념에서 나온 것이다. 하지만 지금까지 발견된 모든 생명체는 세포와 DNA 그리고 다윈의 진화론에 기반을 두고 있다.

지구상에서 제2의 생명의 계통수가 발견된다면 생명의 기원이라는 사건의 성공률이 2배가 된다는 의미이기 때문에 다른 행성에서 생명을 찾는 연구에도 꽤 타당한 신빙성을 부여해줄 수 있다. 우리가 뜻밖의 요행으로 존재하게 된 것이 아니라는 사실을 입증할 수도 있다. 하지만 과학은 관찰 가능한 증거를 바탕으로 한다. 따라서 매우 흥미로운 가정이긴 하지만 그림자 생물권은 단연코 공상 과학이다.

단세포 진화 과정

대체 LUCA는 무엇이며 어디서 나타났을까? 논리적으로 이런 추측이 가능하다. 모든 생물들과 마찬가지로 LUCA도 유전 암호로서 DNA를 갖고 있었으리라는 점 그리고 그 메커니즘을 독립적으로 진화시키지는 않았으리라는 점이다.

이 추측은 현재 인간과 그 밖의 생물들이 공유하고 있는 것들에 기반을 둔 개념이다. 이를테면 분자의 방향성일 수도 있고 눈에 띄는 신체적 특징들, 예컨대 다섯 갈래의 손가락이나 발가락과 같은 특징이 될 수 있다. DNA 시대의 문이 열린 후부터 무엇보다 1990년대 게놈을 읽는 기술이 보편화됨에 따라 DNA를 설명하는 정확한 문자들의 유사성과 차이점을 비교할 수 있게 되었고 그로써 진화 연구는 더욱 강력한 뒷받침을 얻었다. 가까운 종들은 물론이고 심지어 전혀 관련 없는 별개의 종들과도 수천 개의 유전자를 공유한다는 사실은 공통된 조상에서 진화했음을 의미하기 때문이다.[12)]

DNA는 꽤 일정한 속도로 복제 실수를 일으킨다. 그것은 현존하는 모든 종의 DNA를 비교하여 이들이 분기된 시점을 파악할 수 있다는 의미다. 서로 다른 두 종의 유기체들이 갖고 있는 유전자와 단백질의 배열을 비교하면 이들이 얼마나 오래전에 별개의 종으로 갈라졌는지 계산할 수 있다. 고고학자들이 화석 뼈들을 연구하는 바로 그 방식으로 종들의 유사성과 차이점을 관찰함으로써 역사를 재구성하고 비교값들을 모두 취합하여 두 종 사이의 관련성뿐 아니라 두 종이 독립한 시점까지도 증명할 수 있다. 이러한 방식의 연구를 계통발생학(phylogenetics)이라고 하는데 생명의 계통수에 대한 다윈의 주장을 완벽하게 입증해준 연구법이다.

그러나 생물학은 언제, 어디서, 어떤 예외들이 튀어나올지 모르는 학문이다. 특히 계통수에는 엄청난 예외가 하나 있다. 현재 과학자들

12) 팍스6(Pax 6)라는 이름의 유전자가 매우 훌륭한 예다. 이 유전자는 뇌가 발달할 때 눈으로 성장하는 부분을 지시하는 단백질을 암호화하고 있다. 쥐나 제브라피시에서도 똑같은 역할을 하는데 비록 4억 년 전쯤에는 공통의 조상을 갖고 있었음에도 불구하고 이들의 팍스6 유전자는 100개의 아미노산 중 4개가 인간과 다르다. 유전자를 연구하는 과학자들이 사랑해 마지 않는 초파리의 경우에도 비록 포유류의 눈이 아닌 초파리의 눈으로 발현되지만 눈으로 성장하는 부위를 결정짓는 것은 팍스6 유전자다.

은 계통발생학을 통해 생명이 등장한 후 10억 년 동안 생명의 계통수가 뒤얽힌 덤불과 같았다는 설득력 있는 주장을 내놓고 있다.

최초의 생명 형태들, 즉 LUCA에서 분열되기 시작해 처음 20억 년 동안 나타난 생명의 형태는 단세포였다. 이들은 진화하고 있었지만 근본적인 형태를 바꾸지는 못했다. 사실상 이 단세포들의 세대교체 속도는 대다수 동물들에 비해 어마어마하게 빨랐지만 처음 20억 년 동안 생명은 미생물의 상태를 벗어나지 못했다.

당시 생명은 고세균류와 박테리아—이 둘은 겉보기에도 닮았을 뿐 아니라 모두 단세포 생물이었으며 크기도 대체로 비슷했다—두 영역으로 나뉘어 있었다. 고세균류들은 꽤 오랫동안 서로를 분간할 수 없을 정도로 모두가 비슷했다. 그러나 지금은 박테리아만이 아니라 다른 어떤 생물과도 뚜렷하게 구별되듯 고세균류들 사이에도 차이점이 크다(곧 알게 되겠지만 바로 이 차이점이 생명의 기원 이론에서 매우 중대한 의미를 갖는다).

고세균류는 생명을 분류하는 방법 중 가장 상위 단계에서 엄연히 하나의 독자적인 영역으로 분류된다. 바로 이 영역 안에서 일어난 위대한 도약과 함께 복잡한 생명이 출현했다. 이렇게 뻗어난 계통수의 세 번째 가지는 진핵생물이라고 부르는 생물의 영역으로, 여러분과 나를 포함하여 효모와 뱀, 조류(藻類)와 균류, 꽃과 나무와 순무 등 처음 두 영역에 속하지 않은 모든 생물들이 이 영역에 포함된다.

20억 년 전쯤으로 추정되는 어느 시점에선가 벌어진 해괴한 짝짓기 사건으로 인해 복잡한 생명의 영역이 등장했다. 고세균류 하나가 박테리아를 덥석 삼켜버린 것이다. 둘 다 혹은 어느 한쪽이 죽기는커녕 서로에게 이득이 되는 결과가 나왔다. 먹힌 쪽은 독립적인 생명체로서의 삶은 끝났지만 생명의 세 번째 영역, 즉 포식자의 내장 속에 영원히 편입되었다.

이 개념은 1966년 미국의 생물학자 린 마굴리스(Lynn Margulis)가 처음 제안했다. 엄청난 논쟁을 일으킨 이 개념은 곳곳에서 거부당했고 마굴리스는 이단자 취급까지 받았다. 시간이 흐르면서 실험과 증명을 통해 그녀의 주장은 명예를 회복했고 지금은 정설이 되었다. 증거는 몇 가지 형태에서 나타났다. 가장 간단한 증거는 인간을 포함한 모든 동물들을 이루고 있는 복잡한 세포들 안에서 작은 동력장치 역할을 하는 미토콘드리아였다. 이 동력장치 안에서 일어나는 일련의 작용들도 생명의 기원에서 빼놓을 수 없지만 이에 대해서는 잠시 미뤄두고 적절한 시점에 논하기로 하자. 어쨌든 이 동력장치는 세포, 더 나아가 한 유기체에게 에너지를 공급하는 일종의 화학 엔진이라 볼 수 있다.

그런데 바로 이 미토콘드리아가 박테리아와 닮았다. 크기도 대장 박테리아와 비슷할 뿐 아니라 숙주세포의 유전 정보와는 별도로 자신의 핵 속에 끈 모양의 DNA를 독자적인 게놈으로 갖고 있다는 점도 박테리아와 매우 닮았다.

한 개체가 다른 개체를 삼킨 사건은 단순한 식사가 아니라 일종의 적대적 인수합병이었다. 합병된 개체는 두 번 다시 자유를 얻지 못했지만 새로운 숙주세포 안에서 이전에는 불가능했던 성장이 가능해졌다. 물론 이 개체가 가지고 있던 수천 개의 유전자와 게놈도 함께 합병되었다. 시간이 흐르면서 대부분의 유전자는 자연선택으로 소실되었거나 아니면 숙주의 본부나 다름없는 세포핵으로 옮겨졌다.

하지만 이때쯤 미토콘드리아도 독자적인 유전자 세트를 보유하게 되었고 그 유전자들 거의 대부분은 숙주세포를 위한 동력 생산에 매진하고 있었다. 이런 일들이 한창 벌어지고 있을 즈음 새롭고 강력한 에너지로 충전된 숙주세포의 게놈은 단세포를 초월할 수 있는 더욱 크고 강력한 진화의 발판을 구축하기 시작했다. 세포들은 내부 구조와 구획들을 발전시켜 특별한 기능을 가진 전문 세포로 변모했다. 여기서부터 세포들 사이에 조화로운 소통이 가능해졌다. 이는 하나의 유기체가 더 이상 단일한 세포로 제한되지 않는다는 사실을 의미했다. 다세포들이 등장했고 세포와 세포 그리고 세포와 환경이 서로 소통하는 복잡한 과정 속에서 마침내 식물과 동물의 몸체를 구축하도록 진화가 시작되었다.

생명의 계통수를 거꾸로 되짚어 LUCA에 이르기 위한 여정에서 이 사건들은 꽤나 큰 골칫덩어리였다. 박테리아와 고세균류가 과학자들조차 전혀 예측하지 못한 어떤 일을 한다는 사실 때문에 생명의 토대를 설명하고 시기를 추정하는 일이 더 복잡하게 꼬인 것이다. 우리는 오직 부모 세포에서 딸세포로, 부모에게서 자녀로만 유전자를 전달한다. 그런데 박테리아와 고세균류는 개체들끼리도 유전자를 교환할 수 있고 이와 함께 형질들도 교환할 수 있다. 심지어 때로는 서로 다른 종들끼리도 이 일이 가능하다. 이를 (수직적 유전과 반대의 의미로) 수평적 유전자 이동(horizontal gene transfer)이라 하는데 생명의 기원을 밝히고자 하는 우리를 당황케 하는 주범이다. 왜냐하면 이 세포들은 세포 분열을 통한 전통적인 유전 방식을 따르지 않고도 진

화된 기능을 획득하기 때문이다.[13)]

언어의 진화를 보면 이해하기가 쉽다. 'bigamy(중혼)', 'bicycle(자전거)', 'biscuit(비스킷)' 이 세 단어는 어원이 같다. 즉 공통의 뿌리를 갖고 있다. 'bis'는 라틴어로 'twice(두 번)'를 의미하므로 두 번 결혼하고, 두 바퀴 위에 올라타고, 두 번 구운 맛있는 과자를 먹는다고 이해할 수 있다. 하지만 다른 언어권에 들어가서 더 잘 쓰이는 단어나 구문들도 있고 심지어 수용 언어권에 아예 없는 단어인 경우 그대로 쓰이기도 한다.

프랑스어 'cul-de-sac(막다른 골목)'은 영어에 'dead end(막다른 길)'라는 유사한 단어가 있지만 'cul-de-sac'이 보다 구체적인 의미를 지니고 있어서 그대로 가져다 쓴다. 독일어 'shadenfreude(남의 불행을 보고 기뻐하는 마음)'는 영어에 상응하는 단어가 없어 독일어 그대로 쓰이고 있다. 하지만 독일어 'shadenfreude'에서 유래한 스웨덴어 'skadeglädje'는 두 단어 사이에 어떤 공통의 뿌리는 없지만 곧바로

13) 슈퍼버그(슈퍼박테리아)가 병원 내에서 감염을 일으키는 행동도 이와 똑같다. 1940년대 페니실린(penicillin)이 개발되고 불과 몇 년 만에 이전에는 발견되지 않았던 박테리아의 변종인 황색포도상구균(staphylococcus aureus)이 페니실린에 내성이 있다는 사실이 밝혀졌다. 페니실린의 약효를 무력화시킬 무작위적인 변이가 나타났다는 의미였다. 무시무시하게 빠른 번식 속도 덕에 페니실린 내성이 있는 병원균들이 급속도로 번졌다. 그래서 이번에는 페니실린 내성 병원균에 치명성이 입증된 메티실린(methicillin)이라고 하는 또 다른 항생물질이 개발되었다. 그 다음은 어떻게 되었을까? 몇 년 만에 '메티실린 내성 황색포도상구균(methicillin resistant staphylococcus aureus)'이 발견되었다. 진화는 생존을 위한 방법을 제시했고 박테리아는 이를 적극적으로, 집요하게 이용했다. 박테리아들은 무작위로 발달시킨 항생물질에 대한 내성을 자녀에게 유전으로 물려주기보다 이웃과 공유하기를 훨씬 더 즐긴다. 박테리아들은 선모(pilus)라고 하는 가느다란 관을 뻗어 서로 연결되고 이 관을 통해 DNA 조각을 전달한다. 무작위적인 변이가 후손에게 전달되기만을 마냥 기다릴 필요가 없으니 유리한 형질의 전파 속도는 실로 엄청나다. 어쩌면 내성은 이미 존재하지만 발현되지 않고 있다가 개체군이 항생물질에 노출되는 즉시 여기저기서 내성을 효율적으로 발휘하는 것일 수도 있다. 한 개체를 통제하려 하면 그 개체는 생존을 위해 진화한다. 인간이 박테리아와 전쟁을 한다는 것 자체가 무모한 시도다. 아무튼 위대한 화학자 레슬리 오르겔(Leslie Orgel)이 말한 이른바 두 번째 법칙을 떠올리지 않을 수가 없다. '진화는 우리보다 똑똑하다.'

받아들여 같은 의미로 사용한다. 이는 수평적으로 전달되어 독자적으로 발달한 예시라 할 수 있다.

수평적 유전자 이동은 어쩌면 DNA를 길잡이 삼아 생명의 역사를 거슬러 추적하는 기술이 아무리 훌륭해도 결국 유전은 수직으로 일어나기 시작하는 시점까지만 믿을 만하게 작동한다는 사실을 일깨워준다. 생명의 계통수가 '나무'라는 이름이 무색하지 않을 만큼 가지가 달린 형태를 닮아가기 시작하는 시점은 복잡한 생명이 출현한 이후다. 고세균류가 박테리아를 삼켰을 때 출현한 이 종을 기점으로 부모에게서 자녀로의 수직적 유전, 즉 변이를 동반한 유전이 압도적인 다수를 차지했다.

유니버시티 칼리지 런던(University College London)의 생화학자 닉 레인(Nick Lane)은 이를 '유전적 사건의 지평선(genetic event horizon)'이라고 설명했다. 유전자 비교는 생명의 계통수가 가지 달린 멋진 나무로 보이기 시작하는 시점까지 길잡이가 될 것이다. 우리는 그 지점 너머를 바라볼 수 없다. 그 지점부터는 너무 얽히고설켜서 가장 먼 과거로 실타래를 풀어가기 어렵다.

따라서 인간과 침팬지가 600만 년 혹은 700만 년 전쯤 하나의 조상에서 출발했다거나 인간과 바다에 사는 하찮은 창고기가 5억 년 전 하나의 조상에서 출발했음을 추측하는 데 DNA를 이용하는 것은 나름 합리적이지만 거기서 더 나아가 DNA로 LUCA의 시대까지 추적하는 것은 그다지 신뢰할 만한 방법이 아니다. 복잡한 생명이 출현하기 이전 뒤범벅으로 얽힌 덤불 같은 데서 DNA의 변화 패턴을 추적하여 종의 진화를 설명하기란 거의 불가능하다. 결국 우리는

LUCA의 실체를 알려주는 유전적 증거가 거의 없다는 전제에서 출발해야 하는 셈이다.

LUCA 탄생 스토리

그럼에도 LUCA에 대해 몇 가지 사실은 밝힐 수 있다. 2010년 미국 브랜다이스 대학의 더글러스 시어벌드(Douglas Theobald)는 박테리아와 고세균류 그리고 복잡한 생명의 영역을 연구하면서 철저한 통계학적 분석법을 적용했다. 그는 현재 이 세 영역에 존재하는 23개의 단백질 구조를 주의 깊게 관찰했다. 단백질들은 마치 상이한 언어권 속에서 유사한 의미를 갖는 단어들처럼 공통 조상에서 유전된 것처럼 보였다. 이 단백질들을 구성하는 아미노산 배열의 유사성에 기반을 둔 시어벌드는 세 영역이 독자적으로 발생했을 가능성이 10의 2,860승분의 1이라는 답을 얻었다(1 뒤에 0이 2,860개나 오는 숫자다).[14)]

LUCA가 유일한 기원이라는 사실을 뒷받침하는 또 하나의 실마리는 세포의 가장 기본적인 구조와 관련이 있다. 바로 리보솜(ribosome)이다. 리보솜은 모든 세포에 존재하며 미세한 분자 블록으로 이루어진 단백질 제조 공장이다. 리보솜도 생명의 세 영역에서 모두 나타나는데 이는 또다시 단일 기원설을 뒷받침한다. 리보솜은 유

---

14) 그렇다고 이 숫자가 문제를 해결한 것은 아니다. 일본의 한 연구팀은 이 분석이 다중 기원설을 일축하기에는 충분치 않다는 대응 논문을 발표했다. 물론 일본의 연구팀을 비롯한 여러 비평가들이 다중 기원설을 옹호한다는 의미는 아니다. 다만 시어볼드의 연구가 단일 기원을 입증하는 것은 아니라는 의미다. 과학자들은 꼬투리를 잡고 말다툼하는 데 도가 튼 사람들이다.

전 암호를 읽고 이를 단백질로 번역한다. 매우 정교한 이 장치에 대한 복잡한 이야기는 나중에 다시 하겠지만 핵심부터 말하자면 리보솜은 유전 암호를 읽고 (이때 암호는 이미 RNA 버전으로 복사된 암호를 말한다) 세 개씩 한 조를 이루는 염기, 즉 코돈을 아미노산으로 번역하는 임무를 맡고 있다. 리보솜이 mRNA의 지시를 읽고 아미노산들을 연결하면 하나의 단백질이 수신용 테이프처럼 뽑혀 나온다.

우리가 리보솜을 유효한 관련 지표로 보는 까닭은 리보솜이 생명의 가장 기본이기 때문이다. 리보솜이라는 제조 공장이 없다면 단백질도 없고 단백질이 없으면 우리가 알고 있는 모든 생명은 존재할 수 없다. 미토콘드리아가 박테리아에서 유래했다고 말할 수 있는 까닭도 숙주세포와는 별개로 자신만의 리보솜을 갖고 있기 때문이다. 게다가 미토콘드리아의 리보솜은 동물의 것보다 박테리아의 그것과 훨씬 더 닮았다. 모든 종 안에서 리보솜의 부분들을 암호화하고 있는 유전자 배열을 비교함으로써 우리는 오랜 시간에 걸쳐 일어난 변화를 역추적할 수 있을 뿐 아니라 LUCA의 리보솜이 어땠을지도 예측할 수 있다.

바람직한 시도임에는 분명하지만 결과에 대해서는 의견이 분분하다. 가령 여러 종들을 대상으로 리보솜의 특정 배열의 일부를 관찰하면 숙주였던 유기체가 번성했던 당시의 온도를 논리적으로 추측할 수 있다. 리보솜의 몇몇 부분들은 가지런히 접힌 RNA 분자로부터 생성되는데 이 RNA 분자들 자체도 A, C, G, U라는 유전 암호로 만들어진다. DNA 이중나선 구조에서와 마찬가지로 C와 G, A와 U가 짝을 이룬다. 그런데 C와 G는 온도가 높을수록 더 안정적인 결합을 형성한다. 따라서 리보솜 속의 CG 결합의 상대적인 양으로 리보솜의 호열성(好熱性)을 가늠할 수 있다. 호열성은 여러 종들에게 발견된다. 특히 CG 결합의 양이 가장 많은 리보솜은 고온 극한성 생물, 즉 고온에서 왕성하게 번식하는 유기체들에게서 발견된다.

그런 생물을 어디서 찾을 수 있을까? 여러 곳이 있겠지만 가장 인상적인 서식지는 바다 밑의 열수 분출공과 그 주변이다. 열수 분출공은 주변의 바닷물을 끓일 수 있는 정도의 뜨거운 열과 함께 유독성 화학물질이 물기둥처럼 뿜어져 나오는 지표의 갈라진 틈이다. 그런 곳에도 박테리아와 고세균류를 비롯한 수십 종의 생명이 서식하고 있으며 심지어 폼페이웜(pompeii worm)과 같은 크고 복잡한 생명도 살고 있다. 이 녀석들은 섭씨 80도에서도 생존이 가능하다(폼페이웜이 고온을 잘 견디는 이유는 표면을 덮고 있는 박테리아가 강력한 단열성 외피 역할을 해주기 때문이다).

LUCA의 리보솜의 몇 가지 모델들에는 C와 G가 비정상적으로 많이 함유되어 있다. 이는 생명의 토대가 매우 뜨거운 곳이었음을 암시하는 것인지도 모른다. 미국의 국립공원인 옐로스톤 공원(Yellowstone Park, 수십만 년 전 화산 폭발로 이루어진 화산 고원지대로 마그마가 지표에서 가까운 5킬로미터 깊이에 있어 다채로운 자연현상이 나타난다.-옮긴이)이나 심해의 열수 분출공과 같은 환경에서 극도의 고온을 선호하는 초고온성 고세균이나 박테리아가 발견된다는 사실도 이러한 가정에 신빙성을 더한다. 왜냐하면 우리가 재건할 수 있는 모든 생명의 계통수의 밑동은 바로 이런 유기체들이 메우고 있기 때문이다.

하지만 진짜 진실은 우리가 모른다는—어쩌면 알 수 없을지도 모른다—것이다. 계통발생학을 이용해서 과거를 재건하는 일은 복잡하고 정교한 기술을 요한다. 지속적으로 변하는 DNA 배열을 이용하더라도 부모에게 자식으로 수직 전달이 아니라 유전자를 수평으로 이동시킬 수 있는 박테리아와 고세균류의 능력 때문에 LUCA까지 거슬러 올라갈 수 없기는 마찬가지다. 그렇다고 LUCA에게 현존하는 생물의 특징들과 비교 연구할 만한 형질이 아예 없었다는 뜻은 아니다. 생물학에서 하나의 세포라는 개념은 성서의 창세기에 나오는 아담의 존재처럼 순진한 발상일 수도 있다.

만일 LUCA가 세포였다면 가장 단순한 그 형태 안에도 우리가 알고 있는 것들과 상응하는 시스템이 존재했을 것이다. 가령 DNA나 RNA, 단백질 또 단백질을 만드는 리보솜과 세포막이 존재했을 테고 무엇보다 결정적으로 고도로 발달된 에너지 획득 과정, 즉 대사 활동이 이루어졌을 것이다. 그게 아니라면 우리는 박테리아와 고세균류에서 서로 다른 별개의 메커니즘을 관찰할 수 있어야 한다. 이 유익한 종들을 과소평가한다는 의미는 결코 아니다. 과학에서 LUCA가 유용한 진짜 이유는 그것이 일종의 대표이기 때문이다. 세포 형태를 한 생명의 뿌리에 LUCA가 있다면 LUCA는 앞서 존재했던 모든 지배적인 생물들의 응결체일 것이다.

생명의 기원설을 적극 옹호하는 생화학자 빌 마틴(Bill Martin)은 LUCA의 문제점을 이렇게 꼬집었다. '마치 사랑처럼 LUCA의 의미는 사람마다 달라진다.'

천연 환경에서 자라온 세포들이 원시 현미경 아래 누워 모습을 드러낸 지 300년 하고도 반이 지났다. 그 이후, 인간은 약 40억 년 동안 세포들이 획득한 화려한 기능들을 마음대로 주무를 정도로 세포들을 조각조각 분해했다. 우리는 세포들의 유사성, 생물학의 모든 발견이 깃든 그 정연한 유사성이 진화의 진실을 더욱 정교하고 강력하게 뒷받침하고 있음을 명백히 알고 있다. 유사성이야말로 경이로운 현상이며 과학의 원숙함을 보여주는 거울이다. 유사성은 모든 생명이 도구와 과정 그리고 언어를 공유하고 있다는 본질적인 속성을 드러내면서 더욱 장엄한 의미를 갖게 되었다.

이제 하나로 통합된 강력한 생명 이론을 밑천 삼아 더욱 심대하고 어려운 질문을 할 자격을 얻었다. "LUCA는 어디서 왔을까?" 공교롭게도 생명의 첫 출현을 이해하기 위한 가장 바람직한 출발점도 언제 어디서 그 일이 '시작'되었는지 냉철히 살펴보는 데서 시작한다. 따라서 최초의 시작점에서 출발해야 한다. 이보다 더 좋은 출발점이 있을까?

The Origin of Life

3장

지구의 대변신: 지옥에서 파라다이스까지

"지옥에서 빛으로 이르는 길은 길고도 험하다."

-존 밀턴(John Milton)의 《실낙원*Paradise Lost*》 중에서

만약 생명이 처음 출현한 지구의 모습을 그리고 싶다면 우선 그 이름부터 생각해보는 게 어떨까? 45억 4,000만 년이라는 지구의 일생에는 네 번의 지질시대, 즉 이언(eon)이 있다. 첫 번째를 제외한 가장 최근의 세 이언은 지구에 생명체가 존재했음을 반영하여 생명의 단계와 관련된 이름을 갖고 있다. 두 번째 이언은 시생대(Archaean, 始生代)라고 하는데 '시작'이라는 의미로 보기에는 다소 혼란스러운 면이 있다. 세 번째 이언인 원생대(Proterozoic)는 그리스어로 '초창기 생명'을 의미한다. 그리고 마지막 이언은 5억 4,200만 년 전에 시작된 '눈에 보이는 생명'이라는 의미의 현생대(Phanerozoic)다. 그런데 최초의 이언, 지구가 탄생한 후로부터 38억 년 이전까지의 지질시대는 태고대(Hadean)라 하며 지옥 같은 시기라는 의미로 고대 그리스의 지옥을 뜻하는 '하데스(Hades)'에서 이름을 빌렸다.

지구라는 행성에서 생명은 단순한 거주자가 아니라 행성을 형성한 주역이었고 지금도 행성의 일부다. 인간으로 인해 기후 변화가 일어난 요즘뿐만 아니라 생명의 역사 전체를 통틀어 생명은 단단한 땅과 머리 위 하늘에 영향을 미치고 있다. 그리고 생명의 기원도 지구가 겪은 탄생의 진통과 불가분의 관계다. 태고기 지구의 모습은 그 탄생을 구상한 자연의 거친 실험실이 어땠을지 파악할 수 있는 열쇠다. 지구의 탄생이 우주적 사건인 것처럼 이곳에 생명이 등장한 것도 근본적으로 범우주적 사건이었다.

초기 지질학은 바위처럼 단단하고 확실한 것을 연구하는 학문이었지만 글자 그대로 그 증거들은 땅 위에 드문드문 박혀 있는 경우가 많다. 이 행성에 점점 흩어진 단서들과 필요할 땐 행성 밖의 단서들까지 긁어모아 탐정처럼 파고드는 것이 바로 지질학이다. 태양 주변의 우주 공간을 부유하던 파편들이 모여 어떻게 지구를 형성했는지 이해할 단서들을 이 학문을 통해 얻는다.

우리 삶이 지구의 안정성을 바탕으로 구축되기는 하지만 우리는 지구가 이따금씩 굉장히 난폭하게 활동한다는 사실도 뼈저리게 알고 있다. (해저를 포함한) 단단한 지구 표면은 일고여덟 개의 거대한 대륙판과 그보다 작은 판들의 집합으로 이루어져 있다. 이 판들은 느리게 부유하는 매우 단단한 바위인 맨틀 위에 떠 있으며 맨틀은 용융 상태의 핵을 감싸고 있다. 지표를 형성하고 있는 판들은 느긋하게 이리저리 흔들리며 끊임없이 부유하고 있다.

태평양판과 북아메리카판은 서로 부딪치면서 새로운 땅을 조금씩 위로 밀어올리고 있다. 현재 인도는 한때 섬이었던 아대륙으로 약 7,000만 년 전부터 천천히 위로 밀고 올라와 히말라야 산맥을 만들면서 아시아 대륙에 달라붙었다. 인도-오스트레일리아판이 아시아 대륙 쪽으로 꾸준히 밀고 올라옴에 따라 히말라야 산맥은 매년 몇 밀리미터씩 높아지고 있다. 다른 판들은 솔기가 터지듯 서로 멀어지고 있다. 하와이는 분화구에서 해수면으로 솟구친 용암이 굳으면서 해안선이 팽창하고 있다. 덕분에 미국은 매년 몇 미터씩 서쪽을 향해 식민지 영토를 확장해가고 있는 셈이다.

지진은 땅뿐만 아니라 해저도 뒤흔드는데 이때 밀려난 거대한 물벽은 2011년 일본 동부 해안을 강타한 것과 같은 엄청난 해일이 된다. 오늘날 이러한 현상들은 흔치 않지만 지구가 세포 생명 말고도 천천히 흐르는 암석으로 가득 찬 역동적인 행성임을 웅변한다. 하지만 지구의 대부분은 안심해도 좋을 만큼 안정적이다.

행성의 탄생은 초기 태양계의 혼돈으로부터 일종의 소집 명령을 수행하는 과정이라 할 수 있다. 격렬했으리란 건 불 보듯 뻔하다. 행성계의 중심에 있는 태양은 대략 46억 년 전 자유롭게 부유하던 거대한 분자 구름이 스스로의 중력에 붕괴되면서 거대한 핵융합로로 응집된 별로, 지금까지도 지구를 따뜻하게 덥혀준다.

응집과 거의 동시에 태양은 행성의 모양을 갖추지 못한 암설들이 편평한 원반 모양을 이루고 있던 태양 성운의 한가운데에 자리 잡았다. 그 후 수백만 년이 흐르는 동안 가스와 먼지였던 이 물질은 서로 단단히 엉겨 덩어리를 이루기 시작했다. 처음에는 그리 크지 않은 연주회장만했던 덩어리들이 '부착(accretion)'이라는 과정을 거치며 서로 부딪치고 뭉쳤다.

뜨거운 태양에 가까운 곳일수록 온도가 더 높기 때문에 기체들은 농축되고 응집되기 어려웠다. 태양계 안쪽에 있는 네 개의 행성들인 수성과 금성, 지구와 화성이 암석으로 이루어진 육상 행성인 반면 바깥쪽에 있는 네 개의 행성들인 목성과 토성, 천왕성과 해왕성이 기체로 (혹은 얼음으로) 이루어진 까닭도 이 때문이다.[1)]

하나의 행성을 한 단어로 정의할 수는 없다. 알다시피 지구만 해도 육지만 있는 게 아니다. 오늘날 지표면의 많은 부분이 단단한 육지지만 더 많은 부분을 대양이 덮고 있다. 육지를 이루는 부분도 설원과 사막, 늪지와 삼림, 평원과 산악지대 등 온도와 지형이 극단적으로 다르다. 당신이 딛고 선 땅 아래의 암석과 지구 반대편에서 이 책을 읽고 있을 또 다른 독자가 딛고 선 땅 아래 암석은 전혀 다를 수 있다. 마찬가지로 태고기 지구의 모습을 한마디로 묘사하기란 사실상 불가능하다. 증거라 할 만한 것도 거의 보이지 않을 만큼 희박해졌기 때문에 이 시기는 간혹 '모호한 시대(Cryptic Era)'라는 모호한 이름으로 불린다.

하지만 개략적으로 이 시기를 설명할 몇 가지 모델을 추려볼 수 있다. 부착이 일어난 직후 이 행성은 대개 용암 상태였을 것으로 추측된다. 그러나 이전과 달리 지금은 지구가 용암 상태였던 시기가 그리 길지 않았으리라고 여긴다. 당시의 암석들이 거의 남아 있지 않기 때문에 예전에는 태고기에 암석이 없었으리라고 추측했다. 그러나 증거의 부재가 부재의 증거는 아니다.

최근의 생명—가령 화석화된 공룡이나 심지어 세포까지—을 추

---

1) 명왕성은 한때 태양계의 아홉 번째 행성으로 대접받았지만 주변에 비슷한 크기의 천체들이 여러 개 있다는 이유로 더 이상 완전히 성숙한 행성으로 간주되지 않는다.

적하기 위해 암석을 관찰하는 것과 마찬가지로 지질학을 파고들면 생명이 있기 전 지구의 역사도 알 수 있다. 하지만 암석을 아무리 뒤져도 지구상에서 가장 오래된 물질을 찾을 수 없다. 대신 지구 어디에나 풍부한 광물이며 다이아몬드를 대신하는 값싼 보석으로 잘 알려진 지르콘 결정 속을 관찰해야 한다.

지르콘은 두 가지 기특한 성질을 갖고 있다. 첫 번째 성질은 여간해선 변형이 일어나지 않는 광물이라는 점이다. 그 긴 세월 동안 맹렬한 용암의 소용돌이에서도 견디어냈다. 또 한 가지 성질은 지르콘 원자들이 자연적으로 정연한 입방체 구조로 배열된다는 점이다. 지르콘은 입방체 모양의 분자 구조 속에 10ppm 가량 우라늄 원자를 가둘 수 있다. 여러 원소들과 마찬가지로, 소량의 우라늄도 방사성을 띠며 시간이 흐르면 붕괴하여 납으로 변한다.

결정 구조의 정확성 덕분에 지르콘은 납 원자는 몰아내고 우라늄은 끌어안은 채로 형성된다. 일단 지르콘 결정 구조에 갇힌 방사성 우라늄 원자는 수백만 년에 걸쳐 서서히 붕괴하여 납이 된다. 이 붕괴 과정이 일정한 속도로 (이를 반감기라고 부른다) 진행되기 때문에 지르콘 결정이 형성된 순간 스톱워치가 작동하기 시작한다고 볼 수 있다. 지르콘 내부에서 발견되는 납은 우라늄에서 생성된 것이 틀림없으므로 납의 양을 측정하면 역으로 지르콘 결정이 만들어진 시기를 99퍼센트까지 정확하게 계산할 수 있다. 오스트레일리아의 잭 힐스(Jack Hills)에서는 무려 44억 400만 년 전에 우라늄을 가둔 지르콘 결정이 발견되었다.

싸구려 보석 재료인 이 결정으로 연대만 측정할 수 있는 것은 아니다. 지르콘 결정이 형성되었다는 사실은 곧 지표의 발달, 즉 경화 과정이 있었음을 나타낸다. 이는 비록 지금까지 남아 있는 암석은 없지만 태고기에도 육지가 존재했다는 사실을 방증한다. 그뿐만 아니라 당시 존재했던 다른 성분들도 추측할 수 있다. 잭 힐스의 지르콘은 특정 유형의 방사성 산소도 함유하고 있는데 이 산소는 지표가 해저로 빨려 들어갈 때 형성되는 오늘날의 지르콘 결정에서 발견되는 산소와 비슷하다. 이런 유형의 산소가 존재한다는 사실은 지구가 형성되고 불과 1억 년이 지났을 무렵 이미 지구에 물이 존재했음을 시사한다. 당시의 물은 극산성을 띠었을 가능성이 크지만 어쨌든 지구에 물이 없다면 생명은 존재 자체를 꿈꿀 수도 없었을 것이다.[2)]

따라서 태고의 모호한 시절에 지구는 무작정 끝없이 들끓는 용암의 바다만으로 이루어진 무시무시한 지옥은 아니었는지도 모른다. 불과 1억 년 이내에 지구는 단단한 표면과 대양을 갖게 되었다. 안도의 한숨을 내쉴 정도는 되지만 그렇다고 그림같이 아름다운 모습은 아니었다. 태고기 지구가 용암 불지옥이었다는 초창기 이론은 제법 확실한 관찰을 근거로 삼고 있다. 당시의 암석을 발견할 수 없다는 것이 그 근거다. '설령 단단한 표면이 있었다 한들 불지옥이라는 이름까지 붙은 시절에 남아날 리가 있겠는가?'라는 논리다.

---

2) 물의 발원에 대해서는 여전히 논란이 많다. 대기가 없는 상태, 지금보다 태양에 더 가까웠을 지구의 위치로 예측하건대 지구에 물이 존재했다고 해도 거의 대부분 증발했을 것이다. 하지만 부착을 통해 이 행성을 형성한 암석들의 모양을 보면 그 갈라진 틈에 물을 가두어 증발을 막았을 수도 있다. 일부 과학자들은 지구상에 물이 존재하게 된 원인을 얼음으로 덮인 혜성에 두고 있다. 지구에 떨어진 이 혜성들이 녹으면서 물을 공급했을 것으로 추측한다.

생명 탄생의 징후

나중에 밝혀졌지만 우리는 엉뚱한 곳을 관찰하고 있었다. 실제로 하늘에서도 엉뚱한 별만 바라보고 있었던 것이다. 초기 지구에서 무슨 일이 벌어졌는지 그 해답을 찾기 위해 우리는 열두 명을 달로 보냈다. 달은 지구가 겪었던 충돌 가운데 가장 파괴적이었던 충돌로 탄생한 별이다. 태양계가 형성된 후 대략 1억 년에서 5,000만 년 사이 지구는 최악의 날을 맞이했다. 파멸의 전조에 어울리지 않게 테이아(Theia, 그리스 신화의 가이아와 우라노스의 딸로 열두 티탄 중 하나. '신성한'이라는 의미를 담고 있다.-옮긴이)라는 사랑스러운 이름을 가진 암석 덩어리가 지구로 돌진한 것이다.

최근에는 테이아가 화성 크기의 암석이었을 것이라고 주장하는 이론도 있다. 테이아는 어린 지구와 충돌하면서 엄청난 파편을 우주로 분출했고 그 파편들이 우리와 가장 가까운 이웃, 달을 만들었다. 충격의 여파는 지구의 첫 번째 대기층을 찢어버릴 정도로 강력했다. 테이아가 비스듬히 충돌하는 바람에 수직이었던 지구의 자전축도 23.5도 기울었다. 자전축이 기울자 태양과의 거리에 변화가 생겼고 덕분에 지구에는 계절이 나타났다.

하지만 우리의 관심은 달이 형성된 후에 벌어진 일이다. 달의 표면에 우묵우묵 나 있는 독특한 구멍들은 태고기 지구의 상태를 암시한다. 1969년부터 1972년 사이 미항공우주국(NASA)은 아폴로 프로그램(Apollo programme)을 통해 그 유명한 닐 암스트롱(Neil Armstrong)의 작은 첫발자국을 시작으로 여섯 척의 우주 비행선과 열두 명의 탐험가를 달에 착륙시켰다. 이 임무를 수행하는 동안 우주 비행사들이 채집한 약 500킬로그램에 이르는 암석이 지구로 운반되어 분석에 들어갔다.

아폴로 17호를 타고 마지막으로 달을 밟은 진 서넌(Gene Cernan)은 "우리는 달을 탐험하러 왔다가 사실상 지구를 발견했다"라는 명언을 남겼다. 실제로 달의 암석을 분석하면서 지구가 탄생될 때의 모습을 발견했으니 그의 말 속에는 엄청난 진실이 담겨 있는 셈이었다. 지구와 달리 달에는 대기도 없고 바람도 없으며 판 이동도 없다. 따라서 운석의 충돌로 형성된 분화구들도 아폴로 우주 비행사들의 발자국과 함께 그대로 보존되어 있다.

한마디로 달은 태양계 한 지역에서 벌어진 운석들의 활동이 그대로 보존된, 지구처럼 지질 구조의 시련이나 해양과 바람 따위에 손상되지도 않은 운석의 기록 원본이었다. 달의 지질을 연구하는 학자들은 운석 충돌의 특징을 갖고 있는 암석들의 나이를 계산한다. 그런 특징을 가진 암석들을 '충돌 용해 암석(impact melt rock)'이라고 하는데 지질학자들은 이 암석들이 모두 정확하게 41억 년에서 38억 년 전 사이에 생성되었다는 사실을 밝혀냈다.

이 사실로 미루어 당시 이 지역에 운석 활동이 맹렬했고 지구 또한 하늘로부터 무시무시한 융단 폭격을 맞았을 것이라 추측 가능하다. 젊은 태양계는 탄생의 잔해와 파편들로 가득했고 태고기가 막을 내릴 때까지 거의 3억 년 동안 지구는 이 파편들의 폭격을 그대로 다 받아냈을 것이다. 이 시기를 '마지막 운석 대충돌기(Last Heavy Bombardment)'라고 한다. '마지막'이라고 하는 까닭은 고맙게도 그 후로 지구에 그런 융단 폭격이 없었기 때문이다.

얼마나 엄청난 폭격이었기에 '대충돌'이라고 할까? 하늘에서는 예나 지금이나 시도 때도 없이 유성들이 떨어진다. 천만다행히 거의 모든 유성들은 크기도 작고 별똥별이라는 별명에 어울리게 대기권에서 불타 사라진다. 이따금씩 운석이라는 이름의 큰 녀석이 떨어지기도 한다. 아폴로 11호가 암스트롱과 버즈 올드린(Buzz Aldrin) 그리고 조종사 마이클 콜린스(Michael Collins)를 태우고 지구로 귀환한 지 몇 주 만에 1969년 9월 오스트레일리아의 머치슨(Murchison)에 그런 운석이 떨어졌다. 무려 100킬로그램이 넘는 이 운석에는 흥미로운 화물이 탑재해 있었는데 이 이야기는 잠시 후에 나누기로 하자.

별똥별을 보고 소원을 빌 기회가 있다면 지금까지 지구에 떨어진 운석들 중 가장 잘 알려진 것과 비슷한 크기의 운석을 목격하지 않게 해달라고 비는 게 좋을 것이다. 6,500만 년 전 지금의 멕시코 칙술루브(Chicxulub) 인근에 지름이 9킬로미터에서 10킬로미터에 이르는 운석이 충돌했다. 이때 생긴 크레이터(crater)는 대부분 바닷속에 있어서 보이지 않지만 1970년대 석유 탐사선의 선원들이 발견한 바에 따르면 지름 180킬로미터에 달하는 충돌 흔적이 남아 있다고 한다.

충돌한 지면과 해저에는 군데군데 끊기긴 했지만 처음 생성되었을 때 고리 모양이었음을 짐작할 수 있을 정도로 작은 유리구슬들이 남아 있다. 이 구슬들은 운석이 충돌할 때 발생한 열로 용융한 암석에서 생성된 것이다. 위성 궤도에서 정밀한 도구로만 측정이 가능한 우주의 아주 작은 중력 왜곡장 안에서도 이와 비슷한 모양이 관찰된다.

그 후로 비슷한 규모의 충돌은 없었으니 눈물 나게 고마운 일이다. 칙술루브 운석은 공룡시대의 종말을 앞당겼고 작은 포유류들에게 진화의 길을 터주어 결국 인간에게까지 이르렀다. 그 정도 규모의 충돌이라면 수백만에 이르는 생물을 일순간에 쓸어버렸음은 물론이고 충돌 지점에서 솟구친 수 킬로미터 높이의 해일은 거대한 원주로 퍼지면서 대륙을 휩쓸었을 것이다. 동시에 뜨거운 불덩이기도 했던 그 운석은 모래와 암석을 녹여 결코 숨길 수 없는 유리구슬들로 흔적을 남겼다. 운석의 충격파로 피어난 먼지구름은 수천 년 동안 태양을 가렸을 것이다. 칙술루브 충돌은 한때 지구를 지배했던 생물을 쓸어버렸고 지구의 시스템을 돌이킬 수 없도록 바꾸어 놓았다. 하지만 막 태어난 지구에 쏟아지던 수많은 운석들을 생각하면 칙술루브 충돌은 새 발의 피에 불과했다.

과학자들은 마지막 운석 대충돌기 동안 칙술루브 운석의 20배가량 되는 지름 160킬로미터 이상의 어마어마한 운석들이 열다섯 개 정도 떨어지면서 지구에 상처를 입혔을 것으로 추정한다. 그중 지름이 300킬로미터를 훌쩍 넘는 것들도 있었다. 3억 년 동안 하늘에서는 거대한 운석우가 쏟아졌고 그중에는 웬만한 섬만큼 큰 것들도 있었다. 당시에 떨어진 수십만 개의 운석들과 비교하면 오늘날 가장 파괴적이라는 핵폭탄도 그저 폭죽에 불과할 것이다. 지구 환경 파괴는 최소한 몇 세기마다 일어났다. 유기체의 서식지라 할 만한 곳들은 수없이 파괴되고 또 파괴되었다. 마지막 운석 대충돌기에 지구가 겪은 가혹한 충격들은 대양을 끓게 하고 대지를 말리고도 남았다.

그 후 지구는 신기하리만치 고요해졌다. 태고기의 유성 폭격은 지구를 만신창이로 만들어놓고 38억 년 전에 끝났다. 지구는 여전히 격정적이고 거칠었지만 적어도 하늘로부터의 폭격은 멈추었다. 태양은 지금보다 더 어두워서 오늘날 빛의 세기의 4분의 3이 채 안 되는 빛을 지구에 비춰주었다. 그 덕분에 지구는 빠르게 식었고 화산과 혜성에서 흘러나온 물이 모여 대양을 이루며 지구를 덮기 시작했다.

생명이 시작된 정확한 지점은 알려지지 않았다. 장담컨대 알 수도 없을 것이다. 생명은 어쩌면 여러 번 발생했을지도 모른다. 태고기에 발생했을 수도 있다. 그러나 마지막 운석 대충돌기의 박멸작전이 벌어지는 동안 전멸하고 단 한 차례의 발생만이 명맥을 유지했는지도 모른다. 2009년 콜로라도에서 몇몇 과학자들이 고안한 컴퓨터 모델에 따르면 태고기 동안 지구 표면은 살균되다시피 불모화 되어버렸지만 대양의 밑바닥에서라면 생명이 살아남았을 수도 있다고 한다.

일반적으로 생명이 있는 물질의 존재를 보여주는 최초의 증거는 38억 년 전, 마지막 운석 대충돌기가 끝날 즈음으로 추정한다. 이 증거는 생명에게 없어서는 안 될 결정적인 원자의 형태로 존재한다. 바로 탄소다. 35억 년 이전의 암석들은 지질학적으로 가혹한 변화를 겪어야 했고 그 과정에서 생명의 기미가 있는 것들도 지각의 무자비한 교반과 뒤틀림을 피하지 못했을 테니 그 시대의 화석 기록에서 세포를 찾기는 어렵다. 그래서 우리는 암석 속에 갇힌 생명의 '화학적 특징'을 찾아야 한다. 그린란드 서부 해안의 한 지층에서 희미한 방사성 탄소의 흔적이 남아 있는 암석이 발견되었다. 살아 있는 유기체가 관여하지 않는 한, 방사성 탄소가 거기 있을 이유는 없다.

그것이 어떤 형태의 생명이었는지 알 길은 없다. 다만 방사성 탄소의 존재를 근거로 오늘날의 생명과 기본적으로 비슷한 메커니즘을 갖고 있던 유기체가 그때 이미 존재했다고 추측할 뿐이다. 4억 년 전으로 훌쩍 넘어오면 생명의 흔적들도 풍부하고 논란도 훨씬 적다.[3] 가장 대표적인 생명의 흔적은 스트로마톨라이트(stromatolite)의 형태로 남아 있다. 오스트레일리아를 비롯해 세계 여러 지역의 얕은 바다에서 피어난 발바닥 크기의 석이버섯 모양의 스트로마톨라이트는 광합성을 하는 점액 상태의 박테리아 덩어리가 그 끈끈한 점액질 속에 작은 모래 입자들을 품은 채 수천 년을 부유하다가 암석층 사이에 서서히 쌓여 형성된 것이다.

진화에 진화를 거듭하다

하지만 스트로마톨라이트는 마지막 운석 대충돌기가 끝난 후 수억 년에 걸쳐 진화한 것이다. 그때부터 살아 있는 유기체의 증거를 품고 있다고 알려진 것들은 빈약하기 그지없었다. 수억 년 전의 지구는 지금 우리가 그리는 지구의 모습보다 훨씬 더 불안정했다. 여전히 격동적이었고 벼락과 뇌우가 빗발쳤으며 거대한 대륙들은 흔들리고 있었다. 화산은 쉴 새 없이 쿨럭거리며 대기 중으로 가스를 내뿜었고 바다는 요동쳤다. 이것이 현재 우리가 알고 있는 초창기 지구의 모습이고 이를 바탕으로 우리는 생명이 출현한 상황에 대한 가설을 세우

3) '논란도 훨씬 적다'라고 말한 이유는 여전히 몇몇 과학자들은 스트로마톨라이트가 비유기적 과정, 즉 자연발생(abiogenesis)을 통해 생성될 수 있다고 반박하기 때문이다. 그럼에도 불구하고 그린란드의 암석이 시생대의 지구에 극미세 생물들이 번성했다는 강력한 증거라는 쪽으로 합의가 모아지고 있다.

고 실험들을 구상한다. 하지만 생명의 출현에 대한 최초의 고민은 한 세기 전에도 있었다.

1871년 다윈은 친구 조지프 후커(Joseph Hooker)에게 생명이 없는 화학물질에서 생명으로의 전환을 고민하고 있다는 내용의 편지를 썼다. 잘 알아볼 수 없는 글씨로 쓴 편지의 두 번째 장에서 다윈은 종의 기원이 아니라 생명의 기원을 고민하고 있었다.[4)]

> 살아 있는 유기체를 최초로 생산할 수 있는 모든 조건들이 이제야 존재한다고들 하지. 그런 조건들이야 애초에 존재했을 수도 있는데 말이야. 그러니까 만약에 (오, 이건 진짜 만약이네) 모든 종류의 아미노산과 인산염이 들어 있고 빛과 열 그리고 전기 같은 것도 가세했을 법한 따뜻하고 작은 연못이 있었다면 말일세, 단백질 혼합물이 화학적으로 만들어지고 더 복잡한 변화들이 진행되지 않았겠는가? 요즘이라면 그런 물질들이 금세 파괴되거나 먹잇감이 되었겠지만 살아 있는 피조물이 형성되기 전에는 그러지 않았을지도 모르지.

'따뜻하고 작은 연못'이라는 유명한 표현으로 다윈은 '원시 수프(primordial soup)'라는 개념을 예시하고 있다('원시(primeval)'라는 단어는 기원이나 최초를 뜻하는 말로 '생명이 출현하기 이전(prebiotic)', '생명 이전(before life)'이라는 말들과 두루 혼용된다). 여기서 다윈은 그 수프의 성분들을 마치 요리 재료를 설명하듯 나열하고 있다. 비록 오늘날 우

4) 다윈은 이만저만한 악필이 아니었다. 아무리 잘 봐줘도 그의 원본은 거의 알아볼 수 없다.

리가 그린 시생대 지구의 모습을 알지 못했지만 다윈은 생명의 기원에 관한 유력한 이론이 될 개념을 향해 무심코 걸음을 내딛고 있었다. 이 사색적인 걸음을 내딛기 시작한 사람은 다윈 말고도 또 있었다. 다윈의 이론을 전파하는 데 앞장섰던 독일의 동물학자이자 박식가였던 에른스트 헤켈(Ernst Haeckel)도 일찍이 다윈과 같은 관점에서 화학과 생물학이 연장선상에 있다는 개념을 제안했다.

1892년 헤켈은 '비유기적 성분으로 이루어진 액체에서 가장 단순한 유기적인 형태가 발생할 가능성'을 넌지시 제안했다. 여기서 액체란 유기체의 구성에 필요한 기본 물질들이 그냥 섞여 있는 혼합물에 불과했다. 이미 화학자들은 시시한 금속에서 금을 만드는 연금술이 아니라 화학물질에서 생물학적 분자들을 만드는 생물학적 연금술에 손을 대고 있었다.

1828년 독일의 과학자 프리드리히 뵐러(Friedrich Woehlerr)는 중요한 생물학적 분자이자 소변의 성분인 요소(urine)를 합성했다. 그의 실험일지에는 '사람의 것이든, 개의 것이든 신장을 이용하지 않고' 요소를 합성했다고 적혀 있다. 그의 실험은 생물과 무생물은 근본적으로 다르다는 당시 명망 있던 '생기론'이라는 개념을 전면적으로 부정하는 실험이었다. 뵐러는 생명의 분자들이 합성될 수 있음을 증명한 것이다.

재료들이 풍부하게 들어 있는 연못이 생명의 발원지였다는 개념은 1920년대 러시아의 알렉산드르 오파린(Aleksander Oparin)과 영국의 J. B. S. 홀데인(Haldane) 두 사람이 독자적으로 발표한 논문으로 공식화되었다. 두 사람은 산소가 고갈된 초기 지구의 대기가 복잡한 생물학적 분자들과 생명의 발생 조건이었음을 지적했다. 20세기 진화생물학의 등장에 핵심적인 역할을 한 홀데인은—위대한 과학자면서 동시에 과학적 지식을 전달하는 데 천부적인 재능을 지닌 사람이었다—이 책에서 빼놓을 수 없는 인물이다. '생명이 출현하기 이전의 수프(prebiotic soup)'라는 말을 처음 사용한 사람이기 때문이다. 생명의 육수로서 수프의 개념은 그 후 여기저기서 계속 터져 나왔다.

'수프'는 과학계의 풍년이나 다름없던 1953년 가장 찬란한 순간을 맞았다. 그해 4월 명백히 20세기를 대표하는 과학적 위업이라고 할 만한 일이 벌어졌다. 크릭과 왓슨이 DNA 구조를 밝혀낸 것이다. 그런데 정확히 같은 시기에 한 젊은이가 홀데인과 오파린의 주장을 결합하여 하나의 상징적인 실험을 계획하고 있었다. 시카고 대학의 화학도로 박사 학위를 준비 중이던 스물두 살의 스탠리 밀러(Stanley Miller)는 노벨상 수상자이자 자신의 지도 교수였던 해럴드 유리(Harold Urey)에게 한 가지 기상천외한 실험을 허락해달라고 부탁했다. 밀러는 전기가 통하는 금속으로 가로, 세로 2미터의 격자판을 만들고 그 위에 유리관들이 연결된 장치를 고정시켰다. 이 장치는 밀러의 제자였으며 현재 샌디에이고 캘리포니아 대학의 스크립스 해양연구소(Scripps Institution of Oceanography) 명예교수인 제프리 베다(Jeffrey Bada)의 어둠침침한 실험실에 잘 보관되어 있다. 불꽃이 튀고 가스가 부글거리며 색색의 액체가 들어 있는 비커들, 밀러의 실험 장치는 1950년대 공상과학 소설에 등장하는 실험 장치를 재현해놓은 듯하다. 밀러는 유리 비커들 안에 물과 메탄, 수소와 암모니아를 채웠다. 그가 실험을 계획할 당시에는 초창기 지구가 물과 메탄, 수소와 암모니아로 이루어졌다고 믿었으며 밀러는 이를 재현하려 했다. 오파린과 홀데인의 주장을 신봉했던 밀러는 '대기 중 산소의 부재'가 화학적 동요를 촉발하고 핵심적인 생물학적 분자들의 출현을 자극하는 중요한 열쇠라고 추측했다. 그는 이 장치 안에 수천 볼트의 전류로 스파크를 일으켰다. 시생대 하늘에서 자주 퍼붓곤 했던 뇌우와 번개를 비슷하게나마 흉내 내기 위해서였다.

해럴드 유리는 밀러의 실험을 흔쾌히 허락하면서도 몇 달 안에 그럴듯한 결실을 맺지 못할 경우 실험을 중단해야 할 것이며 조금 덜 무모한 실험에 배치될 것이라는 경고도 잊지 않았다. 하지만 몇 달까지 기다릴 것도 없었다. 실험을 시작한 지 며칠 만에 혼합물은 분홍색으로 변하더니 곧 커피처럼 갈색으로 변했다.

밀러는 갈색의 진한 침전물을 추출해서 분석에 들어갔다. 분석 결과 글리신이라는 아미노산과 단백질 합성에 필수적인 소량의 다른 생물학적 아미노산들이 검출되었다. 밀러는 이 결과를 〈사이언스Science〉지에 발표하면서 아미노산 생성에 적합한 환경이 아니라 원시 지구의 환경을 재현했노라고 분명히 밝혔다.

이 놀라운 결과를 공고히 해주는 깔끔한 종결부는 따로 있었다. 밀러가 사망하고 1년이 지난 2008년 제프리 베다는 서랍장 뒤에 처박혀 있던 먼지 쌓인 이 실험 장치에서 밀러가 추출하고 남은 샘플을 채취해 21세기적인 분석법으로 다시 분석했다. 50년이나 묵은 이 샘플을 정밀하게 분석한 결과 밀러가 발견한 소량의 아미노산 분자들 이외에도 생물학적 아미노산 20종이 모두 검출되었다. 그뿐 아니라 다섯 종의 다른 성분도 검출되었다.

이러한 상황들만 놓고 보면 생물학적 필수 성분들의 자연 발생은 우연처럼 보인다. 이 간단한 단위들이 서로 이어져 생명의 기반이 되는 단백질을 만들어내고 각자의 역할에 맞는 기능을 수행하면서 생명의 과정이 시작되었다고 볼 수도 있다. 밀러는 시생대 지구의 혼돈 속에서 생명 시스템의 보편적인 일꾼, 즉 단백질을 형성하는 분자들이 번개 한 번 번쩍이면 쉽게 생성될 수 있음을 증명했다.

이 실험은 밀러를 일약 유명인으로 만들어줄 만큼 매력적이었다. 언론은 넋을 잃고 있다가 감격에 겨워했고 그중에는 흥분을 못 이긴 나머지 밀러가 생명을 창조했다는 식으로 과장 보도를 한 언론도 있었다. 물론 아미노산은 생명에 없어서는 안 될 성분이긴 했지만 그 자체가 생명은 아니다. 어쨌든 아미노산의 창조는 빅뉴스였다. 이 실험은 '원시 수프'라는 개념이 우리 문화의 일부로 자리 잡고 생명의 기원에 관한 한 가장 강력한 이론으로 승인받는 데 결정적인 역할을 한 것처럼 보였다. 지구상 어딘가에서 축축한 표면이나 웅덩이 혹은 부석(浮石)이 시생대의 대기에 노출되고 번개를 맞은 것이다. 하늘로부터 점화된 생명의 불꽃이 주입된 창조의 순간이니 그야말로 감동의 드라마가 아닐 수 없다.

그런데 정말 그랬을까? 앞장에서 보았듯이 생명의 구조는 아찔할 만큼 복잡하다. 하나의 세포는 그 환경(유기체의 일부로서 세포가 처한 환경이든 하나의 독립적인 세포로서 처한 환경이든)으로부터 정보를 수신하는 조밀하고 활기찬 일종의 벌집과 같다. 세포 안에는 단백질을 암호화하고 있는 암호가 있으며 이 단백질은 생명의 기능들, 즉 영양분을 공급받고 다른 세포들과 소통하며 자신이 가진 유전자를 영속하기 위해 다른 유기체를 재생산하는 기능들을 작동시킨다. 생명 활동을 수행하는 분자들(혹은 분자들의 혼합물)이 시험관 속에서 자연적으로 발생했다는 것은 생명의 기원이 미스터리도 아니고 초자연적 현상도 아니라는 개념에 신빙성을 더하는 것만은 분명하다.

시생대 초기에 단순한 화학 성분들이 생물학적 성분으로 바뀌었음을 증명한 밀러의 상징적인 실험은 다윈의 '따뜻하고 작은 연못'이라는 개념을 과학적으로 직접 계승한 것이다. 매혹적인 사색에서 탄생한 '아미노산과 인산염이 들어 있고 빛과 열 그리고 전기 같은 것'이라는 재료는 세포의 전형적인 기능들과 관련 있다는 점에서 꽤 설득력 있는 성분들이다. 밀러의 실험은 신생 지구의 조건—암모니아, 메탄, 수소, 물, 번개—에 대해 좀 더 발전된 지식을 바탕으로 다윈의 레시피를 검증한 것이다. 그 후 60년 동안 실시된 실험들은 이 레시피를 더욱 정밀하게 다듬고 재료들이 들어 있는 수프에서 생물학적 분자들의 자연발생을 유사하게 또는 더 정교하게 입증했다.

이는 매력적인 동시에 떨쳐버릴 수 없는 개념이다. 하지만 이 실험들의 바탕에는 해결되지 않은 더 근본적인 질문들이 있다. 화학 성분들이 들어 있는 수프를 요리한다고 생명이 정말 출현할 수 있을까? 불꽃만 있으면 화학 반응이 생물학적 반응으로 유도될까? 이에 답하기 위해, 또 생명의 기원의 토대에 이르기 위해 아주 단순한, 질문하기는 쉬워도 여간해서는 대답하기 힘든 그런 질문을 던져야만 한다.

The Origin of Life

4장

생명이란 무엇인가

"나는 속기록에 포함된 것으로 알고 있는
이런 류의 것들에 대해 오늘 정의할 생각은 없다.
어쩌면 나도 간단하게 정의하지 못할 수도 있다.
그러나 나는 그것을 보면 안다."

- 포터 스튜어트(Potter Stewart) 판사

생명이란 무엇일까? 생명의 정의는 생물학이 포괄적인 학문으로 구축되기 위한 가장 근본적인 토대로 보인다. 그런데 놀랍게도 생명에 대한 표준적인 정의는 없다. 우리는 학교에서 생명이 있는 것들에는 다음과 같은 특징이 있다고 배운다.

운동(movement)

호흡(respiration)

감각(sensitivity)

성장(growth)

번식(reproduction)

배설(excretion)

영양 흡수(nutrition)

영국의 학교에서는 이 항목들의 앞글자만 따서 'MRS GREN'이라고 가르치기도 한다. 일종의 체크리스트인데 생명이 있는 모든 것들에게 완벽하게 잘 맞는다.[1] 아마 여러분도 지금 이 중 최소한 다섯 가지는 하고 있을 것이다.

위에서 제시한 항목들은 모든 생명이 지닌 자연스러운 생화학적—화학적으로 촉발된 생물학적—양상들이다. 예컨대 운동 하나만 보더라도 생명체에서 여러 가지 양상으로 나타난다. 당신이 이 문장을 훑어보는 것도 안구에 달라붙은 근육세포 안에서 특화된 단백질 망이 수축되어 문장의 앞에서 끝까지 초점을 밀고 당겨주기 때문이다. 이 운동은 해바라기가 태양을 향해 줄기를 구부려 기우는 것과는 성격이 매우 다르다. 해바라기의 운동은 화관의 기부에 있는 일종의 팽창성 마디에 의해 일어나는 현상인데 가장 밝은 빛이 비치는 쪽의 반대쪽 마디 세포들이 물을 흡수해 팽창하면서 태양의 움직임에 따라 줄기가 휘어지는 운동이다.

이 운동 역시 자가 추진력을 갖고 있는 박테리아의 그것과는 다르다. 박테리아는 아름답게 진화한 회전자, 즉 편모 덕분에 운동성을 갖는다. 1,000rpm의 속도로 회전하는 편모 덕분에 박테리아는 1초에 0.1밀리미터를 이동할 수 있다.

우리는 생명이 세포로 이루어져 있으며 세포로 이루어지지 않은 생명 형태는 존재하지 않는다는 사실을 잘 알고 있다. 그러나 집을 벽돌로 정의하지 않듯이 세포가 생명의 정의는 아니다. 우리는 모든

---

1) 동물의 행위에 집중하여 조금 더 기억하기 쉽게 만든 체크리스트가 이용되기도 한다. 이를 'Four Fs'라 하는데 먹기(feeding), 싸우기(fighting), 도주하기(fleeing) 그리고 간통(fornicate)이다. 어쨌든 마지막 F는 번식(reproduction)을 위한 것이라고 여겨도 무방하다.

생명이 만능 암호를 복제함으로써 작동된다는 사실을 알고 있을 뿐 아니라 그 암호를 해석하고 읽을 수도 있다. 하지만 경기 규칙서를 읽는다고 해서 크리켓 경기를 완전히 이해할 수는 없다. 요점은 지구가 '생명이 없는 불모지' 상태에서 '생명체의 숙주' 상태로 바뀔 때 위 체크리스트를 일일이 체크하면서 바뀌었을 리는 만무하다는 말이다.

생명에 관한 항목들 그 자체에는 분명 오류가 없다. 정의상 체크리스트에 있는 항목들은 모두가 생화학적 현상들이다. 끈의 형태로 만들어진 단백질이 3차원 구조로 접히고 포개지면서 세포에 특정한 기능을 부여하는 현상, DNA가 암호를 풀고 정보를 복제하는 현상, 동물세포들이 산소를 흡수하고 에너지를 추출한 다음 이산화탄소를 배출하는 현상, 식물세포들이 이산화탄소를 흡수해서 에너지를 추출한 다음 산소를 배출하는 현상 등 이 모든 과정은 분자를 구성하는 원자의 행동으로 결정되는 화학적인 반응들이다. 그렇다면 생물학적 반응으로 나타나는 화학적 반응의 본질은 무엇일까?

생명의 기원을 찾아서

우리에게는 생명의 활동들을 나타낸 체크리스트는 있지만 생명을 설명하는, 명확하면서도 단일화된 정의는 없다. 단독으로 또는 여러 개가 모여 있어도 단백질은 살아 있는 것이 아니다. 물론 DNA나 대사 경로도 살아 있는 것이라고 할 수 없다. 조금 덜 투박한 표현이 있으면 좋으련만 어쨌든 이것들은 무생물이다. 틀림없이 생명에게는 없어서는 안 될 필수 요소임에도 이것들에게는 생명의 기운이 없다. 그럼에도 여전히 우리는 한 유기체, 이를테면 당신의 몸속에서 화학적인 사건들이 연속적으로 일어나기 때문에 당신이 살아 있고 이 사건들이 멈추면 결국 죽음에 이른다는 사실을 의심하지 않는다. 생명의 기원에 관한 모든 논의는 무생물에서 생물에 이르는 여정을 중심축으로 삼는다.[2)]

알다시피 세포에서 세포로, 유기체에서 유기체로 DNA를 통한 정보의 이동은 생명의 기본 요소다. 그렇다면 정보를 이동하는 능력이 생명의 정의를 충족한다고 보면 무방할까? 이 책의 후편에서 살펴보겠지만 NASA는 우주에서 생명체를 찾는 데서 더 나아가 지구에서 생명을 조작하는 데까지 관심의 폭을 넓히고 있다. 머나먼 우주에서 생명을 찾는 우주생물학은 '생명의 기원' 연구의 위성 분과인 셈이다. 이 신생 학문은 우주에 생명이 존재할 가능성을 타진하기 위해 지구화학, 생화학, 천체물리학과 같은 여러 분야들을 통합한다.

NASA는 이 분야를 통해 해결해야 할 세 가지 선결 과제를 정하고 있다. '생명은 어떻게 시작되고 진화했는가?', '우주의 다른 곳에도 생명이 존재하는가?', '지구상에서 또 지구 밖에서 생명의 미래는 어떠한가?' 첫 번째 질문, 즉 생명의 기원은 우주생물학에서도 중대한 의의를 가진다. 왜냐하면 생명을 찾는 방법은 물론이고 막상 생

---

2) '무생물'이라는 단어가 썩 마음에 들지는 않는다. 활동성이 없다는 의미를 내포하기 때문인데 실제로 화학적 반응들은 분명 활동성이 있다. 살아 있음의 반대, '죽음'도 같은 이유에서 적절치 않다. '죽지 않은(undead)'이라는 단어가 오히려 '생명 발생 이전'의 화학적 상태, 즉 생명에 이르는 경로를 형성하는 '활발하고(fizzing)' 활동적인 반응들을 더 정확하게 묘사한 것 같다.

명을 찾았을 때 그것을 생명으로 인정할지 아닐지를 결정하기 때문이다.[3)]

NASA는 탐사선의 임무 범위를 명확히 규정하기 위해 생명에 대한 한 가지 정의를 채택하고 있다. 쉽게 말해 '다윈설에 맞으면 생명이다.' 샌디에이고 캘리포니아 대학 스크립스 연구소(Scripps Research Institute)의 화학자 제리 조이스(Jerry Joyce)도 이와 유사한 주장을 고수한다. 조이스는 DNA의 사촌 격인 RNA에서 다윈설에 입각한 진화가 일어나도록 하는 데 초점을 맞추어 실험을 하고 있다. 그는 이렇게 말한다.

> 생명에 필수불가결한 요소가 있다면 그것은 다윈설에 입각한 진화를 진행하는 능력과 분자들 안에 역사를 기록하는 능력일 것입니다. 화학은 역사를 갖지 않습니다. 반면 생물학은 역사를 갖지요. 생명의 시작은 다윈의 진화 과정을 거치며 유전자에 기록되는 생물학적 역사의 시작을 의미합니다.

이 정의는 온전히 정보에만 초점을 맞추고 있다. DNA와 RNA는 복제되고 또 복제될 수 있는 지시 사항들, 즉 암호를 저장하고 있는 매뉴얼이다. 그런데 이 복제 과정은 완벽하지 않아서 실수가 발생하기도 하는데 이러한 실수들도 새로운 정보로 인식되어 전달되며 만

---

3) 생명을 찾는 노력은 이전부터 계속 되었다. 1970년대 NASA는 '바이킹 프로젝트(Viking Project)'의 일환으로 곤충을 닮은 두 척의 탐사선을 화성에 착륙시켰다. 그리고 화성 표면에서 생명의 신호들을 찾았지만 아무것도 발견하지 못했다. 2012년 8월 폴크스바겐의 비틀(Beetle) 크기만한 탐사 로봇 큐리오시티(Curiosity)가 화성 표면에 우아하게 착륙했다. 이 로봇은 드릴이 달린 한쪽 팔로 화성의 붉은 암석들을 채취하고 분석하는 임무를 맡았다. 이전에 화성에 존재했을지도 모를 생명체의 흔적을 살피기 위해서다. 말 그대로 기상천외(奇想天外)한 쇼였다.

일 유익한 실수라면 선택된다. 이것이 바로 진화다.[4)]

복제는 생명을 이어가는 데 중요한 역할을 한다. 그런데 과연 정의로 채택할 수 있을 만큼 중요할까? 결정(crystal)도 성장이 가능하며 자신의 구조를 복제할 수 있다. 물론 완벽한 성장을 의미하는 것은 아니다. 그러나 다음 세대를 향한 정보 전달을 생각해본다면 결정의 불완전한 실수는 전달되지 않기 때문에 이를 살아 있는 생명으로 여길 수는 없다. 선택을 통해 새로운 형질을 습득하지 않으므로 결정은 다윈설에도 맞지 않는다. 이처럼 다윈설에 입각한 행위는 모든 생명의 본질적인 특징임이 분명하지만 생명의 전반적인 행위들 중 극히 일부에 지나지 않는다.

잭 쇼스택(Jack Szostak)은 인간 유전자에 관한 연구의 공로를 인정받아 2009년 노벨 생리의학상을 수상했다. 그는 인간게놈 연구를 가능케 한 신기술 개발에도 중요한 역할을 했으며 노화의 원인을 밝히는 데에도 혁혁한 공을 세웠다. 그런 그가 이제는 생명의 계통수 끄트머리에 있는 인간이라는 가지에서 생물학과 거의 관련 없어 보이는 계통수의 밑동으로 시선을 돌렸다.

온화하면서도 신중하고 차분한 쇼스택은 하버드 대학에 '생명기원연구소(Origin of Life Initiative)'를 설립했다. 나는 그를 인터뷰한 적이 있는데 그곳에서 그는 세포막도 자연발생적으로 생성되는지에 큰 관심을 기울이고 있었다. 하지만 생명의 정의를 찾는 일을 상당히 못마땅해 했다. 심지어 자신의 연구에 방해가 된다고 여기고 있었다.

---

4) 이 분야에서 제리 조이스의 연구는 큰 의미가 있다. 변이를 수반한 유전 과정의 가장 근본적인 단계를 파헤치고 있기 때문이다. 다음 장에서 이 유전 과정에 대해 살펴보기로 하자.

생명에 대한 포괄적인 정의가 없는 것이 문제이지 않느냐고 묻자 내 말을 자르더니 이렇게 말했다. "전혀 문제가 될 수 없습니다. 사실 전적으로 무관합니다. 우리는 단순한 화학물질에서 좀 더 복잡한 화학물질로, 아주 단순한 세포에서 좀 더 복잡한 세포를 거쳐 현대의 생물학으로 어떻게 나아가느냐, 바로 그 경로를 밝히고자 하는 겁니다. 단지 그 경로와 각각의 단계들을 밝히고 싶을 뿐입니다. '경계선을 긋고 이쪽은 화학, 저쪽은 생물학'이라는 식으로 편을 가르는 행위는 의미가 없습니다. 중요한 것은 경로지요."

20세기 초 '생명이 출현하기 이전의 수프'라는 개념을 확립한 홀데인도 쇼스택과 비슷한 입장을 취했다. 1949년 직설적인 제목으로 발표한 홀데인의 저서 《생명이란 무엇인가*What Is Life?*》 중 14장은 제목과 똑같은 소제목을 달고 있지만 아래와 같은 대담한 경고로 시작한다.

> 나는 이 질문에 대답하지 않을 것이다. 사실 완전한 답을 찾을 수 있을지도 의심스럽다. 왜냐하면 붉은 기운이나 고통 혹은 노력이 무엇인지 아는 것처럼 살아 있다는 것이 어떤 느낌인지 우리 모두 알고 있기 때문이다. 따라서 우리는 다른 어떤 말로도 그것을 설명할 수 없다.

달리 말하면 '척 보면 안다'라는 의미가 아닐까? 그럼에도 불구하고 지금도 많은 학자들이 정의 내리기에 여념이 없다. 인간은 무엇이든 분류하기를 좋아하는데 과학에서는 종종 이해를 돕는다는 이유로 분류를 특히 더 선호한다.

최근 이스라엘의 하이파 대학의 생물학자인 에드워드 트리포노프(Edward Trifonov)는 조금 색다른 전략으로 이 문제에 접근했다. 그는 여러 과학자들이 생명의 정의를 내릴 때 사용한 용어를 관찰해보기로 했다. 모든 용어들을 끓는 용광로에 넣고 마침내 순수하게 정제된 한 문구를 건져냈다.

어쨌든 트리포노프가 마침내 걸러낸 생명의 정의는 '변이를 동반한 자가 복제'였다. NASA가 채택한 정의와 유사한, 세대에서 세대로의 정보 전달에 초점을 맞춘 정의다. 틀림없이 좋은 뜻에서 시도한 전략이겠지만 사용된 용어를 바탕으로 한 그의 정의가 합의로 받아들여지긴 힘들 것 같다. 그는 결론을 발표하면서 자신의 결론을 반박하는 여러 과학자들의 의견도 넉살 좋게 거론했는데 그중 특히 쇼스택은 생명을 하나의 정의 안에 억지로 구겨 넣으려는 것 자체에 엄청난 거부감을 드러냈다고 한다.

사실 이러한 시도들은 '장님 코끼리 만지기' 식의 위험을 안고 있다. 불교에서(뿐만 아니라 이슬람교, 자이나교, 힌두교 등 여러 문화에서) 전해오는 장님 이야기가 있다. 어떤 임금이 장님 몇 명에게 코끼리의 생김새를 물었다. 장님들은 각자 코끼리의 다른 부분을 손으로 더듬어 보고 자신이 생각한 코끼리의 생김새를 임금에게 전한다.

엄니를 더듬은 장님은 코끼리가 쟁기 날처럼 생겼다고 주장했고 다리를 만진 장님은 기둥처럼 생겼다고 주장했으며 꼬리를 만진 장님은 붓처럼 생겼다고 우겼다. 장님들은 서로 옳다며 싸우고 임금은 그 광경을 지켜보면서 배꼽을 잡고 웃었다. 이 모든 것을 합친 것이 코끼리다. 하나의 특징만 가지고 코끼리의 위풍당당함을 설명할 수는 없다.

미국의 연방 대법관 포터 스튜어트(Potter Stewart)가 "나는 척 보면 안다"라고 말했을 때 '그것'은 포르노 영화였다. 1958년 오하이오 주 법정은 외설적이라는 이유로 영화 〈연인들The Lovers〉의 상영을 금지시켰다. 그런데 스튜어트 판사가 판결을 뒤집었다. 그가 한 이 말은 주관적으로 확신이 없거나 정의 변수가 모호한 것을 설명할 때 자주 인용된다.

생명도 그와 같다. 어느 시점에 지구에는 화학반응이 있었고 시간이 흘러 또 어느 시점에 생명이 등장했다. 첫 시점에서 두 번째 시점까지의 경로는 복잡하고 난삽하게 얽힌 길고 긴 경로였음이 분명하다. 우리가 명백한 생명으로 간주하는 지점은 틀림없이 다윈의 진화론적 관점이 통하는 지점부터겠지만 꼭 이것만으로 생명을 정의할 수는 없다(잠시 후 보겠지만 심지어 선택에 의한 자가 복제라는 다윈설의 특징을 보여주는 분자들도 존재한다).

어쨌든 요점은 화학과 생물학의 경계가 임의적이라는 것이다. 생명은 다양한 화학적 시스템들의 조합이지만 생명에는 그 조합된 총합 이상의 뭔가가 존재한다. 이와 같은 논의의 맥락에서 우리는 과학을 여러 범주로 나누고 실제로 배울 때도 생물학, 화학, 지질학, 물리학 등과 같이 나눠 배운다. 과학을 단순하게 자연을 이해하는 방식이라고 본다면 범주로 나누는 것 자체도 다소 임의적이다. 특히 생물학이 시작되는 시점을 고려하면 범주의 구별은 더욱 모호하다.

생물학과 열역학 제2법칙의 상관관계

세포들의 모든 행동은 궁극적으로 세포막 이쪽에서 저쪽까지 전기적으로 대전(帶電)된 원자들의 통제된 흐름을 매개로 한다. 당신이 이 책을 읽을 때도 대전된 원자들이 한계점에 이를 때까지 수백만 개의 뇌세포 하나하나 속으로 흘러들어가고 한계점에 이르면 뇌세포가 가동되면서 다른 수백만 개의 세포들과 협력하여 사고 과정이 진행된다. 기억이나 이해 과정이 촉발되기도 하고 커피 한 잔을 마시고 싶다는 욕구를 일으키기도 한다. 마찬가지로 하나의 세포나 유기체의 생존이 걸린 '에너지 생산'을 유도하는 것도 세포막을 가로지르는 통제된 양성자들의—수소 원자들은 하나뿐인 전자를 빼앗길 때 전하를 띠므로 양성자만 남는다—흐름이다.

(우리 인간을 포함하여) 모든 복잡한 생명 안에서 이 일이 일어나는 곳은 세포의 동력 장치, 즉 미토콘드리아다. 박테리아와 고세균류에서는 이러한 흐름이 세포의 가장 바깥쪽 외피의 안쪽에 있는 막을 가로질러 발생한다. 흔히 '대사'라고 부르는 활동에도 이러한 유형의 화학 경로가 포함되는데 에너지를 생산한다는 점에서 모든 생명에 매우 중대한 경로다. 이렇게 생산된 에너지는 세대에서 세대로 정보의 복제를 가능케 하는 활동과 생명의 체크리스트인 MRS GREN의 항목을 포함한 생명의 모든 활동에 동력을 공급한다.

이러한 까닭에 생물학과 관련 있다는 이유로 화학적인 기반을 고려하는 것처럼 화학과 연관된 더 근본적인 과학도 마땅히 고려해야 한다. 바로 물리학이다. 화학반응들이 일어나는 원리가 전통적으로 물리학에 속한 법칙들로 결정되기 때문이다.

원자를 구성하는 입자들을 발견한 어니스트 러더퍼드(Ernest Rutherford)[5]는 다음과 같은 선언으로 유명하다. '물리학만이 진정한 과학이다. 나머지는 우표 수집에 지나지 않는다.' 명백히 도발적인 조롱이지만 전형적인 물리학자들의 환원주의적 시각에서 보면 나름대로 의미가 있는 말이다. 생물학적 행위는 화학적 행위로 결정되고 화학적 행위는 원자적인 힘으로 결정되는데 이 원자적 힘이 다름 아닌 물리학의 영역이니까 말이다.

1949년 홀데인이 《생명이란 무엇인가》를 썼지만 이 교묘하게 단순화시킨 제목을 처음 쓴 사람은 홀데인이 아니었다. 1944년 에르빈 슈뢰딩거(Erwin Schrödinger)는 물리학의 관점에서 본 생물학 책을 썼는데 공개 강의 시리즈에서 발췌한 내용을 엮은 그 고전에도 똑같은 제목이 붙어 있다.[6] 한 물리학자가 이러한 분석을 했다는 사실은 어쩌면 현대 과학을 가르는 인위적 경계가 더욱 모호해지고 있음을 극명하게 보여주는 점인지도 모른다. 물리학은 특성상 근본적인 것을 지향한다. 슈뢰딩거도 절대적이고 보편적인 불변의 법칙으로 꼽히는 '열역학 제2법칙'에서 결론을 이끌어냈다. 열역학 제2법칙은

5) 이 분은 나와 아무런 혈연관계가 없다.

6) 슈뢰딩거는 상자 안에 고양이 한 마리를 넣은 사고실험으로 유명한데 나중에는 독으로 죽였다나, 어쨌다나? 아니면 말고. 아무튼 이 유명한 사고실험은 양자 세계에 대한 관찰의 효과를 설명하고 관찰이 고전적인 물리학 세계에 어떤 영향을 미치는지 이해하기 위한 실험이었다. 관찰자의 눈에는 보이지 않지만 고양이는 임의적으로 배출될 가능성이 있는 독가스로 죽을 수도 있다. 그러나 상자를 열어보기 전까지는 고양이가 죽었는지 살았는지 알 길이 없다. 양자물리학에 따르면, 상자를 열어보는 순간까지 고양이는 역설적이게도 두 상태, 즉 살아 있거나 죽어 있는 상태를 동시에 점유하고 있으며 오로지 관찰에 의해 선택될 뿐이다. 어쩐지 슈뢰딩거가 두 상태 중 첫 번째에 초점을 맞추었으리라는 생각은 별로 안 든다.

'일정 기간 동안 에너지는 언제나 더 높은 상태에서 낮은 상태로 이동하며 반대 방향으로는 결코 이동하지 않는다'라는 사실을 명시한 법칙이다.

열역학 제2법칙의 예는 어디서나 찾아볼 수 있다. 수프를 끓이다가 불을 끄면 차갑게 식을 뿐 결코 다시 뜨거워지지 않는다. 이 법칙은 우리 삶 전반을 에워싸고 있다. 라디에이터라는 난방기의 열은 방을 따뜻하게 해주면서 소멸된다. 왜냐하면 라디에이터의 열기는 두 개의 불안정한 에너지 상태, 즉 하나가 다른 하나보다 더 뜨거운 상태를 평형으로 만들기 위해 이동하기 때문이다. 반대 방향으로의 시도는 결코 일어나지 않는다.

열역학 제2법칙의 물리량은 '엔트로피(entropy)'로 나타낸다. 일정한 온도에서 부푼 고무풍선은 매듭이 완벽하게 묶여 있지 않는 한 오그라들기만 할 것이다. 물론 완벽하게 묶여 있다면 부푼 상태가 유지되겠지만 주변의 조건이 달라지지 않는 한, 이 고무풍선이 팽창하는 일은 일어나지 않는다. 매듭이 단단히 묶인 고무풍선 내부는 평형 상태에 도달해 있을 테고 그 상태의 엔트로피는 일정하다. 그러나 외부에 비해 더 높은 에너지 상태에 있으므로 (굳이 말로 표현하자면) 풍선은 이 에너지를 더 공평하게 나누기를 원한다. 이렇게 에너지를 공평하게 분배하고자 하는 성향은 엔트로피의 증가로 나타난다.

슈뢰딩거는 "생명체는 에너지 불균형을 끊임없이 유지한다"라고 주장했다. 본질적으로 생명은 불균형 상태의 지속이며 생명이 사용하는 에너지는 이 불균형에서 유래한다는 것이다. 간혹 이를 '평형에서 먼(far from equilibrium)' 과정이라고 표현하기도 한다. 우주의 엔트로피는 오로지 증가하기만 하고 그렇기 때문에 결과적으로 조금 더 안정적이지만 조금 더 무질서한 존재를 만든다. 열역학 제2법칙의 지배를 받는 우주는 자신의 총에너지를 골고루 분배하고 있으므로 우주 끝에서 끝까지의 온도는 똑같아질 것이다.[7)]

그는 모든 살아 있는 유기체들은 각자의 일생 동안 에너지 평형 상태를 유지하며 후손들에게서도 같은 일이 계속된다는 사실을 깨달았다. 거의 40억 년 동안 지구에서는 이 일이 지속되고 있다. 우리는 음식을 섭취하고 세포 내부에서 음식으로부터 에너지를 추출한다. 그럼으로써 우리는 몸 안에서 일종의 질서를 구축하는데 이 질서가 무너지면 우리 몸은 부패할 것이다.

살아 있는 세포 안에서 유지되는 이 질서는 언뜻 열역학 제2법칙을 노골적으로 위반하는 것처럼 보인다. 왜냐하면 열역학 제2법칙에 따르면 엔트로피는 언제나 증가해야 하고 따라서 유기적 구조는 점점 부패할 것이기 때문이다. 모든 만물의 궁극적인 방향은 혼돈(chaos)인데 살아 있는 것은 (적어도 물리학이 제시하는 용어로는) 혼돈에 휩싸이지 않는다. 하지만 이 명백한 모순도 문제가 되지 않는다. 열역학 제2법칙이 주장하는 엔트로피의 필연적 증가는 '닫힌계(closed system)' 안에서 일어나기 때문이다.

포괄적 의미로 봤을 때 우주는 닫힌계다. 정의상 그럴 수밖에 없다. 그런데 조금 더 국지적 규모에서 살펴본다면 살아 있는 것들은 닫힌계가 아니다. 우리는 생명 유지에 직결되는 대사 활동의 결과로

7) 이 시점에 이르면 우주의 엔트로피는 최대치에 이를 것이고 우주는 '열역학적 죽음(heat death)'에 이르게 될 것이다. 겁먹지 마시라. 앞으로 수조 년 동안에는 일어나지 않을 사건이다.

쓰레기를 생산하고 이를 몸 밖으로 배출한다. 살아 있는 유기체는 일생에 걸쳐 질서를 늘리고 유지하는데 열역학 제2법칙에 대한 이 외관상의 모순은 유기체의 경계 바깥에서 전반적으로 증가하는 엔트로피에 의해 충분히 상쇄된다. 경계 바깥에서 전반적으로 증가하는 엔트로피, 그것이 바로 우리가 배출하는 쓰레기다. 우리가 평생 동안 배출하는 쓰레기 총합의 엔트로피는 우리 몸이 질서를 유지함으로써 감소되는 엔트로피보다 압도적으로 크다. 그러므로 우주의 법칙은 완벽하게 보존되는 것이다.

우리 몸의 분자들이 더 안정된 상태(부패)로 떨어지지 않고 질서를 유지하는 과정, 그것이 바로 생명이다. 생명의 모든 과정은 부패를 지속적으로 억제하는 화학반응인 셈이다. 이러한 이유로 원시 수프라는 개념은 틀렸다. 적절한 환경에 적절한 성분들이 있으면 자립적 생명 형태가 발생할 수 있다는 개념은 생명이 '평형에서 먼 과정'이라는 근본적인 원리를 무시했기 때문이다.

수프 안에서 화학적 활성은 오로지 열역학 제2법칙을 따를 수밖에 없다. 외부 요인이 가세하여 에너지 균형을 유지하지 않는 한 수프는 부패할 수밖에 없다는 의미다. 스탠리 밀러의 실험에서 번갯불은 아미노산 생성을 촉발했을지 모르지만 불균형 시스템에 지속적인 동력을 공급하지는 않았다. 화학물질들이 한 번은 반응을 일으켰겠지만 그 이상의 반응은 일어날 수 없었다는 의미다.

빌 마틴(Bill Martin)은 수프에서 생명의 기원을 찾는 과학을 혹평하는 사람 중 한 명이다. 그는 간단한 실험으로도 원시 수프 이론을 반박할 수 있다고 말한다. 생명이 있는 어떤 것을 골라 세포 수준의 형태는 파괴시키되 성분들은 손상되지 않도록 으깨 보라는 것이다. 실제로 하나의 세포가 죽을 때마다 이와 같은 일이 일어나지만 모든 성분들이 그대로 존재하는 이 으깬 수프에서 세포가 자연발생적으로 부활하는 것은 신화에서나 가능할 일이다. 필연적으로 일어나는 에너지의 지속적인 흐름과 조정을 고려하지 않은 채 생명의 기원을 다룬 모델들은 모두가 이미 죽은 기반 위에 만들어진 것이다. 비록 생명의 기원을 제한적으로 다루고 있지만 스탠리 밀러의 상징적인 실험은 여전히 중대한 의미를 갖고 있다.[8] 적절한 조건에서 기본적인 화학물질들로부터 생체분자들이 발생한다는 것을 반박의 여지없이 훌륭하게 입증한 실험이기 때문이다.

하지만 어쨌든 이 실험은 화학물질들의 집합에 불과하던 것이 용케 복제할 수 있도록 달라진 것이 바로 생명이라는 견해를 재차 부각시켰다. 원시 수프는 그것이 따뜻한 연못 속에 있었든, 둥둥 떠다니는 부석이나 질척거리는 화산 혹은 생명의 기원이 있었으리라고 짐작된 어떤 곳에 있었든, 에너지 불균형을 지탱할 어떤 수단이나 도구도 갖추지 못했으므로 생기도 활력도 없는 혼합물일 뿐이다. 따라서 원시 수프는 썩은 웅덩이 그 이상이 될 수 없다.

생명이 있는 것들은 우주의 나머지 부분들과 보조를 맞추지 못하고 있다. 《종의 기원》에서 다윈은 먹이나 짝을 얻기 위한 또는 악천후를 견디기 위한 투쟁이라는 의미로 '생존경쟁'이라는 표현을 썼다.

8) 밀러의 실험에서 사용된 기체는 초창기 지구에는 존재하지 않았을 수도 있다. 당시 지구의 하늘에는 이산화탄소가 흘러넘치고 있었으며 질소도 존재했을 것이다. 사실 우리는 초창기 지구의 정확한 성분을 결코 알 수 없다.

그런데 이 생존경쟁은 보다 근본적인 수준에도 적용된다. 살아 있다는 것은 엔트로피와 싸운다는 의미다.

생명은 열역학 제2법칙을 결코 위반하지 않는다. 우리는 그 법칙을 어길 수 없다. 과학 법칙을 설명하는 막강한 힘이기 때문이다. 죽음에 이르면 우리는 모두 물리학의 의지에 굴복한다. 원자들도 자신의 우주적인 운명을 순순히 받아들인다. 분해되고 재활용되며 결국 활력이 떨어진다. 엔트로피는 우주를 더욱 혼란스럽게 또 더욱 안정적이게 만들려고 양방향으로 애쓰고 있다. 그렇게 하면서 언제나 증가한다.

하지만 살아 있음으로 인해 우리가 이길 때도 있다. 생명은 주변 환경으로부터 에너지를 획득하고 그것을 이용해 세포막 한쪽에서 세포 내부까지 양자들을 주고받는다. 그리고 평형을 향한 우주의 편애에 맞서 생명의 정보들을 유지하도록 진화했다. 생명은 자연의 근본적인 힘들을 조정하고 이 조정을 영원히 지속하기 위해 힘을 합쳐 분투하고 있다.

잭 쇼스택이 옳을지도 모른다. 생명의 본질을 몇 마디 말로 정의하려고 머리를 쥐어뜯어 봐야 우리가 짐작하는 경로를 추적하는 노력에 방해만 될 뿐이다. 하지만 생명의 기원을 이해하려면 물리적 현상을 파고들지 않을 수가 없다. 시간을 뒤로 돌려 그 순간을 관찰할 수 있으면 좋으련만 우리는 그럴 수 없다.

단 한 번 일어났던 그 일을 과학도 역사도 모른다. 그래서 생명에 항구적인 불균형을 갖게 해준 상황을 재현해보려는 것이다. 어느 시점에선가 그 불균형은 하나의 시스템을 획득하거나 창조했고 그 시스템 덕분에 독립적인 생존에 필요한 에너지를 포획할 수 있게 되었다. 바로 이 부화장 안에서 최초로 암호화된 진화의 정보들이 유전되기 시작했다. 하지만 누가 뭐라 해도 생명체들은 에너지를 필요로 하는 정교한 화학반응들의 집합이며 이 사실을 바탕으로 우리는 생명의 기원을 찾기 위한 실험들을 구상한다. 대사 활동의 신호들을 포착해야 한다는 것이다.

LUCA가 생명을 갖고 있었고 LUCA로부터 모든 생명이 등장했다는 사실은 분명하다. 하지만 LUCA도 이미 뒤에 나타날 생명들이 지니게 될 필수 구성 요소들의 상당 부분을 지니고 있었으며 여기에는 대사 활동과 유전자도 포함된다.

세포에는 두 가지 종류의 대사가 일어난다. 하나는 에너지를 생성하기 위해 분자를 소화하는 대사고 또 하나는 그 에너지를 이용하여 DNA와 단백질을 포함한 생명을 지탱할 분자들을 생성하는 대사다. 여기서 또 하나 어려운 문제에 봉착한다. LUCA로부터 뒤를 잇는 세포들은 MRS GREN 항목들에 입각한 일들을 하고 있었다. 각 항목들 모두가 또다시 달걀이 먼저냐, 닭이 먼저냐 라는 딜레마에 빠지게 된다.

DNA는 대사를 포함한 세포의 기능들을 작동시키는 단백질을 암호화하고 있고 세포의 기능들은 그 암호의 해독 작용을 촉발한다. 이제 우리는 암호가 어떻게 작동하고 어떻게 발견되었는지 알았다. 또한 DNA가 어째서 진화의 중추이고 생명의 다양성을 위한 주형인지도 살펴보았다. 그렇다면 대체 DNA는 어떻게 등장했을까?

5장

암호의 기원

"경험으로부터 얻은 모든 추론들은

미래가 과거와 비슷하다는 전제를

바탕에 깔고 있다."

– 데이비드 흄(David Hume),

《인간의 이해력에 관한 탐구*An Enquiry Concerning Human Understanding*》

중에서

히브리어는 22개의 알파벳을, 영어는 26개의 알파벳을 갖고 있으며 산스크리트어는 56개의 알파벳으로 이루어져 있다. 중국어는 상형문자(pictogram)를 사용하는데 세는 방법에 따라 다르지만 그 수는 수천에 이른다.

이에 반해 생명은 단 네 개의 문자만을 갖는다. A, T, C 그리고 G다. 몇 가지 기호들을 덧붙이면 이 문자들에도 유연성이 조금 생긴다. 언어학자들은 이런 변칙들을 '발음 구별 기호'라고 부른다. 프랑스어의 곡절 악센트 기호(â)나 독일어의 모음변이 기호(ö)가 바로 그런 것들이다. DNA의 발음 구별 기호는 곁가지로 붙은 작은 분자, 즉 탄소 원자 하나에 수소 원자 세 개가 연결된 메틸기(methyl group)로 정해지는데 메틸기의 모양에 따라 A나 C 같은 이름을 얻게 된다.

언어에서와 마찬가지로 특정한 형질을 담당하는 게놈 조각에 라벨을 붙임으로써 의미를 변형시키는 이 곁가지들은 유전자의 중요한 특징이다. 무엇보다 귀표처럼 암호에 붙은 이 곁가지는 DNA에서 읽지 말아야 할 부분을 표시하는 막중한 역할을 맡고 있다. 마치 다음처럼 써놓은 문장에 줄을 그어서 읽지 말고 무시하라는 의미를 전달하는 것과 같다.

~~'이 문장은 읽지 마시오.'~~

이런 기호들을 덧붙인다 한들 생명의 암호를 구성하는 문자는 기껏해야 히브리어 알파벳 수에도 못 미친다. 진화론은 이 간단한 암호에서 무수한 종들이 번성하게 된 방법을 포괄적으로 설명해주지만 암호의 기원에 대해서는 거의 알려주는 바가 없다. 생명의 기원을 파헤친다고 하면 누군가는 생명의 정의부터 따지고 들겠지만 머지않아 생명의 문자 기원에서 턱 막히게 될 것이다.

당혹스러울 만큼 보수적인 것은 비단 문자만이 아니다. 몇 개 되지도 않는 문자들이 매우 유사한 제한적 어휘들로 결합된다는 점도 우리를 당혹하게 한다.

유전자에서 이 네 개의 염기들은 세 개씩 한 조로 배열되며 각각의 한 조는 아미노산으로 읽힌다. 이것들이 연결되어 단백질을 만든다. 그러나 모든 생명 유전자에는 단 20개의 아미노산만이 암호화되어 있으며 이들은 DNA 안에서 불필요하게 중복적으로 암호화되어 있다. 네 개의 문자들이 세 개씩 조를 이루어 배열되면 나올 수 있는 가짓수는 64개가 된다. 즉 64가지 방법으로 배열될 수 있다는 의미다. 그중 61가지의 배열이 유전자 안에서 20개의 아미노산을 암호화하는 데 쓰인다(나머지 세 가지 배열은 단백질 끝을 표시하는 '마침표'로 이용된다).

쉽게 설명하자면 하나의 아미노산을 암호화하고 있는 염기 3조, 즉 코돈이 여러 개라는 의미다. 예를 들어 TTA 코돈도 류신(leucine)이라는 아미노산을 암호화하고 있지만 TTG나 CTC도 류신으로 읽힌다. 이외에도 류신을 암호화하고 있는 코돈은 세 개나 더 있다.

이러한 중복 덕분에 유전자 안에 변이가 일어나도 그 유전자가 암호화하고 있는 단백질에는 손상을 입히지 않을 수 있다. 만약 하나의 세포가 둘로 분열하는 과정에서 하나의 DNA가 무심코 실수를 저질러 TTA가 TTG로 바뀌었다고 해보자. 그래도 이 암호는 (중복 덕분에) 여전히 류신으로 읽힐 것이다. 따라서 류신이 함유된 단백질도 손상되지 않는다. 그런데 마지막 A가 T로 바뀌는 실수를 저질렀다면 이 암호는 더 이상 류신으로 읽히지 않고 류신과 비슷한 특성을 가진 아미노산 페닐알라닌으로 읽힌다. 아미노산이 바뀌었으니 단백질 특성도 달라지겠지만 그 차이는 그리 크지 않을 것이다.

언어에서도 이와 유사한 중복을 볼 수 있다. '좋아하는'이라는 뜻의 형용사를 영국에서는 'favourite'이라고 쓰지만 서쪽으로 9,600킬로미터가량 떨어진 미국에서는 'favorite'이라고 쓴다. 언제인지도 모를 과거 어느 시점에선가 필사 중에 무심코 저지른 실수로 인해 미국식 영어에서는 영국식 영어에서 중요하다고 여긴 알파벳 하나가 삭제되었을 것이다. 'u'라는 알파벳이 있으나 없으나 발음이 같으니 영국에서도 'u'가 서서히 폐기될 수 있으리란 의미는 결코 아니다.

모든 변이들이 한결같이 다 유익한 것은 아니다. '친구(friend)'에서 'r'을 빼버리면 당신은 약간 성격이 다른 사람(fiend, 악마 같은 사람 혹은 상습자나 중독자)을 친구로 둔 셈이 된다. 하지만 유전자 변이로 인해 암과 같은 중병을 앓는 일은 성격이 괴팍한 친구를 사귀는 것과는 차원이 다르다. 어쨌든 복제되는 DNA의 양에 비하면 이처럼 위험한 변이는 비교적 드물다. 하지만 이런 변이는 일단 일어나기만 하면 문자 하나 바뀐 것치고는 매우 끔찍한 재앙을 초래할 수 있다.

DNA에서 하나의 염기 문자가 바뀌어 어떤 아미노산을 성격이 매우 다른 아미노산으로 바꾸어버릴 때 문제가 발생한다. 베타 글로빈(β-globin) 유전자의 특정한 지점에서 A가 T로 바뀌면 아미노산은 글루타민산에서 화학적 성질이 완전히 다른 발린(valine)으로 바뀐다. 그 결과 글로빈 단백질에 기형이 발생한다. 원래 납작하고 둥글며 가운데가 오목한 적혈구 세포를 길고 구부러진 모양으로 망쳐놓고 마는 것이다. 이렇게 단 하나의 문자에서 복제 오류를 갖게 된 숙주는 겸상적혈구 빈혈증이라는 질병을 앓게 되고 조산되는 경우가 많다. 이는 끔찍한 일이지만 다행히 겸상적혈구 빈혈증이 증상으로 나타나는 일은 거의 없다.

이런 실수들은 대부분 그다지 중요하지 않다. 실수는 세포가 분열할 때마다 일어나는 자연스러운 일이다. 게놈이 복제되는 과정에는 교정 작업도 수행된다. 단백질이 복제될 때는 DNA 중합효소가 작동하는데 이 효소는 본래 주형에 맞는 사슬이 만들어졌는지 검사하는 역할을 한다. 가령 A가 있는 곳에 T가 결합되었는지 확인하는 것이다. 하지만 중합효소도 완벽하지 않아서 세포가 분열하는 동안 가끔씩 교정으로 인한 새로운 변이가 발생하기도 한다. 만약 이 변이가 정자나 난자에서 일어나면 소위 '말 전달 게임'을 하듯 유전자 사이에서 진화론적인 변화를 촉발할 수 있다.

당신이 당신의 부모와 다른 까닭은 정자와 난자가 생성되는 동안 게놈 전체가 섞이기 때문이기도 하지만 정자와 난자가 각자 자신의 DNA 안에 새로운 변이를 하나씩 만들기 때문이기도 하다. 이렇게 무작위로 발생하는 변이 때문에 당신이라는 독특한 개체가 만들어진다.

때로는 A와 T의 쌍들이나 C와 G의 쌍들이 흐트러지기도 하고 DNA를 이루는 두 개의 사슬 중 하나가 불룩해져서 마치 이가 맞지 않는 지퍼처럼 되어버리기도 한다. 단백질 교정 작업 중에 수정되지 않는다면 이 변이들은 전달될 것이고 어쩌면 그것이 암호화하고 있던 단백질의 습성을 약간 바꿔버릴 수도 있다.[1)]

어째서 우리는 네 개의 문자들이 세 개씩 한 조로 배열되었다고 정했을까? 아주 잘 정돈된 이 자립적 시스템은 올올이 풀어내기도 힘들고 순환이 시작되는 지점을 파악하기도 골치 아프다. 하지만 한 가지 방법이 있긴 하다. 생명에 필요한 모든 단백질을 만드는 데 동원되는 20개의 아미노산을 암호화하는 최소한의 DNA 양을 밝히는 것이다. 만약 유전 암호가 네 개가 아닌 세 개라면 3조 코돈을 만드는 경우의 수는 27개다. 그래도 여전히 20개의 아미노산을 암호화하는

---

1) 이것과 관련해서 자주 인용되는 통계가 있다. 모든 인간들은 유전적으로 99.9퍼센트가 유사하다는 것이다. 의미인즉 어떤 두 사람의 DNA를 비교하면 1,000개 중 단 하나의 문자만 다르다는 말이다. 그러나 인간의 게놈 하나에 30억 개 암호 문자가 있다는 점을 감안하면 결국 300만 개의 문자가 다르다는 의미다(물론 어떻게 다른지는 차치하고 굵직한 차이만을 고려한 것이다). 이 차이만으로도 엄청난 변수들이 작동한다. 또한 우리 모두가 독특한 이유, 심지어 일란성 쌍둥이들조차 다른 이유도 이 차이로 설명이 된다. 당신의 게놈 일체는 과거 단 한 차례도 존재한 적이 없으며 앞으로 그 누구에게도 똑같은 배열로 존재하지 않을 것이다. 인류는 99.9퍼센트의 동일성 안에 존재하지만 당신은 나머지 0.1퍼센트의 엄청난 다양성 속에서 암호화된 존재다.

데 필요한 코돈의 수보다 7개나 많다. 그렇다고 불필요한 중복을 절반 이상 줄이면 위험한 유전적 질병에 대한 완충 작용도 덩달아 감소한다.

3조 조합을 이루는 문자들은 모두 평등하지 않다. 이들 염기 3조와 그것들이 암호화하고 있는 아미노산의 배열에는 패턴이 있다. 3조 첫 번째 염기는 아미노산의 출처를 나타낸다. 아미노산은 세포 내에서 자유롭게 부유하며 자신이 만들어야 할 단백질로 소집되기를 기다리고 있다.[2] 세포의 대사 활동 중 생산되는 아미노산도 있지만 아홉 개의 아미노산은 우리 스스로 만들지 못하므로 오로지 음식을 통해서만 섭취된다. 따라서 3조 염기들의 첫 번째 문자를 비교하면 그것이 자가 생성된 것인지 음식으로 섭취된 것인지를 밝힐 수 있다.

두 번째 문자는 아미노산의 성격과 관련 있는데 아미노산이 친수성(물에 쉽게 녹는 성질)을 갖느냐, 소수성(물에 녹지 않는 성질)을 갖느냐를 결정한다. 첫 번째와 두 번째 문자는 생성물, 즉 아미노산을 결정하는 뚜렷한 목표를 갖고 있다.

반면 3조의 마지막 문자는 모두가 유연성이라는 와일드카드를 갖고 있어서 20개의 아미노산 중 하나의 아미노산으로 결정하는 임무를 맡고 있다. 따라서 이렇게 생각해볼 수도 있다. DNA 암호의 최초 형태가 염기 3조가 아니라 염기 2조가 아니었을까? 그래서 단백질 제조에 핵심적인 부분만을 해독하는 임무만 수행했을지도 모른다.

2) 이 과정에 대한 조금 더 자세한 설명은 2부에서 다룬다. 과학자들은 이 공정을 일단 파괴한 다음 재설계를 통해 비자연적인 새로운 단백질을 창조하고 있다.

여기에 세 번째 문자가 추가됨으로써 더 많은 조합이 가능해지고 배열의 가짓수도 더 많아졌을 것이다. 세 번째 문자까지 추가된 보수적인 암호는 비극적인 변화의 충격으로부터 아미노산을 보호할 뿐 아니라 미묘한 변이들을 부추기는 완만한 촉진제로서 역할을 한다. 쉽게 말해 DNA가 진화를 촉진하고 있다는 의미다.

하지만 기본 암호는 고정적이다. 어쩌면 40억 년 동안 전혀 달라지지 않았는지도 모른다. 문자들도 고정적이지만 그렇다고 꽁꽁 얼어붙은 것은 아니다. 감지할 수 없을 정도로 느리지만 문자들은 변한다. 2부에서 보겠지만 생물학에 의해 만들어진 세계에서는 DNA도 변화하지만 적어도 자연계 안에서 DNA는 사실상 변하지 않는다.

한때 프랜시스 크릭은 DNA의 문자들이 '동결 사건(frozen accident)'의 결과로 확정되었을 것이라고 생각했다. 즉 하나의 시스템이 다른 것들보다 경쟁 우위를 점할 정도로 제법 잘 작동되었든지, 다른 것들은 아예 존재하지 않았든지, 어느 쪽이든 현재의 DNA 상태를 결정하는 사건이 있었으리라고 생각한 것이다. 하지만 지금은 모든 염기 3조를 구성하는 문자들의 불공평성이 우연이 아니라 유연성과 변이 사이에서 미묘한 균형을 이루며 고정되었다는 사실이 명확히 밝혀졌다. 자녀에게 모험심을 고취시키면서도 동시에 자녀들을 위험으로부터 보호하려는 부모의 사랑처럼 말이다.

DNA와 RNA의 딜레마

비로소 우리는 단순화된 형태나마 DNA가 어떻게 처음 발생했고 현재의 안정된 상태로 자리 잡았는지 알아가기 시작했다. 하지만 여기에는 닭과 달걀이라는 오래된 딜레마보다 더 복잡한 역설이 있다.[3] DNA 복제는 단백질에 의존하고 단백질은 DNA 안에 암호화되어 있다. DNA는 암호이고 단백질은 활성을 갖고 있는 생산물이다. 하지만 생명의 첫 시작, 즉 유전자 발생이 DNA로 시작된 것이 아니라 그와 닮은 사촌인 RNA에서 시작되었다고 여기는 데는 매우 타당한 근거가 있다.

우리는 현대의 생명이 어떻게 작동하는지 살펴봄으로써 훨씬 이전에 세포들 안에서 일어났던 은밀한 메커니즘을 추측할 수 있다. RNA는 프랜시스 크릭이 이름을 잘못 붙인 '센트럴 도그마' 중 가운데 토막에 해당한다. 'DNA가 RNA를 만들고 RNA는 단백질을 만든다.' 이 일들이 어떻게 벌어졌는지 이해하려면 우선 각 단계들을 살펴보는 것이 좋겠다.

RNA의 중재 없이 DNA가 직접 단백질을 만들 방법은 없다. 따라서 'DNA가 RNA를 만들고'로 시작되는 도그마의 앞부분은 'RNA는 단백질을 만든다'라는 문장의 종결부 다음 단계에 있었으리라고 가정할 수도 있다. 즉 단백질이 만들어질 암호화된 문서로 RNA가 존재하고 있었던 것이다. 외가닥 사슬인 RNA는 두 가닥 사슬이 나

---

3) 소박한 닭인 갈루스 도메스티쿠스(gallus domesticus)는커녕 모든 새들이 진화하기 수억 년 전에 이미 난생 파충류가 존재했다.

선형으로 꼬인 DNA보다 화학적으로 조금 더 불안정하기 때문에 끊어지기 쉽다. DNA는 단백질을 생성하기 위한 암호를 보유하고 있는데 마주 보고 있는 두 가닥의 사슬은 서로에게 백업 서비스를 제공한다. 이를테면 한쪽 사슬에 A가 있으면 마주 보는 사슬에는 T가, G가 있으면 C가 있다. 따라서 DNA가 보다 안정적인 정보 저장 장치로서 나중에 등장했으리라는 가정도 일견 타당하다.

좀 더 최근에 한 연구진이 DNA와 RNA가 서로를 복제하는 과정에서 얼마나 빈번하게 오류가 발생되는지를 살펴봄으로써 그 전환 경로를 제안했다. 아이린 첸(Irene Chen)이 이끄는 하버드 대학의 한 연구팀은 RNA에서 RNA, DNA에서 RNA 그리고 RNA에서 DNA가 생성될 때 복제의 신뢰도를 비교했다. 인터넷 번역 엔진의 성능을 비교한다고 생각하면 이해하기 쉽다. 어떤 언어로 한 문장을 입력하고 다른 언어로 번역기를 돌린 다음 다시 원래 언어로 번역기를 돌려 문장이 얼마나 엉망이 되었는지를 비교하는 것이다. 당연히 DNA를 주형으로 삼았을 때의 결과에 대한 신뢰도가 높았다. DNA 주형에서 RNA로 복사했을 때 그 사본이 가장 정확했던 것이다.

이는 RNA만 있던 세상에서 오늘날 우리가 알고 있는 세상으로의 이동—정보의 보전—이 아무런 말썽 없이 일어날 수 있음을 시사한다. 그러나 RNA로부터 DNA가 복사될 때는 실수투성이였다.[4)]이

4) 가령 'But DNA copied from RNA was riddled with errors'라는 문장을 구글 번역기에 입력하고 아이슬란드어로 번역하면 'En DNA afrita frá RNA var riddled með villa'라는 결과가 나온다. 이를 다시 영어로 번역하면 'But DNA copy of RNA was riddled with errors'라는 문장이 된다. 세련된 맛은 없지만 그래도 상당히 유사하다. 이를 다시 체코어로 번역하면 'Ale DNA zkopírován z RNA byla prošpikovaná chybami'가 된다. 이 문장을 또다시 영어로 번역하면 'But RNA copied from DNA was riddled with errors'로 나오는데 원래 문장의 의미와 정반대의 뜻을 가진 문장이 된다.

러한 개념을 염두에 둔다면 정보 저장 장치로서 DNA가 RNA보다 더 튼튼하고 안전할 뿐 아니라 더욱 믿음직스럽다고 생각하는 것도 일리가 있어 보인다. RNA가 정보 전달자였던 세계로부터 우리가 알고 있는 생물학적 시대로의 전환을 '유전자 인계(genetic takeover)'라고 하는데 아무래도 이 과정은 일단 성사된 후에는 반환이 불가능한 모양이다.

닭과 달걀의 딜레마, 즉 DNA 암호가 먼저냐, 단백질의 역할이 먼저냐는 RNA가 경우에 따라서 두 가지 역할을 다 할 수 있다는 사실로 적어도 부분적으로는 해소되었다. 생명의 신호들이 DNA가 아닌 RNA 형태로 세상을 메우고 있었다는 개념을 뒷받침하는 두 번째 단서는 다름 아닌 세포의 단백질 제작소인 리보솜이다.

이쯤에서 유전자가 단백질을 만드는 과정을 살펴보자. 숙주의 게놈 안에 있는 DNA 유전자가 작동하라는 명령을 받는다. 전선 케이블을 풀 듯 단백질이 이중나선을 풀면 DNA 사슬은 두 가닥으로 분리된다. 또 다른 단백질이 암호가 붙어 있는 한 가닥 사슬에서 ATG 세 개의 문자들이 연달아 있는 곳에 단단히 고정된다(다른 한 가닥은 일종의 거울 기능만 수행한다).

ATG는 메티오닌이라는 아미노산을 만드는 염기 코돈이지만 유전자의 시작을 표시하는 '시작 코돈'이기도 하다. 이 코돈에서부터 기계적으로 아물리며 DNA는 RNA 분자로 복사되는데 이때는 같은 암호가 아니라 짝을 이루는 암호로 복사된다. 이를테면 DNA의 ATG 코돈을 RNA는 UAC로 읽는다.[5] DNA 복사 과정을 완수한 외가닥 RNA 분자는 유전자 정보를 품은 채 떨어져 나오는데 이것이

편의상 mRNA라고 부르는 것이다. 리보솜은 바로 이 mRNA라는 사본을 가져와 한 번에 한 문자씩 야금야금 삼킨다. 리보솜이 세 개의 문자로 된 하나의 코돈을 읽어내면 각 코돈에 정해진 아미노산이 세포 한복판에서 리보솜으로 배달된다. 리보솜은 읽어 들인 코돈의 순서대로 배달된 아미노산을 서로 연결하여 단백질을 만든다. 이렇게 만들어진 단백질이 다시 세포로 방출되고 각자의 역할을 수행할 자리로 파견된다.

생명의 활동적인 부분들이 대체로 그렇듯 리보솜도 몇 개의 부분으로 이루어져 있다.[6] 리보솜의 미세한 부분들은 스스로 좌우로 흔들리며 제자리를 찾기 때문에 소위 DIY 가구보다 훨씬 더 쉽게 자가 조립된다. 그런데 여기서 매우 흥미로운 점은 리보솜을 구성하는 부분들의 절반 이상이 단백질이 아니라 RNA라는 사실이다. 여러 겹으로 접힌 기다란 RNA 가닥들이 단백질들과 결합하여 작동 가능한 리보솜을 구성하는데 이 RNA 가닥들이 리보솜 안에서 마치 단백질처럼 기능을 수행한다. 이러한 유형의 RNA 분자들 덕분에 우리는 정보와 기능 두 가지를 손에 넣게 되었다.

초창기 지구에서 DNA보다 RNA가 먼저 있었다고 가정하면 DNA와 단백질의 딜레마—DNA가 문자를 암호화한 것이 먼저냐, 단백질이 DNA를 만든 것이 먼저냐—는 사라진다. 이러한 개념을

---

5) RNA는 티미딘(thymidine, 티민에 디옥시리보오스가 β-결합한 구조-옮긴이) 대신 우라실(uracil)을 이용한다. 메틸기라고 하는 작은 분자 덩어리의 여부에 따라 메틸기가 있으면 티미딘이고 없으면 우라실이다. 따라서 우라실은 DNA 메틸화 여부를 구분하는 표시로도 이용된다.

6) 예를 들어 우리 몸 구석구석으로 산소를 나르고 실제로 피를 붉게 보이게 만드는 헤모글로빈은 한 개의 철 원자에 글로빈이라고 하는 네 개의 단백질이 결합된 형태다.

'RNA 세계 가설(RNA World hypothesis)'이라고 한다. 이로써 우리는 어느 쪽이 먼저인지 따질 필요도 없이 닭과 달걀의 딜레마를 해결할 수 있게 되었다. 머나먼 옛날 화학물질에 불과하던 것이 생물적인 것으로 변하는 어느 시점에 센트럴 도그마는 'DNA가 RNA를 만들고 RNA는 단백질을 만든다'가 아니라 그냥 간단하게 'RNA가 만드노라'였던 것이다.

생명 복제의 진실

NNNNNNUGCUCGAUUGGUAACAGUUUGAA
UGGGUUGAAGUAU—GAGACCGNNNNNN

위 문자들 중 어딘가 가족처럼 닮은 구석이 보이는가? 이것은 효소 기능을 하는 RNA인 R3C로서 스크립스 연구소의 제리 조이스와 트레이시 링컨(Tracey Lincoln)에게는 자식과도 같은 존재다. 진화유전학이 현재 인간 유전자에 있는 미묘한 변화를 추적하기 위해 다윈설에 입각한 과거의 복제기를 재구축하는 과정이라면 그 과정의 맨 마지막에 R3C가 있을 것이다.

정보와 복제가 최초로 등장한 세계에서 이 두 마리 토끼를 한 번에 잡은 사냥꾼이 RNA라면 R3C라는 이 간단한 RNA 조각이 그 주인공일 것이다. 위 문자들은 표준 RNA이며(N은 와일드카드로서 이 자리에는 A, C, G, U 네 개의 염기 중 어떤 것이라도 올 수 있다) 두 부분으로('—'

로 구분) 이루어져 있다.

시험관 안에서 R3C는 실 핀처럼 접힌 모양을 한다. R3C의 기능은 두 부분이 서로 연결되면서 자신의 거울상을 만드는 것이다. 이렇게 만들어진 거울상은 본래 상을 얻기 위해 가까이 밀착되면서 새로운 복사본을 만들어내고 또다시 거울상이 만들어진다. 이 과정은 복제를 유도하는 화학 반응에 필요한 성분들이 공급되는 한 하염없이 계속된다. 몇 시간이면 수억 개의 분자가 복제될 수 있다.

R3C는 일종의 원시 유전자로 DNA가 아닌 RNA로 이루어진 유전자다. 조직과 뼈를 만들거나 다른 유전자에게 할 일을 지시하는 단백질들을 만들기 위한 기능과 정보를 갖고 있는 현재 우리의 유전자와 달리 R3C가 운반하는 정보는 한마디로 '스스로를 복제하라'다. DNA는 다른 수단의 도움을 받지 않으면 스스로를 복제하지 못한다. 하지만 R3C는 어떤 도움도 필요로 하지 않는다. R3C가 '스스로를 복제하라'는 유일한 명령만 갖는다는 사실은 오늘날 유기체에게는 그다지 유익하지 않다. 하지만 유전이라는 특징이 어디에선가 시작되어야만 했다면 이론적으로 최초의 유전자와 닮은 것—복제기—에서 시작되었을 것이다.

기능을 갖고 있는 RNA를 리보자임(ribozyme)이라고 한다.[7] 이중 기능을 수행하는 이 간단한 분자 안에는 많은 과학자들이 생명의 기본 수칙으로 인정하는 복제와 정보가 동시에 존재한다. 조이스는 리보

7) RNA의 리보(ribo)와 효소(enzyme)의 자임(zyme)이 합쳐진 리보자임은 생물학적 반응에 촉매 작용을 하는 단백질이다. 리보자임과 유사한 특성을 갖고 있는 리보솜이라는 단어와 비슷해서 좀 헷갈리지만 간단하게 말하자면 리보자임은 기능성 RNA다.

자임을 '화학이 생물학으로 바뀌기 시작하는 지점이고 생물학 이외의 분야에서 최초로 불멸성을 갖게 된 분자상의 정보'라고 생각한다.

생물학에서는 리보자임을 가장 작은 정보의 단위로 여기는데 컴퓨터 용어로는 1비트(bit)에 해당한다. 하지만 리보자임은 자기 자신을 복제하는 과정을 촉진하기 때문에 시험관 안에서도 일종의 진화론적인 '선택'을 한다. 처음에 조이스의 실험은 충실도를 충족했다. 리보자임이 완벽하게 스스로를 재생산한 것이다. 하지만 진화는 복사 오류를 필요로 하며 조이스도 말했듯이 "완벽하면 지루하다." 그래서 조이스의 팀은 시험관에 결함, 즉 일종의 부정행위를 끼워 넣었다. 각각의 사본이 부분적으로 다르게 나오도록 잘못된 철자를 배열한 것이다. 이로써 조이스는 다윈의 선택, 즉 변이가 일어날 기반을 깔아준 셈이었다. 이렇게 결함이 있는 RNA 분자들이 담긴 공간에서 훌륭하게 스스로를 복제하는 분자들이 지배적인 형태로 나타난다. 이 분자들은 조이스가 제공한 적절한 조건과 원료 이외의 다른 도움은 전혀 없이 생명이 관여하지 않은 자연 선택을 겪은 것이다.

이는 유전 암호의 기원을 밝히기 위한 접근법으로는 꽤 영리한 방법이다. 여기서 사용된 실험용 리보자임이 천연 상태의 리보자임은 아니지만 아주 일부분만 조작된 리보자임인 것은 사실이다. 1990년대에 데이비드 바텔(David Bartel)과 잭 쇼스택은 DNA와 단백질 이전에 RNA의 세계가 있었다는 이론에 훌륭한 활력소가 될 기술을 개발했다. 이들이 개발한 기술로 기능성 리보자임은 적어도 부분적으로나마 스스로를 창조할 수 있게 되었다.

'원숭이와 타자기'라는 전설적인 이론과 비슷한데 많은 원숭이들이 타자기를 두드리면 언젠가 그중 한 마리는 셰익스피어의 소네트 한 구절을 치게 된다는 이론이다. 바텔과 쇼스택은 한쪽 끝의 짧은 구간은 동일하되 그 다음 200개의 문자는 무작위로 연결된 수조 개의 RNA 사슬들을 한 공간에 담았다. 수조 개의 가능한 조합 중 그들이 발견하고자 하는 것은 그야말로 정말 우연히 자신과 똑같은 RNA 분자를 붙일 수 있는 능력을 가진 분자였다.

두 사람은 꼬리표를 붙인 RNA 미끼를 수조 개 임의의 분자들이 들어 있는 공간에 넣고 어느 것 하나라도 걸리길 바라며 낚시질을 했다. 원숭이와 타자기 이론에 비유하자면 원숭이들이 두드린 수조 개의 텍스트 가운데 '사랑스러운 오월의 꽃망울이여(Darling Buds of May, 셰익스피어의《소네트*Sonnet*》한 구절-옮긴이)'라는 구절을 찾으려는 것과 같다. 그 정도쯤이야 뭐가 어렵겠느냐는 생각이 든다면 다시 생각해보길 바란다. 수조 개의 분자들 모두가 철저히 무작위적 배열이었다는 점, 게다가 두 사람은 말 그대로 아무런 의미도 없는 배열에서 의미를(이 경우에는 기능을) 찾고 있다는 점을 말이다. 바텔과 쇼스택은 RNA 분자가 모여 있는 곳에서 정확히 그 기능을 갖고 있는 분자를 20조 개당 1개꼴로 찾아냈다.

원숭이와 타자기 실험은 그야말로 무작위적인 실험이면서 동시에 아주 어마어마한 횟수가 쌓이면 패턴(또는 시의 한 구절)을 얻게 된다는 점을 강조한 실험이다.[8] 진화는 결코 무작위적이지 않다. 유전 암

8) 2003년 플리머스 대학의 연구원들이 아주 작은 규모로 이 이론을 실험으로 검증했다. 여섯 마리의 마카크 원숭이가 있는 우리에 한 달 동안 타자기를 놓아두었다. 그 결과 주로 알파벳 'S'로만 가득 찬 타이프 용지 다섯 장을 얻었다. 하지만 원숭이들은 키보드를 두드리기만 한 게 아니었다. 오줌과 똥을 싸서 결국 망가뜨리고 말았다.

호에서 변이는 전적으로 우연히 일어날 수 있겠지만 선택은 (자연적이든, 창조자의 손을 빌리든) 전혀 우연이 아니다.

바텔과 쇼스택은 자기들만의 방법으로 변이를 일으키되 효과가 있는 변이들이 선택되게 함으로써 생물학적 진화를 제대로 재현했다. 자연계에서와 똑같이 두 사람은 실험을 되풀이했다. 하지만 이번에는 이미 RNA 연결 능력이 있다고 입증된 리보자임만을 이용했다 (좀 억지스러운 비유가 될지 모르지만 가령 원숭이들이 미친 듯이 키보드를 두드리기 전에《소네트》의 첫 구절을 알려주는 것과 비슷하다).

RNA를 연결할 수 있는 리보자임으로 10회에 걸쳐 실험한 결과, 이 리보자임은 RNA 연결 기능을 겨루는 매우 혹독한 경쟁에서 몇 백만 배나 더 월등한 점수를 얻었다. 바텔과 쇼스택이 투여한 리보자임은 아무리 효능을 높게 쳐줘도 천연 리보자임이 발휘하는 효과의 $1/10^4$ 정도밖에 안 되는, 그저 자양강장제 한 방울 수준에 불과했다. 그것으로는 대단한 효과를 기대하기 어려웠다. 하지만 생각해보라. 우리는 아무것도 없었던 세계, 머지않아 더 능률적이고 효과적인 DNA와 단백질로 대체될 운명이었던 덧없는 RNA 세계에 놀라운 기능이 도입되는 장면을 바라보고 있는 것이다.

요약하건대, 이 실험들은 생명보다 더 근본적인 것을 창조해보려는 시도들이다. 지금으로써는 리보자임이 단백질이나 DNA를 필요로 하지 않는 최초의 유전자라는 사실에 반론의 여지가 없지만 실제로 확인할 길은 없다. 리보자임은 지금도 자연계에 존재한다. 하지만 만약 자기복제가 가능한 RNA 분자가 최초의 유전자라면 이들은 30억 년 이상 멸종 상태에 있었고 지금 우리는 기록으로 남아 있지 않은 사멸한 언어를 부활시키려는 실험을 하고 있는 것과 다름없다.

영국 케임브리지 대학의 분자생물학연구소(Laboratory of Molecular Biology)는 소위 '노벨상 제작소'로 통한다. 가장 인기 있는 분야의 노벨상 가운데 무려 열아홉 개의 메달이 이 건물에서 연구한 과학자들에게 수여되었다. 필립 홀리거(Philipp Holliger)도 이곳에서 잃어버린 RNA 세계를 탐험하고 있다. 그의 팀 역시 시험관 진화를 이용해 원시 유전자로 여길 만한 또 다른 후보들을 찾고 있다. 이들은 요행을 조금 더 줄이기 위해 고작 1,000만 개의 변이를 함유하고 있는 액체에서 시작했다. 대신 기름과 자석 구슬이라는 약간의 마법 같은 기술을 가미하여 RNA를 더 많이 생산하는 리보자임을 선별했다. 이 리보자임은 스스로를 복제하지 않지만 홀리거 팀은 이를 교묘하게 조작하여 '망치머리 리보자임'이라는 독특한 별명을 가진 완전 다른 리보자임을 만들었다.[9] 지금까지 홀리거 팀의 리보자임으로는 염기 100개짜리의 새로운 RNA 분자들만 만들 수 있다고 알려져 있다. 리보자임치고는 꽤 짧은 편이며 오늘날 일반적인 유전자와는 거리가 멀지만 꾸준히 연장하고 있는 중이다.

이제 화학 물질에서 정보의 기원을, 더 정확하게 말하자면 정보 복제의 기원을 설명할 그럴듯한 모델들을 갖추었다. 이는 생명의 품질 보증 마크나 다름없다. 조이스와 홀리거의 리보자임이 놀라운 까닭은 자발적으로 기능한다는 사실 때문이다. 조이스의 리보자임은 스스로를 복제하고 홀리거의 리보자임은 매우 다른 것을 복제한다. 이

9) 망치머리 리보자임은 다수의 바이러스나 단세포 생물에서 발견된다. RNA가 3차원 구조로 접히며 배열된 데서 별칭이 붙었는데 실제 그 머리 부분이 망치와 거의 똑같이 생겼다.

제 남은 목표는 둘을 모두 복제하는 돌연변이 리보자임을 만들어내는 것이다.

유전학의 시작

아직은 멈출 때가 아니다. 조금 더 과거로 거슬러 올라가보자. 모든 유전자 암호와 마찬가지로 리보자임도 정보를 담고 있는 네 개의 문자를 갖고 있다. A와 (DNA의 T 대신) U, C와 G를 갖는다. LUCA도 이 문자를 가지고 있었다고 가정한다면 설령 그런 가정이 역사적 기록을 바탕으로 최대한 멀리 거슬러 올라간 것이라 해도 어쨌든 이 완벽한 암호가 등장한 방식에 대한 기록은 없다. 이것이 언어의 진화와 다른 점이다. 언어의 경우 철자와 의미는 다르지만 이전 형태들이 역사적 기록에 남아 있다. DNA와 RNA의 문자 획득은 생명의 기원을 이해하는 데 매우 결정적인 사건이다. 이들이 네 개의 문자를 동시에 획득했다는 개념보다 한 번에 하나씩 연속적으로 획득했으리란 개념이 더 설득력 있어 보인다. 문자들을 차례로 삭제하는 방법으로 이 개념을 검증해볼 수 있다.

스크래블(scrabble, 단어 철자를 바꾸는 말맞추기 놀이-옮긴이) 게임에서처럼 어떤 문자는 다른 것에 비해 더 중요하게 여겨진다. G와 결합하는 시토신(C)은 온도가 너무 높거나 낮을 때 제일 먼저 허물어지는 A나 T가 함유된 암호 조각보다 훨씬 더 안정적이다. 그 밖에도 RNA에서 문자들은 DNA 나선형 사다리의 말끔하고 정연한 가로장들과는 약간 다른 방식으로 짝을 이룬다. '흔들리는 염기쌍(wobble pairing)'이라는 다소 앙증맞은 이름으로 불리는 이 결합 덕분에 RNA는 고리 모양으로 접히고 포개지면서 자가 복제 능력을 갖는다. C가 없을 때에도 염기들은 정상적으로 짝을 이루며 '흔들리는 염기쌍'의 형태도 유지한다.

제리 조이스와 제프 로저스(Jeff Rogers)는 배열상 무작위로 변이를 갖고 있는 리보자임이 무수히 많은 공간에서 시티딘(cytidine)과 유사성은 거의 없지만 여전히 두 개의 RNA 분자와 결합할 수 있는 미끼로 시티딘이 함유되지 않은 리보자임을 반복적으로 낚음으로써 진화를 유도했다.[10] 실질적으로 두 사람은 후손들의 특정한 형질을 이종교배한 셈이다. 여기서 형질은 동물이나 식물 안에 있는 해로운 것이 아니라 문자 C이며 후손들은 140개의 문자로 이루어진 리보자임이다. 이와 같이 필요한 문자의 4분의 1이 결핍된 상태에서 두 사람은 결합 기능을 효과적으로 보유한 리보자임을 번식시켰다.

자, 정리해보자. 네 개의 문자 중 하나를 제거했고 그럼에도 생물학적 분자들은 여전히 잘 작동한다는 사실이 입증되었다. 이제 다음 실험은 무엇일까? 조이스의 접근법은 너무 뻔했지만 대단했다. 단 두 개의 암호 문자만으로 리보자임을 생성하는 것이었다. 당연히 기능은 닮았으되 다른 문자들, 이 경우에는 D와 U라는 문자들로 리보자임의 진화를 유도하는 실험이 진행되었다. 이들이 번식시킨 리보자임은 네 개의 문자들을 모두 갖는 리보자임보다 활성이 현저히 떨

10) 시티딘은 시토신에 리보오스 당이 결합된 형태를 일컫는다. 리보오스 당은 사다리 기둥에 연결된 가로장이다.

어졌다. 그럼에도 불구하고 문자를 두 개로 제한한 리보자임도 활성이 있는 생물학적 도구로서의 기능은 그대로 갖고 있었다. 어쩌면 제한적인 문자를 갖고 있는 리보자임 분자들이 오히려 뜨거운 시생대의 물속에서는 유리했을 수도 있다. 왜냐하면 C를 포함하고 있는 접힌 연결 구조가 높은 온도에서 자멸했을지도 모르기 때문이다.

비록 유전자가 탄생할 때 실제로 벌어진 일을 알 수는 없지만 이와 같은 영리한 실험들을 통해 벌어졌음 직한 일을 짐작할 수는 있다. 또한 현재 생명체가 이용하는 문자보다 훨씬 제한적인 하나의 문자만으로도 진화가 진행될 수 있음을 알 수 있다. 이로써 암호화된 유전자 복제의 기원을 밝힐 수 있는 든든한 발판, 즉 유전학이 구축된 셈이다. 정보를 저장하고 복제하는 능력이 생명을 정의하는 특성 중 하나라면 이처럼 복잡한 시스템이 어떻게 시작되었는지를 모르고서는 생명의 기원을 이해하기 어렵다. 그 시스템이 40억 년 전에 벌어졌음 직한 일과 얼마나 유사할지는 단언할 수 없다. 적어도 실험실이 초창기 지구의 지저분한 화학 물질 웅덩이보다 훨씬 더 고급 재료들과 설비를 갖추고 있다.

생명의 기원을 연구하는 데 명심해야 할 점은 우리가 해답을 알고 있다는 사실이다. 그 해답은 바로 생명이다. 해답에 이르는 믿을 만한 경로를 찾는 것, 그것이 바로 우리의 숙제이며 이제 막 시작된 이러한 실험들에서 그 경로가 보이기 시작했다.

이렇게 탄생하였노라!

제리 조이스가 제조한 수액에서 리보자임이 스스로를 복제하고 변이를 만들도록 하기 위해서는 먼저 재료를 공급해주어야 했을 것이다. 시생대 지구는 살균된 유리 기구들과 화학회사에서 구입한 정제된 화학물질이 구비된 깨끗한 실험실과는 거리가 멀다. 조이스의 리보자임은 최초 유전자들을 설명하는 그럴듯한 메커니즘과 수십억 년 동안 살아남은 기본적인 언어가 무엇이었는지를 보여준다. 이 언어의 문자들이 바로 RNA 염기다. 따라서 이제 다음 질문은 '이 문자들이 어디서 왔느냐?'는 것이다. 이 문자들은 생명의 암호를 담고 있다는 점에서 가볍게 보아 넘길 수 없는 분자들이다. 물론 복잡하기 때문에 가볍게 보기도 힘들다.

이들을 복잡한 분자로 여기는 데는 적어도 두 가지 근거가 있다. 첫째, 유전자 암호의 문자들은 여러 가지 종류의 단백질들이 연루된 복잡한 생물학적 경로를 거치며 만들어진다는 점이다. 물론 세포들은 분신을 만듦으로써 존재를 영속시키는 대사 과정을 진화시켰기 때문에 태연하게 유전자 암호들을 만들어낸다. 우리는 경외심으로, 때로는 두려움으로 이 과정들을 지켜보면서 실험에 실험을 거듭하여 조심스럽게 그 원리를 밝히고 있다. 세포에서 염기들을 만들어내는 대사 과정은 무수한—지금까지 알려진 것 중 가장 엄격하고 끈질기며 냉혹한—반복을 통해 진화했다. 하지만 이 복잡한 화학 작용들이 생명의 계통수의 씨앗보다 먼저 일어났다면 그렇게까지 정교한 대사 과정을 통하지 않고도 가능했을 것이다.

그렇게 본다면 유전자 암호를 구성하는 문자들의 화학적 구조는 단지 우리 눈에 복잡해 보이니까 복잡할 뿐이다. 순환논법처럼 들린다면 두 번째 근거를 생각해보자. 생명의 문자들이 복잡한 분자처럼 여겨지는 두 번째 이유는 문자들의 구조를 화학적으로 합성하기 어렵기 때문이다. 세포가 문자를 합성하는 과정이 난해해 보이므로 그 과정을 복잡하다고 여기고 그 와중에 합성 과정을 재현하려니 쉬울 턱이 없다. 이 염기들은 정확한 방식으로 나열되어야만 작동 가능한 리보자임을 만들 수 있는데 수십 년 동안 여러 화학 실험실에서 이 일이 만만치 않다는 사실을 입증했다.

재료 공급도 중대한 문제점이다. 자가 복제가 가능한 제리 조이스의 리보자임을 만들기 위해서는 70여 개의 다양한 RNA 염기들을 공급해야 하는데 그나마도 만들려는 목표물을 정확히 알고 있어야 가능하다. 수백만 개의 임의의 분자들이 담긴 곳에서 하나의 리보자임을 얻으려면 수십억 개의 염기가 필요하다. 게다가 리보자임이 스스로를 복제하기 시작하면 필요한 염기의 수는 기하급수적으로 늘어난다.

염기 100개짜리 리보자임 하나를 10회 복제하려면 1만 개 이상의 염기를 함유한 풀(pool, 재료를 담는 일종의 시험관-옮긴이)이 필요하고 이 실험을 100회 하려면 10^{30}개의 염기를 함유한 '풀'이 필요하다. 회차마다 염기 '풀'의 농도가 줄어든다는 점을 감안하면 반복 실험은 더욱 고달파진다. 알파베티 스파게티(Alphabetti Spaghetti, 알파벳 모양의 스파게티 면-옮긴이) 한 접시에서 철자법이 맞는 단어를 찾는다고 생각해보자. 몇 개의 문자들을 연결하고 나면 더 많은 단어를 찾기가 힘들어진다. 철자법이 맞는 새 단어를 찾기 위해서는 꾸준히 알파베티 스파게티를 접시에 쏟아야 한다. 어쩌면 하인츠(Heinz) 공장의 생산 라인을 통째로 쏟아 부어야 할지도 모른다.

이와 같이 자가 촉매로 작용하고 자가 복제가 가능한 리보자임을 얻기 위해 더 근본적인 문제를 해결해야 한다. 생명이 없는 배아 상태의 지구 어느 곳에 그 재료들이 있었을까? 다시 말해 생화학자의 도움이 없었다면 어떻게 이 문자들이 자연발생적으로 형성되었을까? 실험실에서도 그토록 어려운데 말이다! 이 질문은 RNA 세계에 대한 가설이 제시되고서도 거의 40년이 지나도록 해결하지 못했다.

만약 DNA가 꼬인 사다리 구조라면 이 구조의 핵심적인 뼈대는 가로장과 기둥이다. 외가닥 사슬인 RNA는 사다리를 세로로 자른 것과 같다. 각각의 문자들이 연결되어 유효한 분자를 만들려면 반드시 사다리 기둥과 연결되어야 한다. 이렇게 기둥에 문자를 연결해주는 세 번째 성분이—인과 산소 원자가 결합된—인산염이다.

한편 기둥은 여러 가지 형태의 당 분자들로 이루어져 있으며 RNA의 기둥은 리보오스(ribose)라는 당으로—RNA의 R은 바로 리보오스의 약자—이루어져 있고 DNA의 기둥은 디옥시리보오스(deoxyribose)라는 당으로—DNA의 D는 디옥시리보오스의 약자—이루어져 있다. 산소 원자 하나를 제외하면 두 당은 똑같다. 각각의 당 분자는 A, C, G, T(RNA에서는 U) 하나씩과 연결되어 있는데 당 분자들이 층층이 쌓여 사다리의 척추, 즉 기둥을 형성한다. DNA에서는 두 개의 기둥이 쌍을 이루고 RNA에서는 한 가닥의 기둥만 있다. 이 당 분자들은 모양에 따라 행동이 달라진다.

우라실을 예로 들어보자. 우라실은 작은 육각형 모양의 원자로 축구공의 가죽 조각들처럼 오각형인 리보오스 당 하나와 연결되어 있다. 이 두 분자가 인산염으로 연결되어 RNA의 가로장 하나를 만든다. 그리고 인산염으로 결합된 다른 염기들과 연결되면서 유전자 암호 조각을 이룬다. 간략하게나마 이 지루한 화학 구조를 설명한 까닭은 생명을 새롭게 재창조하는 일이 얼마나 까다로운 일인지 알려주기 위해서다. 이처럼 한 치의 오차도 없이 정확한 구조를 이루고 있어야만 살아 있는 세포의 부분으로 작용할 수 있는데 분자들이 배열되는 방식은 이외에도 여러 가지가 있다. 원자 하나가 자리를 잘못 잡으면 분자도 엉뚱한 곳에 달라붙게 되고 그렇게 되면 생명은커녕 DNA도, RNA도 없다.

문제는 세포 안에서 생물학적 화학작용은 저절로 일어나지만 그것을 재현하기 위해서는 상당히 고된 노력이 필요하다는 점이다. 우리는 세포들이 이러한 분자들을 제조하는 메커니즘을 꼼꼼하게 관찰하고 정밀하게 분석할 수 있지만 이왕 생명의 기원을 밝히겠다는 목표를 세운 이상 분자들의 제조 공장인 세포가 존재하기 이전에 어떻게 이 분자들이 합성되었는지를 밝히는 것이 마땅하다. 세포라는 제조 공장 밖에서 당(糖)과 우라실을 결합시키기란 여간 고통스러운 일이 아니다.

화학은 아주 오래된 과학이다. 화학에서 '합성'은 새로울 것이 전혀 없다. 복잡한 분자를 합성하는 일은 대개 한 번에 하나씩 돌을 층층이 쌓아 건물을 짓 듯 이루어진다. 유난히 더 어려운 단계도 있고 때로는 원자들을 살살 꼬드겨서 더 쉽게 결합될 수 있는 곳을 피해 우리가 원하는 자리에 결합시켜야 할 때도 있다. 다정하게 구슬리면 마지못해 하는 두 원자들을 서로 연결시킬 수도 있다. 하지만 RNA에 필요한 우라실 고리와 당 고리를 결합시킬 때는 이런 단계별 화학 합성법이 아무 소용이 없다. 두 개의 고리가 서로 연결되기를 아주 못마땅해하기 때문이다.

존 서덜랜드(John Sutherland)와 그의 팀도 케임브리지 대학의 분자생물학 연구소 소속이다. 서덜랜드는 이 문제를 꽤 대담하게 접근했다. 적어도 화학의 정론에서 보면 대담하다. 2009년 서덜랜드와 그의 팀은 완전히 다른 경로를 선택함으로써 장애물을 우회하는 데 성공했다.[11] 전통적인 합성법은 두 가지 성분—리보오스 고리와 우라실 고리—을 개별적으로 생산하는 것이다. 왜냐하면 두 공정 모두에서 불필요한 성분이 생산되기 때문이다. 즉 이 둘을 섞는다면 우라실은커녕 적지 않은 당과 기타 잡다한 성분들이 섞인, 말 그대로 화학적인 곤죽이 생성될 뿐이라고 추측했던 것이다.

이 문제를 해결하기 위해 서덜랜드는 단계적 경로로 곤죽이 되리라는 편견은 무시하고 처음부터 성분들을 한데 섞기로 결정했다. 이 기법을 '시스템 화학(systems chemistry)'이라고 하는데 쉽게 말하면 복잡한 분자의 부분들을 차례로 조립하고 각 단계가 끝나면 불순물을 제거하는 대신 모든 성분들을 한꺼번에 섞는 방법이다. 어떤 면에서는 어린 지구에 존재했을 법한 성분들을 한데 섞고 제법 많은 아미노산을 생산했던 1950년대 스탠리 밀러의 실험과 비슷해 보인다.

---

11) 이 연구는 서덜랜드가 스무 명의 수상자를 배출하며 노벨상 제조소로 유명해진 맨체스터 대학에 있을 때 실시되었다.

하지만 단지 결과물을 확인하기 위해 성분들을 그저 마구 섞은 실험이 아니라는 점에서 서덜랜드의 실험은 명백히 다르다. 서덜랜드의 방법은 어린 지구의 환경을 그대로 투박하게 설계하여 우라실을 생산하는 것이다. 논문 제목에 '그럴듯한'이라는 말을 쓰는 과학자들은 거의 없지만 서덜랜드의 논문 제목인 '생명이 출현하기 이전의 그럴듯한 조건(prebiotically plausible conditions)'에는 그보다 더 잘 어울리는 단어는 없을 듯하다.

앞장에서 나는 원시 수프라는 개념을 무시했었다. 화학적인 곤죽에서 자립 가능한 생명 시스템이 발생할 수 있다는 개념은 근본적으로 설득력이 매우 떨어지기 때문이다. 하지만 서덜랜드의 방법은 생명체를 이루는 성분을 만들기 위한 메커니즘, 이 경우에는 유전자 언어를 생성하는 메커니즘을 다루므로 원시 수프와는 차이가 있다.

서덜랜드의 접근법은 '복잡성이란 보는 사람의 생각에 달린 것'이라는 그의 표현으로 요약되듯 효과가 있었다. 우라실이 생성된 것이다. 그의 근거는 이렇다. 화학 실험실의 도움이나 세포의 교묘한 생물학적 기교가 없던 과거 어느 시점엔가 그 일은 틀림없이 일어났다는 것이다. 이 새로운 경로는 그 자체로 매우 중대한 의의를 갖지만 꼼꼼한 화학광들이 채워야 할 빈자리도 약간 남아 있다. 생성된 당을 채워 넣어줄 인산염이라는 중요한 양념이 없음에도 두 고리가 연결되어 우라실을 생산했다는 사실이 밝혀졌기 때문이다.

그럼에도 불구하고 이 접근법은 과학에 임하는 마음가짐에 중대한 점을 시사한다. 서덜랜드의 생각은 다소 급진적이다. 그의 팀은 최초로 초창기 지구의 화학적 조건을 그대로 재현하지 않고도 우라실을 합성할 조건을 생각했고 바로 그 조건이 암호가 생성되는 화학적 웅덩이였을 가능성이 크다고 가정했다. 무엇보다 우리는 초창기 지구에서 벌어진 일의 결과를 알고 있다. 재현하기 어렵든 말든 상관없이 어쨌든 그 일은 일어났다. 우라실과 유전 암호를 구성하는 모든 요소들은 어디선가 어떻게든 창조되었다. 그 창조를 재현할 수 있다면 초창기 지구 모습에 대해 더 많이 알게 될 것이다.[12)]

복잡한 분자를 비생물학적으로 창조하는 일이 어렵다는 편견은 2008년 또 한 번 깨졌다. 임페리얼 칼리지 런던의 지타 마틴스(Zita Martins)가 머치슨 운석에서 우라실을 분리하는 데 성공했다. 1969년 오스트레일리아 빅토리아 주 머치슨에 떨어진 100킬로그램짜리 운석은 엄청난 크기 때문에 지금까지도 꼼꼼하게 분석되고 있다. 크다는 것은 그만큼 유효한 물질들을 많이 함유하고 있다는 의미다. 탄소가 풍부한 이 운석은 우주에서 날아온 암석이 비록 많은 양은 아닐지라도 특정한 화학 성분들을 지구로 운반했을 것이라고 주장하는 우주생물학자들에게 특히 더 관심을 받고 있다.

다른 염기들과 아미노산들이 발견된 운석들도 있는 데다 마지막 운석 대충돌기 동안 이러한 돌들이 우주에서 폭우처럼 쏟아졌다는 점을 감안하면 운석은 상당히 설득력 있는 공급원이었을 것이다. 우주 어딘가에 우라실이 존재한다는 사실은 우라실의 합성이 가능한

---

12) 서덜랜드의 합성에도 종결부가 있다. 그의 팀은 혼합물에 자외선을 조사하면 우라실의 생산량이 두 배로 늘어나고 일부 부산물들이 분할되는 효과가 있음을 발견했다. 지구의 자외선은 태양에서 오는데 태양계가 젊었을 때는 지금보다 훨씬 더 강력했을 것이다. 물론 젊은 지구의 조건이 그러했다는 점은 시생대의 화학반응에는 그럴듯한 보충제였겠지만 자외선은 합성이라는 개념을 적어도 한 지역에 국한시킬 뿐이다. 실제 자외선의 도움으로 우라실이 합성되었다면 그 장소는 지구 표면이었을 것이다.

일이었음을 또 한 번 보여준다. 인간이 합성하기 힘들든 말든 상관없이 말이다.

편견을 깨기는 힘들지만 과학에는 정론이 없다. 서덜랜드는 이 새로운 경로를 제안하면서 성분들이 동시에 형성되었다는 그의 주장을 헐뜯고 화학적인 혼합액에서 유래한 것이 아니라 점진적이고 단계적으로 합성된 것이 분명하다며 전통적 입장을 고수하는 주류 화학자들로부터 상당한 비판을 감수해야 했다. 그는 그러한 비판을 두고 각 성분들이 하나로 합쳐질 것을 대비해 창조되었다는 '마른 뼈들(Dem Dry Bones)' 모델이라며 웃어넘긴다. "발뼈가 다리뼈에 붙었노라. 그렇다면 종아리는 어떻게 진화했을까요? 물론 이미 만들어진 발과 다리가 연결되어…… '놀라운 주의 말씀으로 만들어졌노라!'라는 식이죠."('마른 뼈들(Dem Bones)'이라는 용어는 기독교 찬송가의 한 구절로 여호와가 마른 뼈들에 생기를 불어넣어 뼈들이 서로 연결되었다는 내용을 담고 있다.-옮긴이)

이러한 실험들이 생명을 위한 보편적인 언어의 출현이라는 문제를 해결한 것은 아니지만 더 그럴듯해 보이는 경로를 제시한 것만은 분명하다. 생명의 언어는 자연의 설계를 보여주는 놀라운 하나의 예다. 생명이라는 신비로운 세계를 암호화하는 능력뿐 아니라 천연 완충제까지 보유하고 있어서 너무 급진적이지 않게 진화를 촉진하니 얼마나 놀라운가!

이제 우리는 이 암호가 어떻게 등장했는지를 파악했다. 기본적인 화학 물질에서 생명의 언어를 이루는 문자들이 만들어지는 신뢰할 만한 경로도 손에 쥐었고 유전자처럼 작동하고 스스로 복제를 촉진하는 간단한 RNA 분자도 확보했다. 또한 DNA가 더 견고한 정보 저장 장치로서 RNA 세계를 대체했으며 궁극적으로 유전자 암호가 출현할 수 있는 호의적 세계로 바꾸어 놓았으리라는 근거도 확보했다.

DNA가 RNA를 만들고 RNA가 단백질을 만들었다는 센트럴 도그마의 탄생에 얽힌 수수께끼는 이 도그마의 공식에서 RNA가 다른 역할, 즉 암호와 기능이라는 영웅 역할을 수행함으로써 부분적으로나마 해결되었다. 리보자임이 있는 한 유전자 복제기는 RNA만으로 조작이 가능하다. 이(그리고 모든) 중대한 기능을 수행하는 데 단백질은 필요 없다. 하지만 포괄적인 의미에서 닭과 달걀의 딜레마는 여전히 남는다. LUCA로부터 진행된 세포 내에서의 복제에는 에너지가 필요하다. 따라서 RNA 세계를 지탱하고 DNA 세계로 전환을 일으켜 우리가 알고 있는 세포와 생명이 만들어지기까지 반드시 에너지원이 필요했을 것이다. 포획되고 조작되어 세포가 하는 모든 일에 에너지를 공급하는 원천, 피에 굶주린 뱀파이어처럼 에너지에 굶주린 세포를 후원할 에너지원이 있어야만 했다. 자, 어느새 뜨겁고 깊은 물속에 이르렀다.

The Origin of Life

6장

창조의 재현

"말이 나왔으니 말인데 생명이란 얼마나 기묘한가!

세상 무엇과도 다르지. 보라고, 정말 그렇지 않나?"

-P. G. 우드하우스(Wodehouse),

《늙은 조지를 도와주자*Rallying Round Old George*》 중에서

인간은 문화의 산물이다. 인간은 발명하고, 만들고, 거래하고, 나누고, 배우고, 창조한다. 하지만 그보다 더 중요한 점은 이러한 활동들을 가족과 집단, 더 나아가 인간이라는 종 전반을 통해 주고받는다는 사실이다. 문화의 진화는 혈통을 경유하는 유전자 전달에 제한을 받지 않는다. 우리는 유전적 관련이 없는 다른 누군가로부터 지식과 기술을 습득할 수 있다. 초기 인간은 부싯돌을 다듬는 칼이나 뭉툭한 도끼머리 등 간단한 도구를 만들었다. 돌멩이로 홍합을 까는 수달에서 나뭇가지로 통나무를 파내어 오동통한 유충을 꺼내 먹는 까마귀에 이르기까지 도구를 이용하는 동물은 꽤 많다. 하지만 인간은 독특한 일을 하는 데 그치지 않고 '지속적으로' 그 일을 해왔다. 즉 문화를 '축적'해온 것이다.

인간은 수 세대에 걸쳐 부모에게서 자녀에게로 전달된 유전자의 합이자 인간에서 인간으로 전달되는 문화와 아이디어들의 총합이기도 하다. 어느 한순간 지금의 우리가 '짠' 하고 만들어진 게 아닌 이상, 이는 명백한 사실이다. 인간은 극적 전환을 가져온 순간이나 사건이 만들어지는 기막힌 순간들을 좋아한다. 로자 파크스(Rosa Parks, 버스에 흑인과 백인 자리가 구분되어 있던 시절, 백인에게 자리를 양보하지 않았다는 이유로 체포된 흑인 여인. 이 사건을 계기로 흑인 시민권 운동이 촉발되었다.-옮긴이)가 버스에서 자리를 양보하지 않고 버틴 일이나 무명의 중국 학생이 천안문 앞에서 탱크를 막아서는 일 같은 사건을 좋아한다. 상징적인 순간들이지만 이 순간들이 역사의 흐름을 설명해주지는 않는다. 삶은—당신의 삶도, 모든 생물의 삶도—단순히 사건들의 연속이 아니다. 삶은 당신이 경험한 모든 것의 축적이다.

생명의 시작도 이와 같다. 화학에서 생물학으로의 전환도 생명이 한 일들—먹고, 복제하고, 번식하고 등등—의 축적이다. 역사의 어느 시점에 지구에는 그저 화학 물질들만 있었고 시간이 흘러 또 어느 시점에 생명이 있었다. 과학에서 가장 흥미로운 질문은 '이 전환이 어떻게 일어났느냐?'다.[1)]

생명을 거꾸로 재구축하는 데는 수많은 재료가 필요하다. 헤아릴 수 없이 복잡한 이 문제에 간단한 해답을 찾는 일은 어쩌면 부질없을지도 모른다. 태초에 생명이 어떻게 발생했는지, 다음 또 그 다음에 어떻게 발생할 것인지는 전혀 다른 문제다. 하지만 생명의 기원이라는 문제를 풀기 위해 그럴듯하고 믿을 만한 시나리오 안에서 창조를

1) 심지어 죽음도 정의하기 어렵다. 생명을 정의하기 어려운 것과 같은 이유다. 죽음을 결정할 만한 중요한 사항들을 꼽을 수는 있다. 생명의 항목들과 반대되는 항목을 나열하면 된다. 호흡 상실, 심장 박동 정지, 신경계 작용 정지, 의식 없음 등. 하지만 뇌나 심장 혹은 의식 없는 대다수 생명체들에게 이러한 항목들은 전혀 쓸모가 없다. 의사들은 죽음을 선고하기 위해 체크리스트를 이용하지만 죽음은 그 자체로 하나의 과정이지 생명의 끝에 찍힌 마침표가 아니다.

재현해보아야 한다. 화학에서 생물학으로 전환 과정도 중요하지만 그 전환이 일어난 배경을 모르고서는 창조의 재현이 불가능하다.

'창백하고 푸른 점' 너머에도

인류는 어째서 암호도 하나, 메커니즘도 하나, 센트럴 도그마도 하나인 지독히 보수적인 생물학 시스템을 가져야만 했을까? 프랜시스 크릭은 DNA의 보편성을 일종의 '고정 사건'이라고 추측했다. 다른 대안들은 영구히 배제한 채 확고히 자리 잡은 효율적인 시스템이라고 본 것이다. 이 이론이 일단 자리를 잡자 이 새로운 생명체를 옹호하는 사람들이나 현존하는 생명을 본보기로 신속하게 경쟁 이론들을 물리친 사람들에게는 어떤 변화도 치명적이었을 것이다.

그렇다면 암호는 왜 고정되었을까? 여러 연구를 거듭한 결과 암호 고정은 결코 우연한 사건이 아니며 긍정적 변이와 해로운 변이가 성공적으로 진화를 시작할 수 있는 시점에서 네 개의 암호 문자와 스무 개의 아미노산 어휘들이 최적의 균형을 이루었다는 사실들이 속속 밝혀졌다. 여기에는 크릭도 깜빡 속아 넘어갔던 단순한 한 가지 이론이 있다. 즉 암호는 진화하지 않았다는 이론이다. 암호는 이미 기능을 갖춘 채 고정되어 다른 곳에서 이곳으로 배달되었다고 본 것이다. 이 경우 '다른 곳'이란 우주를 의미한다.

이것이 바로 '판스페르미아(panspermia, 범종설)' 가설이다. 생명의 기원을 다루는 이론치고는 과학적으로 좀 애매한 가설이다. 머나먼 과거 언젠가, 지구에 생명체의 씨앗이 뿌려졌고 그것으로부터 종이 진화하기 시작했다는 것이다. 커다랗고 둥근 머리, 싸늘한 회색빛의 호리호리한 몸, 두 발로 걷는 외계인의 이미지는 지우길 바란다. 판스페르미아 가설을 지지하는 사람들이 말하는 외계 생명체는 그렇게 복잡하지 않다. 박테리아와 비슷한 수준이거나 그보다 훨씬 더 단순한 형태이되 이 생명체는 세포의 구조를 갖고 있어서 시생대 지구에 널려 있는 모든 것들을 닥치는 대로 이용했을 것이다. 혜성이나 유성에 실려 온 생명체는 진화의 씨앗 역할을 하며 전염병처럼 지구를 감염시켰을 것이다. 성공적으로 지구에 착륙하자마자 이 씨앗들은 자유롭게 자연 선택을 통한 진화에 전념했으리라.

1973년 프랜시스 크릭은 레슬리 오르겔과 공동으로 생명의 씨앗이 외계로부터 유래했을 가능성뿐 아니라 그 씨앗이 지구로 배달된 데는 지적 생명체들의 개입이 있었다는 주장을 담은 논문을 발표했다. 두 사람이 판스페르미아라는 이름으로 설명한 이 가설에 매료된 가장 큰 이유는 유전자 암호의 기원에 대한 기존 이론들이 불충분했기 때문이다. 이 해괴하리만치 우스꽝스러운 논문은 우주 비행의 한계점들을 요란하게 떠들고 있을 뿐 아니라 신통한 예지력으로 태양계 너머 다른 행성들의 발견까지도 추측하고 있다. 당시에는 알려진 외계 행성이 전혀 없었지만 이 글을 쓰는 현재 인류가 발견한 외계 행성은 거의 1,000개에 달한다.[2)]

과학적으로는 별로 설득력도 없고 믿을 만하지도 않지만 판스페르미아 가설에도 매력이 전혀 없는 것은 아니다. 고요한 은하계에서 매년 3만 톤가량의 암석 파편들이 지구로 쏟아지고 있다. 다행히 이 파편들은 대기권에서 먼지로 분해된다. 해마다 시기를 잘 맞춰 하늘을 보면 유성우가 쏟아지는 광경을 볼 수 있다. 북반구 여름 하늘을 수놓는 페르세우스자리 유성우(Perseids)가 대표적이다. 극히 소량이긴 하지만 행성들끼리 암석을 교환하기도 한다.[3)]

극히 드물게 1969년 오스트레일리아 머치슨에 떨어진 것만큼 큰 녀석이 떨어지기도 한다. 6,500만 년 전 멕시코의 칙술루브에 떨어졌던 것처럼 거대한 운석이 매우 드물다는 사실은 참 다행스러운 일이다. 우주에서 지구로 떨어지는 이 돌들은 더 큰 녀석들끼리 우주에서 충돌할 때 떨어져 나온 부스러기들이다. 이러한 부스러기들, 특히 탄소를 듬뿍 머금고 머치슨에 떨어진 것과 같이 생명의 필수 요소로 알고 있는 분자들을 잔뜩 실은 운석이 떨어지는 일은 매우 드물다. 하지만 LUCA의 세상을 가장 그럴싸하게 짐작할 수 있는 것도 마지막 운석 대충돌기를 거친 가혹하고 맹렬한 운석들 덕분이다. 수백만 년 동안 수백만 톤의 운석들이 지구로 떨어졌고 그중 일부는 너무 깊이 박혀 맨틀의 일부가 되기도 했다. 어쩌면 그 덕분에 단 하나의 세포만 살아남아 뒤를 잇는 모든 생명의 씨앗이 되었으리라.

안타까운 일이지만 과학에서는 어떤 이론이 매력적이냐 아니냐가 그다지 중요하지 않다. 중요한 것은 증거일 뿐이다. 생명의 기원을

---

2) 크릭과 오르겔의 논문은 부분적으로 과학 논문다운 용어로 쓰였지만 씨앗을 지구로 보낸 외계 생명공학자의 운명을 논하면서 그들이 살던 별이 '지글지글 타버렸다'라고 표현한 대목에서는 과학을 한참 벗어났다. '지글지글 타버리다니!' 과학 학술 저널에서는 자주 볼 수 없는 표현이다. 더욱이 두 사람과 같은 존엄한 과학자들이 아늑한 술집에서나 어울릴 법한 대화를 공개적으로 거들먹거리는 것도 흔치 않은 일이다. "외계의 심리학도 지구의 심리학 못지않게 쓸모가 없는 것 같다." 아마 이 대목을 쓰면서 두 사람은 자못 근엄한 표정을 지었으리라.

3) 아주 드문 일이지만 화성의 조각이 지구에 떨어진 일이 있다. 가장 최근에 떨어진 조각은 2011년 모로코에 떨어진 티신트(Tissint)라는 7킬로그램짜리 운석이다.

설명하는 이론으로 판스페르미아 가설을 가벼이 여기는 까닭도 증거 불충분 때문이다. 한마디로 가설을 증명할 증거가 없다. 공상 과학 소설로 쓰기에는 매력적인 소재겠지만 달 궤도 저 너머에 생명이 존재했었다는 증거가 없으니…….

그렇다고 해서 '창백하고 푸른 점' 너머에 아예 생명이 존재하지 않는다는 의미는 아니지만[4] 어쨌든 누구도 실제로 본 적은 없다. 외계인에게 납치된 적이 있다고 주장하는 사람들에게도, 화성에서 떨어진 돌에 묻은 미세한 거품 속에서도, SETI(Search for Extra-Terrestrial Intelligence)가 포착한 믿을 만한 신호들에서도 아무런 증거를 발견하지 못했다.[5] 관찰 기술이 발달함에 따라 지구와 닮은 행성을 발견하고자 하는 연구에도 가속도가 붙었지만 말이다.

명백히 우주에는 생명을 위한 성분들이 많다. 기억해야 할 점은 인간도 우주에 존재하며 우주에서 만들어졌고 지금도 태양계 일부를 이루고 있다. 지구를 구성하는 성분들 중 하나가 외계에서 유래했음을 입증하는 새로운 발견을 다룬 기사들이 심심치 않게 등장한다. 이러한 발견들은 늘 대단한 것인 양 대서특필되기 일쑤다. 그러나 이는

---

4) 칼 세이건(Carl Sagan)은 1990년 보이저(Voyager) 1호가 지구로부터 60억 킬로미터 떨어진 곳에서 찍은 지구의 모습을 보고 '창백하고 푸른 점'이라고 묘사했다. 지금은 많은 사람들이 통계적으로 우주의 어느 곳엔가 생명체가 존재할 수밖에 없다고 생각한다. 사실 우주생물학이라는 분야의 탄생은 이 세상 바깥 어딘가에 존재할 수도 있는 생명체에 대한 연구를 공인한 것이다.

5) 1996년 〈사이언스〉지에 발표된 한 논문은 1990년대 남극의 앨런 힐스(Alan Hills)에서 발견된 운석에 있던 한 미세 광물이 생물학적 활동의 결과라고 주장했다. 이 의문의 돌은 대략 40억 년 전 충돌로 인해 화성 표면에서 떨어져 나온 것으로 추정된다. 몇몇 과학자들은 운석 표면의 거품을 미세한 생명체의 생성물이라고 주장하지만 지질학적 특징으로 간주하는 의견이 더 많다. 화학적으로 분석한 결과 이 돌에 함유된 아미노산은 돌이 발견된 남극 지역에 천연으로 존재하는 아미노산과 동일했다. 따라서 거품의 출처는 지구상에 존재하는 생물학적 분자들이었을 것으로 추정된다. 어쨌든 이 거품에 대한 연구는 지금도 진행 중이다.

이전에 몰랐던 사실을 밝힌 것이지 혜성이나 유성이 생명의 성분을 지구로 가져왔다는 것이 아니다.

우리는 아미노산을 포함한 생명의 구성 요소들 중 많은 것들이, 심지어 앞 장에서 논의했던 유전자 암호의 성분들까지도 우주에 존재한다는 사실을 알고 있다. 이는 중요한 과학적 발견이다. 특히 생명의 기원 연구에서는 더욱 중대한 의미를 가진다. 이 발견들은 생물학적 분자들을 생산하는 화학 반응들이 생물학 밖에서 일어났음을 보여준다. 즉 이러한 성분들의 합성이 지구에만 국한되지 않는다는 의미인 동시에 혜성이나 운석들이 이 화학 성분들을 지구 표면으로 실어 날랐을 가능성을 보여주는 것이기도 하다. 우주를 채우던 물질들은 비록 불규칙적일망정 꾸준히 지구로 떨어졌다.

판스페르미아 가설이 매력적으로 보이는 까닭은 간단해 보이기 때문이다. 군더더기 없이 깔끔한 이론처럼 보일 뿐 아니라 현재 우리가 의지하고 있는 불완전한 연대표도 필요 없다. 하지만 실제로 이 가설은 더 간단할 것도 없는, 그저 핵심을 회피한 술수에 불과하다. 우주 어딘가에서 지구로 생명이 배달되었다는 증거가 있다면 그리고 이보다 더 설득력 있는 다른 이론들이 없었다면 판스페르미아 가설은 지속적으로 관심을 끌 수 있었을지도 모른다. 그러나 이 가설은 지구에서 생명이 어떻게 시작되었느냐는 수수께끼를 풀기는커녕 지구 밖 어느 곳에선가 생명이 시작되었다는 증거도 제시하지 못한다.

다양한 설명이나 이론들이 모두 합당한 경우, 가능하면 가장 간명하고 단순한 것이 선택의 기준이 된다는 '절약성(parsimony)' 측면에서 보면 다른 불완전한 대안들보다 훨씬 더 간단해 보이는 판스페르미아 가설에 힘이 실릴 수도 있다. 그러나 결코 간단하지 않은 것이, 그 가설이 성립되려면 우주에 생명이 풍부하든지 아니면 최소한 존재해야 함은 물론이고 그것도 모두 DNA에 기반을 두고 있어야 하지만 이를 뒷받침할 증거가 없다. 오히려 조사해볼 가치가 있는 더 좋은 방법들이 존재한다. 물론 그 방법들도 나름대로 문제점이 있지만 적어도 검증과 재검증이 가능한 과학적 방법이다. 우주의 수정란을 배달해줄 심부름꾼으로서 외계 생명을 들먹이는 것은 생명의 기원을 위한 필요조건도 충분조건도 아니다. 당분간 아니 예측 가능한 가까운 미래에 창백하고 푸른 점 너머에서 생명이 왔다는 이론은 공상 과학일 뿐이다.

경쟁이 없다면 진화도 없다

정보를 복제하는 방식을 포함하여 세포의 모든 작용들은 에너지를 동력으로 이용하는 시스템이 있어야 가능하다. 세포들은 한 기관의 일부로서든, 독립적인 생명체로서든, 생명의 기본 단위이므로 세포의 정보와 대사는 외부와 상관없이 독립적으로 유지되어야 한다. 자, 이제 세포막의 기원이라는 문제가 등장했다. 세포의 내부 기관들을 담아두는 일은 생명에 절대적이다. 이쯤에서 우리는 세포막을 생명의 장치들을 담고 있는 밀폐된 풍선과 같다고 생각하기 쉽다. 분명히 세포의 중요한 기관들을 담아두는 일은 세포가 생명을 유지하는 화학 반응들에 전념하게 해준다는 점에서 매우 긴요하다.

그러나 세포는 환경과 별개가 아니라 그 일부로 존재한다. 세포막은 세포에게 필요한 모든 상품들과 정보의 출입을 통제하고 감독하는 일종의 세관이다. 이처럼 복잡한 업무를 수행하는 세포막 덕분에 세포들은 각자 처한 환경 속에 존재할 수 있고 숙주 안에서 다른 세포들과 공존할 수 있다. 차량들이 쉴 새 없이 오가는 도로망처럼 세포막에서도 복잡한 교환이 이루어진다. 심지어 세포가 쉬고 있을 때에도 세포막 표면에 딸기 씨처럼 산재해 있는 펌프나 홈 같은 출입구들을 통해 안팎으로 교환이 신중하게 조절된다.

세포막은 인지질(phospolipid)이라고 하는 지방 분자들로 이루어져 있다. 펀치로 구멍을 뚫은 종이 다발을 묶을 때 사용하는, 끝이 갈라진 핀처럼 생긴 인지질은 친수성 머리와 소수성 꼬리 두 개를 갖고 있다. 하버드 대학의 잭 쇼스택이 심혈을 기울이고 있는 연구도 바로 이 세포막의 생성이다. 그는 꼬리가 한 개뿐인 조금 더 단순한 분자들을 가지고 이들이 어떤 습성을 갖고 있는지 또 자율 형성력(self-organization)을 가진 이 분자들이 최초의 세포에 대한 실마리가 될 수 있는지 알아보고 있다.

쇼스택이 이 지방 분자들의 혼합물을 조심스럽게 섞어주자 신기하면서도 당연한 일이 벌어졌다. 인지질 분자들은 자율 형성력을 발휘해 폭이 100분의 1밀리미터 정도의 박테리아만한 미세한 거품을 만들었다. 신기하다고 한 까닭은 소박한 화학 물질에서 세포와 꽤 비슷한 형태가 자연 발생적으로 만들어졌기 때문이다. 당연하다고 한 까닭은 이 분자들에게 원래 그런 능력이 있기 때문이다.[6]

인지질은 둥근 머리 하나와 지그재그 모양의 꼬리를 갖고 있는데 이 녀석이 별나게 구는 원인도 바로 이 구조에 있다. 가지런히 정렬한 머리 부분의 원자들은 물만 보면 좋아서 마구 들이댄다. 꼬리는 머리와 취향이 정반대라 물을 쫓아버리느라 바쁘지만 자기들끼리는 들러붙기를 좋아한다. 취향이 이렇다 보니 적당한 용액 속에서 지방산 분자들은 서로 밀치고 부딪치면서 꼬리는 안쪽을, 머리는 물이 있는 바깥쪽을 향하도록 반듯하게 줄을 맞춘다. 농도가 적당히 맞춰진 상태라면 분자들은 사방으로 나란히 이어지면서 공 모양을 형성한다. 이 지방산은 이런 식으로 공 모양의 막을 형성해야 직성이 풀리는 화학적 성질을 갖고 있다. 이렇게 막을 형성하는 순간 자연스럽게 안과 밖이 생긴다.

오늘날 세포들의 막에는 외부 세계와 최적의 접촉 상태를 유지하기 위해 펌프나 통로, 안테나나 수신기들이 고르게 분포되어 있다. 세포막에 박혀 있는 이 생물학적인 우편함들은 세포 외부나 주변 환경에서 보내는 신호들을 받아들이고 동시에 튼튼한 고정 장치들로 이웃 세포들과 결합하여 조직을 형성한다. 세포막에 있는 이 모든 장치들 덕분에 세포나 조직 안에서 일어나는 생명 활동의 질서가 유지된다. 쇼스택이 만든 간단한 세포막은 진짜 생명이 갖고 있는 고도로 발달된 막과는 차이가 크다. 하지만 최초의 세포들 역시 지금과 같은

---

6) 자연 발생적인 자율 형성력은 보기보다 대단히 마법 같은 기능은 아니다. 만약 당신이 오늘 아침 치리오스(Chreeios) 시리얼을 먹었다면 시리얼 그릇 안에서 자연 발생적인 형성력을 유발하는 기본적인 우주적 힘을 목격한 것이나 다름없다. 작은 도넛 모양의 오트밀 시리얼은 우유보다 밀도가 낮기 때문에 가라앉지 않고 떠오른다. 중력은 시리얼을 아래로 당기지만 우유가 밀어내는 압력이 높기 때문에 시리얼을 위로 밀어 올린다. 몇 숟가락 먹고 나면 표면에 빈 공간이 생기는데 시리얼들은 이 빈 공간에서 자유롭게 흔들리며 저절로 육각형 모양으로 모일 것이다. 육각형 모양을 만들었을 때 우유가 밀어 올리는 힘이 가장 고르게 분배되기 때문이다.

복잡한 구조를 갖추지는 못했을 것이다. 자연 발생적인 자율 형성력을 기술적으로 재현해보려는 이 실험은 간단한 분자에서 시작하여 차츰 더 복잡한 분자들의 행동으로 나아가기 위한 첫걸음이다.

쇼스택은 자신의 작품에 '원시세포(proto-cell)'라고 이름을 붙였다. 이 원시세포들은 실제 세포들이 하는 일과 유사한 일들을 수행한다. 잘 먹여주면 성장도 하고 분열도 한다. 원시세포들은 간단한 유전자 분자들, 즉 DNA와 유사한 짧은 조각들을 자발적으로 흡수하는데 흡수된 조각들이 원시세포의 성장과 분열을 촉진한다. 원시세포들은 가열이나 냉각에도 손상되지 않을 뿐만 아니라 내부 DNA도 손상되지 않고 복제를 통해 세포 전체의 성장과 분열을 촉진할 수 있다.

초창기 지구에도 둥근 머리를 가진 인지질 분자들이 있었을 것으로 추측되는데 인지질의 흔적이 남아 있어서가 아니라 인지질이 다양한 방법으로 쉽게 생성되기 때문이다. 가장 인상적인 실험은 혜성의 성분과 유사한 얼음 조각에 강한 자외선을 쪼여서 성간 물질로 인지질이 생성되는지를 시험한 것이다. 하지만 인지질은 이미 여러 운석들에서도 발견되었을 뿐만 아니라 지상에서 일어나는 반응들로도 충분히 합성이 가능하다. 재료만 충분하다면 최초의 세포막은 얼마든지 만들어졌을 것이다. 하지만 생명의 기원이 화학적 성분에서 생물학적 성분으로의 전환이라는 점에서 이 원시 형태의 세포막은 자율적으로 형성되는 단계를 넘어 복잡성을 획득해야만 한다.

오늘날 세포막은 단순히 내부 정보들이 새어나가지 않도록 문단속만 해서는 안 된다. 세포의 소중한 재산과 비밀이 누설되면 게임 끝인 것처럼 세포 안으로 아무거나 닥치는 대로 들어와도 소란과 동요를 피할 수 없을 것이다. 세포막은 통과시킬 것과 아닐 것을 엄격하게 구분하여 적절한 것들만 통과를 시키는 과적 단속관의 역할을 수행하도록 진화했다. 우리가 현재 알고 있는 세포막의 복잡한 시스템은 단순히 이전 것보다 낫다는 말로는 설명되지 않을 만큼 큰 변화를 거쳤다. 실제로 시스템의 변화를 밝히기 위해서는 세포막을 통과하는데 왜 어떤 것은 유달리 특혜를 받는지 알아야 한다. 진화에서는 모든 것이 변하고 우연은 드물다. 그렇다면 어째서 복잡한 시스템이 단순한 시스템의 자리를 차지했을까? 이타이 버딘(Itay Budin)과 잭 쇼스택은 자신들이 만든 원시세포들로 이 질문에 대한 해답을 구했다. 그 해답은 다윈의 진화론에 있는 것처럼 보였다. 바로 경쟁이다.

자연 선택이 솜씨를 발휘하기 위해서는 반드시 변이가 필요하다. 세상 모든 사람들이 똑같다면 지루함은 두말할 것도 없고 우위를 차지할 발판 따위도 필요 없을 것이다. 당신이 다른 형제들보다 뛰어나다면 그것은 변이의 산물이고 어쩌면 당신이 운이 좋아 경쟁에 유리한 점을 갖고 태어났기 때문이다. 유리한 점이란 태양빛이 될 수도 있고 먹이나 짝이 될 수도 있지만 어쨌든 경쟁이 없다면 변화는 없다.

비록 다윈이 생명의 기원을 그저 심심풀이 삼아 고민해본 정도에 그쳤을지도 모르고 그런 고민을 한 최초의 사람도 아니었지만 지금도 명백히 생명 이전의 것들을 다루는 실험들에서 다윈이 주장한 진화가 일어나고 있음을 목격한다. 어쨌든 버딘과 쇼스택의 실험에서 단순한 원시세포들의 안정적 혼합물에 첨가한 변이는 현대의 세포막과 더 닮은 소량의 인지질이었다. 이 인지질은 세포막 안으로 들어가 꼬리 하나짜리 동료들 옆에 편안하게 자리를 잡는다. 그런데 복잡한 인지질을 첨가한 원시세포들은 단순한 인지질 원시세포들보다 6분의 1 정도 더 크게 자란다. 그렇다면 이렇게 복잡한 인지질을 합성하는 능력을 습득한 세포라면 그러지 못한 세포보다 당연히 더 크게 자랄 것이다. 물론 크게 자라는 만큼 원시세포의 분열도 촉진될 것이다.

쇼스택도 스스로 인정했지만 그의 실험에서 만들어진 세포막은 오늘날의 세포막처럼 정교하게 모든 기능들을 자연 발생적으로 복제하지 못한다. 또한 이 실험이 최초의 세포막을 그대로 재현했다고 보기에는 걸림돌들이 있다. 꼬리 두 개짜리 복잡한 인지질은 지상에든 하늘로부터든 꼬리 하나짜리 사촌들만큼 풍부하지 않기 때문에 어떻게든 합성이 되었어야만 한다. 그러기 위해서는 최소한의 기본적 대사가 필요한데 신생 지구의 생화학적 조건에서 대사를 유발했음직한 메커니즘들은 아직 발견되지 않았다.

또한 세포들이 오늘날과 같은 복잡한 인지질 세포막을 획득했다고 해도 원하는 대로 분자들을 안팎으로 보내는 능력까지 획득할 수는 없다. 단순한 주머니가 아니라 단속관 역할을 하는 오늘날의 세포막이 되기 위해서는 수로도 내고 구멍도 뚫어야 했을 것이다. 원시세포는 세포의 껍데기면서 하는 일은 세포와 비슷하다. 원시세포가 이토록 간단하게 만들어진다는 사실은 세포로 이루어진 생명의 모든 측면들이 자연 발생적으로 형성됨을 밝히려는 사람들에게 커다란 위로가 된다. 비록 이 실험들이 하나의 경로를 제안하긴 했으나 생명의 활동들을 담고 있는 주머니는 필요조건은 될지언정 생명을 가능케 하는 충분조건은 될 수 없다. 그럼에도 불구하고 시험관에서일망정 원시세포의 자연 발생적 생성은 유전자 재창조에 있어

빼놓을 수 없는 매우 중요한 단계다.

원시세포들도 세포 분열을 흉내 낸다. 우리 몸 안에서 세포가 둘로 분열되는 과정은 대사 에너지를 필요로 하는 매우 조직적이며 역동적인 활동이다. DNA를 전부 복제해야 함은 물론이고 내부 기관들도 둘로 나뉘기 위해 가지런히 정렬해야 하며 세포막은 그것대로 둘로 나뉘기 위해 충분히 크게 늘어나야 한다. 오늘날의 세포는 구조적으로 잘 조직되어 있기 때문에 모든 기관들이 일사불란하고 질서정연하게 이동하여 말끔하게 둘로 나뉜다.

초기의 세포 생명에게는 아마도 이러한 구조적 기능이 없었을 것이다. 그런데 쇼스택의 연구에서 또 한 가지 밝혀진 사실은 다공성 표면에 있는 구멍이 조여지면서 원시세포가 간단하게 둘로 갈라진다는 점이다. 이는 사실상 세포의 구조적 특징이 세포 분열을 일으키는 힘임을 보여주는 것이다. 리보자임이 최초의 암호였으리라는 사실을 입증한 실험들과 더불어 세포막 형성이 결코 불가능하지 않음을 보여준 쇼스택의 실험들로 인해 또다시 단순한 것으로부터 정교하고 복잡한 것이 자연 발생적으로 등장할 수 있음이 입증된 것이다.

과학에 양보하게 될 창조의 미스터리

살아 있는 세포에서 DNA와 세포막—생명에게 유전이라는 위대한 과업을 수행하게 해주는 정보와 그릇—은 모두 에너지를 필요로 한다. 세포막과 암호의 등장은 조건만 맞으면 어느 곳에서든 가능하다. 그러나 생명이란 '이러한 화학적 성분들을 기본적으로 갖고 있으며 환경으로부터 에너지를 이용하는 하나의 과정'임을 인정한다면 아주 색다른 현실적인 시나리오가 필요하다.

한때 찰스 다윈이 살았던 건물 1층에는 사람 머리 하나쯤은 충분히 들어갈 크기의 유리그릇이 회색빛 작업대 위에 놓여 있다. 다리가 넓게 벌어진 삼각대 위에 있는 이 유리그릇의 바닥에는 은박지로 감싼 고무호스가 연결되어 있다. 이 호스를 통해 100℃에 가까운 끓는 물이 유리그릇 안으로 공급된다. 그릇 한쪽에 장착된 두 개의 유리 노즐로는 찬물이 공급된다. 그리고 밀폐용 고무 파킹이 달린 무거운 유리 뚜껑이 덮여 있다.

이는 생물반응기를 설명한 것이다. 공상 과학 이야기처럼 들리겠지만 사실 위에서 설명한 것은 영국의 풍자만화가 히스 로빈슨(Heath Robinson)이 그려서 유명해진 복잡한 장치만큼이나 오래된 장치다. 생물반응기는 런던 가워가(Gower Street)에 위치한 다윈 빌딩의 한 실험실에 있다. 각종 원심 분리기와 셰이커를 비롯한 장치들과 색색의 용액이 담긴 가느다란 시험관들이 정신없이 널려 있는 이 실험실에서는 런던 칼리지의 진화생물학자들이 머리를 맞대고 이 시대를 대표할 만한 분자생물학 연구들을 수행하고 있다. 온갖 전선들과 튜브들과 은박지로 감싼 호스를 주렁주렁 매단 채 삼각대 위에 앉아 있는 생물반응기는 주변의 최첨단 장비들 때문인지 왠지 자리를 잘못 찾은 것처럼 보인다.

바로 이 유리그릇 안에 마법이 담겨 있다. 스틸턴 치즈(Stilton

Cheese)만한 회색빛 돌처럼 보이는 덩어리가 그 마법의 주인공이다. 사실 이 덩어리는 심해의 열수 분출공에서 새롭게 발견된 무기물의 성장을 재현하기 위해 정밀하게 설계한 도자기다. 겉으로 보기에는 스펀지와 부석의 중간쯤 되는 물질처럼 보인다. 런던 칼리지의 닉 레인은 액체가 전체적으로 고르게 스며들 수 있는 다공질의 물질을 생각하다 이 도자기를 고안했다. 점토는 구워지는 과정에서 미세한 기포와 구멍들이 고르게 분포되는데 이렇게 구워진 도자기는 레인이 최초의 생명 발상지로 가장 유력하게 여기는 심해의 열수 분출공의 조건과 매우 유사하다.

'분출공'이라는 이름을 들으면 카나리아 제도와 버뮤다 중간쯤의 아틀란티스 단층 지괴(Atlantis Massif) 아래에 있는 '로스트 시티(Lost City)'를 찍은 놀라운 영상들에서 금방이라도 무너질 듯 아슬아슬하게 탑처럼 솟은 굴뚝들이 연상된다. 이 해저 도시는 해수와 상암층의 반응으로 에너지가 발생하면서 새롭게 형성된 열수 지대로, 21세기 초 비로소 영상과 설명이 공개되었다. 섭씨 90도를 웃도는 온도와 강염기성 해수에도 불구하고 이 해저의 굴뚝들은 생명으로 바글거린다. 생명이 오죽 많으면 시애틀의 워싱턴 대학의 과학자 데보라 켈리(Deborah Kelly)가 2001년 〈네이처〉지에 이렇게 기고했을까! "온통 박테리아가 덮고 있어서 암석이 보이지 않을 정도다."

활동적인 지표 아래로부터 끊임없이 부글거리며 올라오는 거품과 기체로 늘 역동적인 분출공들, 닉 레인의 도자기는 바로 이 분출공을 모델로 삼았다. 분출공들은 지구의 판들이 움직이고 갈라질 때 해저 맨틀을 이루던 암석의 속살이 드러나면서 생성된다. 일단 속살을 드러낸 암석은 해수와 반응하여 산소와 수소를 비롯해 다양한 반응을 촉진할 수 있는 온갖 종류의 기체들을 분해시킨다. 이 과정에서 기체들은 암석을 통과하며 여과되는데 이때 기체가 미처 암석을 통과하지 못하고 주변의 바닷물로 차갑게 식으면서 미세한 기포들이 형성된다. 암석을 다공질로 만드는 이 과정을 사문석화 작용(serpentinization)이라고 한다. 닉 레인과 빌 마틴(Bill Martin) 그리고 캘리포니아 공과대학에 있는 NASA 제트추진연구소(Jet Propulsion Lab)의 마이크 러셀(Mike Russell)을 비롯한 몇몇 과학자들은 사문석화 작용이 일어난 이 미세한 부화장이 바로 RNA나 DNA, 세포막이 등장하기 이전에 최초의 생명 활동이 일어난 곳이라고 생각한다. 실험실의 생물반응기 안에 있는 다공질 도자기 주변의 물과 기체도 단순히 아래에서 위로만 흐르지 않는다. 로스트 시티의 분출공들처럼 도자기의 미세한 구멍들 안팎을 끊임없이 들락거린다.

오늘날 세포 에너지는 ATP(adenosine triposphate)라는 분자 형태로 흐른다. ATP는 자신의 화학적 가지에 에너지를 붙여 세포가 에너지를 필요로 하는 곳으로 운반해주는 분자이므로 세포가 살아 있는 한 끊임없이 생성되고 재활용된다. 날마다 우리 몸에서도 몸무게에 맞먹는 ATP가 생성되고 이용된다. ATP를 만들고 이용하는 과정은 세포막 안팎의 양성자(전기적으로 대전된 수소 원자들)의 차이, 즉 지속적인 불균형 때문에 일어나는 복잡한 대사 순환이다. 인간 세포에서 에너지는 미토콘드리아라는 복잡한 생명 발전소에서 만들어지며 박테리아와 고세균류의 경우에는 세포벽 바로 안쪽의 막 안에서 만들어진다. 이 막에 있는 특별한 단백질이 모터처럼 작동하는데 이 모터로 인해 양성자 흐름이 생기고 이때 만들어진 에너지가 ATP에 저장되어 세포의 모든 활동에 동력원으로 이용된다. 수많은 생명들에게 이 순환이 기본적으로 일어나는 것으로 보건대 ATP 대사는 생명이 가질 수 있는 가장 기본적인 대사일 확률이 높다. 더 나아가 모든 생명에게 근간이 되는 시스템일 것으로 추측된다. ATP 대사는 세포막 양쪽의 양성자 차이, 즉 변화도(gradient)만으로도 간단하게 일어난다.

마이크 러셀이 로스트 시티의 열수 분출공을 최초의 생명 부화장 모델로 강력히 주장하는 이유도 이 때문이다. 암석과 해수의 반응으로 거품처럼 부글거리며 생성된 화학물질들의 성질들이 충족되기만 하면 이 화학물질들은 다공질의 암석 주변을 휘감아 돌면서 자연스럽게 양성자의 변화도를 야기한다. 인간 세포에서 양성자 변화도는 자연스러운 생화학적 작용으로 유지되며 양성자의 불균형으로 인해 인간은 살아 있는 동안 부패되지 않는다.

인간이 에너지를 생성할 때 열을 이용하지 않듯 분출공의 열 자체는 중요하지 않다. 그뿐 아니라 스탠리 밀러의 실험에서 이용된 번갯불 같은 것도 필요가 없다. 그런데 왜 최초의 생명에게는 열이 필요했을까? 세포는 거의 불가사의할 정도로 복잡한 대사 경로를 통해 생성된 여러 가지 형태의 화학적 에너지를 이용하지만 가장 기본적인 에너지는 양성자의 변화도로 인해 생성된 ATP다. 생명과 마찬가지로 이 과정들도 일종의 '평형에서 거리가 먼' 시스템이며 증가하는 엔트로피에 대한 끊임없는 저항이다.

어떤 면에서 끓어오르는 분출공도 화학이 생물학으로 바뀔 수 있는 적절한 성분들을 갖춘 혼합물로 볼 수 있지만 원시 수프의 자연

발생과는 거리가 멀어도 한참 멀다. 분출공 안에서 순환하는 기체들은 열역학적 불균형을 유지하기 때문이다. 특히 암석에 있는 구멍들 주변을 흐르는 양성자들 덕분에 바깥쪽 해수는 산성을 띠는 반면 구멍 속은 염기성을 띤다. 따라서 양성자의 흐름으로 균형이 깨진 대서양 해저의 분출공들은 자체가 열역학적으로 불안정하게 부글거리는 생물반응기인 셈이다. 게다가 암석들에 박힌 금속 덩어리들도 전반적인 과정에 촉매로 작용하니 암석의 촘촘한 구멍들 속에는 각종 성분들이 끊임없이 섞이고 농축될 것이다.

뜨거운 분출공들은 생명의 발상지로 가정하기에 전혀 손색없는 매력적인 장소가 분명하다. 그리고 닉 레인의 생물반응기는 이 가정을 입증하려는 몇 안 되는 실험 장치 중 하나다. 그의 실험은 지금도 진행 중이며 이 글을 쓰는 지금도 결과는 아직 나오지 않았다. 만약 이 실험이 성공한다면 레인은 생물학에서 보는 것과 유사하거나 어쩌면 똑같은 반응들과 화학적 성분들을 발견할 수 있을 것이다. 이 실험이 어쩌면 LUCA의 탄생지를 설명해줄 수도 있다.

빌 마틴은 이 모델을 보다 공격적으로 옹호한다. 그에게 LUCA란 결코 독립적인 세포가 아니다.[7] 20억 년 동안 지구에 북적거린 단세포들은 뒤엉킨 덤불처럼 복잡하게 연결되어 있지만 LUCA는 여전히 고세균류와 박테리아의 공통 조상이다. 우리의 추측과 달리, 마틴

7) 이 주장은 선전과 선동을 꽤 좋아하는 사람들이 말하는 비정통적인 견해다. 마틴은 생명의 기원에 관해 강의할 때 일단 수프 그릇을 엎어버리고 시작한다. 그는 각자의 수프 모델을 개발한 홀데인과 오파린을 공산주의자라고 지적한다. 또한 "사회의 역할에서 개개인의 의무와 생명의 기원에 이르기까지 모든 것에는 합리적인 설명이 있어야 한다. 그런 점에서 홀데인과 오파린의 이론은 정당의 노선이나 마찬가지다"라고 말하며 두 사람을 변증법적 유물론자라고 꼬집는다.

은 LUCA를 역동적인 혼합물이라고 생각한다. 즉 생명의 시작은 막으로 둘러싸인 독립적인 세포가 아니라 해저의 염기성 분출공의 암석 속에 있었다는 것이다. 이 공통 조상은 그곳에서 농축되고 보호받는 한편, 끊임없이 대전된 원자들을 공급받으며 화학 물질에서 생화학 물질로 전환되었고 그 다음에 생명이 되었다. 그는 또한 박테리아로부터 고세균류를 비틀어 빼낸 진화론적인 분열은 RNA 세계가 DNA에게 길을 터준 후에 일어났고 지방 분자들이 나란히 모여 세포막을 이룬 것은 그 다음이라고 생각한다.

박테리아와 고세균류는 유전 암호도 같고 모두 리보솜에서 단백질을 생성한다. 둘은 인간 세포보다 서로를 더 닮았다. 하지만 고세균류에서 RNA를 읽고 복제하는 도구—RNA 중합효소라고 하는 단백질—는 박테리아의 것보다는 인간의 것과 더 닮았다. 고세균류의 가장 바깥쪽 세포벽도 박테리아의 전형적인 세포벽과 다르고 세포막은 다른 어떤 세포막과도 근본적으로 다르다. 이 차이점들은 오늘날 고세균류에도 나타나지만 생명의 계통수의 덤불처럼 꼬인 밑동에서도 존재했던 근원적인 차이점이다. 어쨌든 마틴은 최초의 생명이 세포막이 아닌 암석 속에 거주했다고 주장한다.

마틴의 모델은 사문석화된 암석의 구멍들 주변에서 부글거리는 수소와 암모니아 그리고 거품처럼 끓어오르는 황화수소에서 출발한다. 이 구멍들은 로버트 후크의 현미경에 잡힌 코르크나무의 빈 공간들—우리가 알고 있는 바로 그 세포는 아니지만 벌집의 구멍들처럼 조밀하게 배열된 세포벽들—과도 닮았다. 구멍 바깥쪽 해수의 산성과 안쪽의 염기성은 자연스럽게 양성자 변화도를 유발하여 기본적인 대사를 일으킬 수 있는 에너지 흐름을 만들며 분출공이 잠잠해지지 않는 한 이 흐름은 꾸준히 이어진다. 이 활력적인 혼합물 속에서 오늘날 세포와 비슷한 간단한 생화학적 반응들이 일어나기 시작하면 아미노산도 얼마든지 생산될 것이다.

다음에 기본적인 생체 분자들, 이를테면 당과 푸린(purine), 피리미딘(pyrimidine)과 같이 대사 순환에서 발견하는 다른 분자들도 생산된다. 푸린과 피리미딘은 뒤섞이다 결합하여 염기, 즉 유전 암호의 문자가 되는 것이다. 어쩌면 존 서덜랜드의 합성 실험과 같은 방식으로 합성되는 건지도 모른다. 이 문자들이 연결되는 순간 RNA 세계가 시작될 것이고 RNA 세계는 궁극적으로 더 튼튼한 정보 저장 장치인 DNA에게 자리를 양보할 것이다. 그러나 여기까지도 아직은 암석의 구불구불한 미로, 즉 묽고 따뜻한 수프보다 생화학적 활동들로 농축된 조밀한 구멍들을 벗어나진 못했다. 이 집약적인 반응기가 모든 것의 마지막 공통 조상이다. 비록 지금은 암석에 갇혀 있지만 머지않아 피부를 획득해서 자유롭게 떨어져 나올 것이다.

생명의 최초의 위대한 분립도 바로 이곳에서 일어난다. 두 세트의 분자들이 생화학적 성분으로 가득 찬 암석의 구멍 안에서 나란히 자란다. 한 세트는 박테리아로, 또 한 세트는 그 외의 모든 생명으로 이어진다. 여기까지 이 두 세포는 똑같은 생화학 반응들을 발달시켰지만 각자 새로운 동력을 진화시키면서 서로 다른 유형의 세포막을 구축하고 세포막 안팎의 에너지 차이를 유지하는 각자의 방식을 고안한다. 이렇게 고대의 깊은 바다 아래 가스로 가득 찬 암석의 한 귀퉁이에서 세포 생명이 시작된다.

이것은 하나의 가설이다. 정확히 말하자면 단순한 생명 형태와 화학 반응들 그리고 분출공의 지질학적 특징들에 대한 기존 지식을 바탕으로 창조의 방법을 그럴듯하게 설명한 빌 마틴의 가설이다. 이 전환에 시간의 잣대를 들이대기는 어렵다. 어림잡기로는 지구가 융단 폭격을 받아야 했던 마지막 운석 대충돌기와 우리가 실제로 관찰할 수 있는 화석 세포들의 연대, 그 사이 약 36억 년 전 어느 시점쯤으로 짐작한다.

오늘날 염기성 분출공들은 상당히 안정적이며 그나마도 드물다. 하지만 한 치 앞을 예측할 수 없던 젊은 지구의 해저에는 아마도 분출공들이 풍부했고 화학적 반응들도 분주히 일어났을 것이다. 100만 년이라는 시간이 주어진 두 가지 물질에는 반응하지 않았을 기회도, 그냥 휩쓸려 사라질 기회도 매우 많았을 것이다. 하지만 한편으로 수십억 개의 구멍들마다 무수한 변수들을 갖고 수십억 번씩 실험을 거듭해볼 기회도 충분했을 것이다. 주어진 횟수가 많으면 많을수록 기회를 포착할 가능성은 높아진다.

우리는 이런 긴 시간을 재현할 수도, 진짜 분출공에서 실험할 수도 없다. 그러나 모델을 만들 수는 있다. 닉 레인의 소박한 생물반응기가 매우 중요한 실험인 것도 이러한 이유에서다. 레인 스스로도 어떤 결과가 나올지 전혀 모르기 때문에 그야말로 진짜 '실험'이다. 분출공의 구멍들에는 금과 색깔이 비슷해서 황철광이라는 별명을 가진 황화철이 박혀 있는데 이는 분출공이 제공하는 촉매제다. 이 촉매제가 에너지 흐름의 속도를 높여 대사가 시작되었을 수도 있다. 분출공에서와 마찬가지로 유리그릇 바닥에서 부글거리며 흘러나오는 양성자들도 미로처럼 얽힌 도자기의 구멍들 사이를 순환한다. 반응기 안에서 일어나는 다양한 생물학적 과정들도 개별적으로 검증되고 있으며 여기서 생산된 결과물도 검증을 거친다.

레인은 생물학적 분자임이 확실한 특징들—RNA의 염기와 그 구성 성분들, 단백질을 만드는 아미노산들 그리고 에너지를 이용하는 대사에서 얻어지는 분자들—이 나오기만을 기다리고 있다. 그의 실험은 효소 없이 생성되는 생물학적 단서들을 찾으려는 목적으로 설계된 실험으로 이제 막 시뮬레이션이 돌아가기 시작했다. 이 실험의 열쇠는 생명과 같은, 그리고 해저의 분출공들과 같은 '평형에서 거리가 먼' 상태를 만드는 것이다. 세포를 만들 수는 없겠지만 이 반응기 안에서 어쩌면 모든 생명 활동의 근간을 이루는 화학적 성분의 신호들이 자연 발생적으로 생성될 수도 있다.

정의는 모호할지언정, 우리는 생명을 보면 한눈에 알아볼 수 있다. 생명은 물리학적이고 화학적이며 생물학적이다. 그렇기 때문에 생명의 기원을 재창조하려는 시도들은 한마디로 재창조 과학인 셈이다. 또한 그렇기 때문에 재창조의 시도들이 논쟁의 도마에 오르기도 한다. 각계의 내로라하는 전문가들이 저마다 최선이라고 생각하는 방법으로 접근하기 때문이다. 생명의 재창조는 생명이 하는 모든 활동들을 이해한 다음, 처음에는 각 활동들을 개별적으로 재창조했다가 가지런히 정렬하여 통합하는 일이다. 각기 다르지만 중요한 특징들, 즉 에너지와 정보, 복제와 대사 그리고 진화라는 특징들과 함께 많은 부분들이 차근차근 진행되고 있다.

단순한 화학적 성분들에서 시작해 더 복잡한 화학적 성분으로 그리고 생물학적 성분으로 나아가는 여정, 단순한 정보에서 수수께끼처럼 심오하고 정교한 유전자로 나아가는 여정, 단순히 부글거리는 거품 같은 방울에서 세관처럼 역동적인 세포막으로의 여정, 어쩌면 이 여정들은 불가능해 보일 수도 있다.

천문학자이면서 작가인 프레드 호일(Fred Hoyle)은 화학적 성분에서 생명이 발생할 가능성을 다음과 같은 비유를 들어 반박했다. "이런 식으로 고등한 생명이 등장할 가능성은 고물상에 회오리바람이 몰아쳐 그곳에 있던 고물들로 보잉 747기를 조립할 확률과 같다." 그리고 허세에 찬 한마디를 덧붙였다. "고차원적인 난센스다." 호일은 자신의 저서 《우주로부터의 진화*Evolution From Space*》에서 살아 있는 세포가 가진 가장 기본적인 단백질이 자연 발생적으로 생성될 확률은 $1/10^{40}$에 불과하다고 주장했다.[8)]

판스페르미아 가설을 신봉했던 호일은 이 숫자를 들먹이며 지상의 화학적 성분들이 생물학적 성분으로 전환되었다는 생명의 기원 이론을 반박했다. 그의 반론은 합리적이지 못했으며 여러 차례 오류임이 입증되었다. 호일의 결정적 오류는 오늘날의 것과 똑같은 단백질이 최초의 생명에게도 있었으리라는 가정이었다. 그는 작동하는 세포는 순차적으로 생성된 것이며 자연적으로 발생하지 않았다고 추측했다. 어쩌면 유명한 스탠리 밀러의 갈색 침전물 속에 스무 개의 아미노산들이 완비되었음에도 불구하고 스스로 결합하여 작동하는 실체를 만들지 못한다는 사실만 주시했는지도 모른다.

---

8) 호일은 훌륭한 과학자이자 저자였지만 주류 사상을 맹렬히 비판하는 인습 타파주의자이기도 했다. 그는 과학적으로 거의 압도적인 공론이었던 빅뱅으로 우주가 탄생했다는 이론도 반박했다.

그러나 우리는 제리 조이스와 잭 쇼스택, 존 서덜랜드와 닉 레인, 마이크 러셀, 빌 마틴을 비롯한 여러 과학자들의 연구에서 생각했던 것보다 결코 불가사의하지도 않고 충분히 있을 법한 특징들이 속속 드러나고 있음을 목격하고 있다. 오늘날 실험실들에서 검증한 바에 따르면 신생 지구의 환경에서 자발적 창조는 필연적일 수밖에 없다. 또한 RNA가 초기 효소와 초기 유전자의 역할을 모두 수행하는 무작위적인 배열로서 발생했다는 사실을 알고 있다. 세포는 원자적인 힘만으로도 형성되는 주머니 같은 것이라는 사실도 알고 있다. 게다가 무기 화합물들의 거품 속에서 대사라고 할 만한 특징들이 나타나는지 확인하기 위한 실험도 진행되고 있다. 더욱 탄탄한 창조의 모델을 향해 성큼성큼 다가갈수록 신들이 차지했던 창조의 미스터리는 과학에 자리를 양보할 수밖에 없다. 적어도 실험실에서는 40억 년 동안 생명의 번성을 유도했던 과정의 징후가 목격되고 있다.

단순한 막에서 복잡한 막으로의 전환이 그러했듯이 리보솜도 다윈의 자연 선택을 겪는다. 물론 다윈 자신이 사망 후 100년이 지나서야 발달하게 될 화학적 지식을 미리 예견하고 있었다는 의미가 아니다. 다만 다윈이 최초로 설명한 자연 선택 과정이 상상을 초월할 정도로 강력하다는 의미다. 그리고 다윈이 기록한 것처럼 '확고한 중력의 법칙에 따라 이 행성이 순환하는 한' 변이는 일어나며 인간도 그 변이를 일으키는 과정의 힘으로부터 예외일 수 없다.

Ⅱ

The Future of Life

생명의 미래

서장

생명은 창조될 수 있는가

"창조할 수 없으면 안다고 할 수 없다."

-리처드 파인만(Richard Feynman)

어떤 물체의 작동 원리를 밝히는 최선의 방법은 무엇일까? 움직임을 관찰하거나 (가능하면 부서뜨리거나 아니면 적어도 망가질 때까지) 분석하고 시험해보는 등 수많은 방법이 있을 것이다. 하지만 이러한 기술로 원리를 밝히는 데는 한계가 있다. 그 물체의 복잡성을 이해하기 위해서는 반드시 낱낱으로 분해하는 과정을 거쳐야 한다. 제아무리 노련한 자동차 정비공이라 할지라도 경주용 트랙을 질주해보는 것만으로는 내연식 엔진의 복잡한 구조를 이해할 수 없다. 엔진을 이해하려면 일단 엔진을 분해하고 각 부분들이 어떻게 맞물리는지, 각각의 역할은 무엇이며 서로 어떤 관련이 있는지 눈으로 확인해야 한다.

17세기 후반, 생명의 가장 기본적 단위인 세포가 발견되기 전부터 생물학자들은 생명이 어떻게 작동하는지를 관찰하고 시험하는 데 엄청난 시간을 투자했다. 그러나 뭐니 뭐니 해도 유익한 방법은 분해였다.[1] 뛰어난 해부학자이기도 했던 레오나르도 다 빈치(Leonardo da

Vinci)는 인간과 동물의 신체 구조와 기능을 밝히기 위해 아름답고도 정교한 그림들로 남겼다. 17세기 초반 윌리엄 하비(William Harvey)는 동물과 인간의 심장, 섬세한 정맥과 동맥들을 해부하여 혈액이 순환하는 기전을 추론했다.

50년 후, 네덜란드의 직물상 안톤 반 레벤후크는 모든 생명을 구성하는 기본 단위인 세포를 발견했다. 현미경이 발달함에 따라 이 작은 생명 주머니 속 내용물들이 하나하나 베일을 벗기 시작했고 이윽고 그 내용물을 담고 있는 보호막의 정체도 드러났다. 19세기에 이르러 단순한 관찰이 시들해지고 치밀한 화학적 분석이 그 자리를 대신하면서 세포를 구성하는 성분들—단백질을 비롯한 생명의 중요한 재료들—도 하나하나 정체가 밝혀지기 시작했다.

화학적 기법들이 발달하던 바로 그 시기에 DNA도 최초로 분리되었지만 DNA가 가지는 중대한 의미와 상징적인 이중나선 구조가 밝혀지기까지는 그로부터 거의 100년이라는 시간이 지나야 했다.

1869년 독일의 튀빙겐에 프리드리히 미셔(Friedrich Miescher)라는 젊은 의사가 있었다. 프로이센-프랑스 전쟁이 한창이던 당시 미셔가 근무하던 지방의 한 병원에는 부상병들의 썩어가는 상처를 감쌌던 고름이 밴 붕대들이 넘쳐났다. 고름에는 상처로 사정없이 몰려드는 병원성 침입자들을 물리치는 임무를 맡은 백색 혈액세포, 일명 백

---

1) 일부 과학자들은 바이러스를 살아 있는 생명으로 여긴다. 적어도 몇 가지 유형의 바이러스는 그렇다는 것이다. 바이러스가 살아 있는 세포로 정의할 수 있는 특징들을 갖고 있기 때문에 논란이 되고 있지만 결정적으로 바이러스에게는 스스로 복제할 수 있는 세포의 시스템이 없다. 그렇기 때문에 바이러스는 복제를 하기 위해 살아 있는 세포에 기생한다. '생명은 무엇인가?'라는 질문은 〈생명의 기원〉 4장에서 다루지만 혼선을 피하기 위해 논란의 여지는 있을지언정 바이러스는 생물이 아니라는 일반적인 여론을 따르고자 한다.

혈구들이 풍부하게 함유되어 있었다. 고약한 냄새가 진동하는 붕대에서 이런저런 성분들을 추출한 미셔는 인산염이라는 작은 분자 덩어리를 함유하고 있는 화학 물질을 분리했다.

원자 다섯 개로 이루어진 이 특수한 덩어리는 그때까지 화학 성분들이 제법 많이 밝혀진 단백질들에서 일반적으로 검출되지 않는 물질이었다. 따라서 그는 자신이 추출한 물질이 단백질과는 다르다고 판단했다. 병사들 백혈구의 세포핵, 즉 모든 복잡한 생명의 세포 한가운데 있는 별도의 방에서 발견되었기 때문에 그 물질을 '뉴클레인(nuclein)'이라고 불렀다. 헤모글로빈이나 인슐린과 같은 단백질의 이름 끝에도 '-ㄴ(-in)'이 붙는다는 점으로 미루어 보건대 어쩌면 미셔도 그 물질을 단백질의 일종으로 생각하지 않았을까 추측되기도 한다. 미셔의 연구는 거기서 더 진행되지 못했다. 뉴클레인이 전혀 다른 부류의 분자라는 사실이 밝혀진 것은 몇 해가 더 지나서였다. 미셔의 뉴클레인은 다름 아닌 DNA였다.

20세기에 생물학은 세포의 더 작은 성분들에 관한 연구로 성숙해 갔다. 1953년 로잘린드 프랭클린과 모리스 윌킨스의 자료를 바탕으로 제임스 왓슨과 프랜시스 크릭은 DNA 특징을 훌륭하게 설명했고 크릭은 그 후 몇 년간 수십 명의 과학자들과 함께 이중나선 구조 내부에 저장된 중요한 정보를 해독하는 데 매진했다. 이 생물학적 정보는 하나의 유기체를 만드는 데 필요한 명령어로 모든 종들은 '게놈'이라고 알려진 고유한 정보 일체를 갖고 있다. 게놈의 작동 원리는 생물학계에서 초미의 관심사였고 '인간게놈 프로젝트(Human Genome Project)'로 구체화되었다. 인간게놈에는 여전히 풀지 못한 미스터리가 남아 있지만 21세기 초반에 이 프로젝트는 평균적인 인간의 DNA를 구성하는 30억 개의 염기 서열을 읽는 것을 끝으로 마무리되었다.

크릭과 왓슨의 획기적인 발견 이후 20세기 후반 50년은 분자생물학의 시대였고 세기말 즈음 대부분의 과학 연구들은 지구상에 존재하는 생명과 관련 있는 분자들—DNA와 단백질 그리고 DNA의 사촌격이면서 DNA만큼 중요한 RNA—에 집중되었다. 이 분자들과 생명의 언어 그리고 그 언어가 보편성을 갖는다는 특징이 밝혀짐에 따라 살아 있는 유기체에 대한 기존의 모든 지식은 송두리째 바뀌었다. DNA 연구와 분자생물학을 바탕으로 인간은 진화의 본질을 더욱 분명히 이해하게 되었고 여기서 밝혀진 하나의 통일된 메커니즘은 먼 옛날 생명의 단일한 기원으로, 모든 생명이 뻗어 나왔을 하나의 줄기로 거슬러 올라갈 명확한 근거가 되었다.

DNA 연구와 분자생물학은 과거로의 길뿐만 아니라 살아 있는 유기체를 실험하는 새로운 길도 열어주었다. 분자에 대한 확고한 이해를 바탕으로 살아 있는 모든 것들의 기본적인 유전자 암호를 바꾸고 조작하고 효율적으로 리믹스할 수 있는 시대가 열렸다. 이와 관련된 분야는 이미 우리 삶의 여러 양상을 변화시키고 있는 '유전공학(genetic engineering)'이라는 포괄적인 학문으로 통합되었다. 동물의 DNA와 세포를 변형하여 질병과 유사한 상태를 만들고 이렇게 조작된 세포들을 새로운 치료법 개발을 위한 시험판으로 삼을 수 있게 되면서 유전공학은 질병의 원인을 규명하는 데 일대 혁명을 불러일으켰다.

20세기 생물학이 세포를 분해함으로써 그 작동 원리를 이해하는 데 주력했다면 현재는 그 이해를 밑천으로 분해했던 세포를 특정한 목적에 따라 설계하고 재조립하는 수준에 이르렀다. 세포는 수십억 년에 걸친 진화를 통해 뼈를 만들거나 기억을 저장하거나 또는 눈으로 들어온 빛을 전기적 신호로 전환하거나 해로운 침입자들을 먹어 치우는 등 고도로 특화된 기능을 갖춘 일종의 작은 공장이다. 세포는 조화롭게 결집하여 기능을 수행하는 하나의 기관을 형성하기도 하고 (박테리아와 그보다는 덜 유명한 사촌 격인 고세균류처럼) 단일한 존재로서 지구 대부분을 차지하며 자유롭게 살아가기도 한다.

앞에서 인용한 "창조할 수 없으면 안다고 할 수 없다"라는 문장은 봉고(bongo, 한 쌍으로 된 작은 북-옮긴이) 연주를 즐기는 다재다능하고 위대한 물리학자이자 과학적 소통의 귀재인 리처드 파인만이 남긴 말이다. 이는 파인만이 숨을 거둔 1988년 캘리포니아 공과대학의 한 칠판에 마지막으로 남겨진 글귀다. 현재 우리는 생명체에 대한 단순한 이해를 넘어 생명의 언어를 재조합하고 생명의 여러 형태들을 공학의 도구로 이용하고 있다. 초창기 유전자 땜질로 시작한 연구는 광범위한 유전자 조작 단계를 넘어 이제는 오로지 인류를 위한 새로운 생명 형태를 창조한다는 목표를 가진 하나의 새로운 분야로 발전했다. 모순적인 의미를 담고 있는 '합성생물학'이 바로 그것이다.

과학에 대한 정의들은 대개 모호하거나 별로 도움이 되지 않을 때가 많다. 합성생물학이라는 용어도 사람에 따라 다른 의미로 해석되는데 이에 대한 정의는 차차 논의하기로 하자. 과학적으로 따지자면 합성생물학은 유전공학의 직계 후손이라 할 수 있는데 그래서인지

이 두 분야는 경계가 겹치기도 한다. 이러한 까닭에 진화론이 건네준 연장통에서 유전자나 세포를 꺼내 새로운 생명 형태를 창조하는 과정에서도 합성생물학과 유전공학은 만날 수밖에 없다.

유전공학과 합성생물학이 창조한 모든 피조물들은 이제껏 존재한 적 없는 새로운 것들이다. 대부분 기존 유기체에서 미세한 부분을 수정하거나 한 유기체에게 새로운 기능을 덧붙인(혹은 이미 있던 기능을 삭제시킨) 것들이다. 수정이든 첨가든 대개 박테리아를 대상으로 진행된다. 박테리아의 유전자에 대한 지식이 꽤 탄탄해지면서 박테리아는 현대 생물학에서 없어서는 안 될 중요한 도구가 되었다. 그렇다 할지라도 여전히 대부분의 사람들에게 합성생물학은 생소한 분야다.

2010년 5월, 언론에서 하나의 세포에 대해 짧게—전례 없이—보도가 나가면서 사정이 달라졌다. 신시아(Synthia)라는 이름으로 알려지게 될 세포의 사진이 신문의 1면과 전 세계 텔레비전 채널들을 장식했다. 유전학자 크레이그 벤터(J. Craig Venter)는 10년이 훨씬 넘는 연구 기간과 약 4,000만 달러의 자금을 쏟아 부은 끝에 박테리아 세포를 창조하고 이 연구에 대해 설명하는 논문을 발표했다. 이 세포의 게놈은 지구가 탄생한 이래 존재했던 모든 세포들처럼 부모 세포 안에서 태어난 것이 아니라 컴퓨터 안에서 조립되었다.

언론은 넋을 잃었다. 한 잡지에서는 지구상에서 가장 영향력 있는 인물로 13위인 영국 총리 데이비드 캐머런(David Cameron)과 15위인 미국 정치인 세라 페일린(Sarah Palin) 사이에 벤터를 지명했다. 물론 굵직하고 획기적인 사건이긴 했지만 신시아 합성은 이제 막 기지개를 켠 합성생물학 혁명의 주력 분야는 아니었다.

크레이그 벤터 스스로도 이 사건을 멋지게 기념하고 싶었던 모양이다. 벤터와 그의 팀은 비디오 게임 개발자들이 게임 안에 재미삼아 메시지나 기능을 숨겨놓듯 신시아의 게놈 안에 '부활절 달걀(Easter egg)'을 숨겨 두었다. 그의 부활절 달걀은 DNA를 마음대로 주무를 수 있다는 증거이며 신시아가—본명은 마이코플라스마 미코이즈(Mycoplasma mycoides) JCVI-syn1.0이다—자연의 박테리아와 다르다는 사실을 입증하는 일종의 표식이었다. 신시아의 DNA에 숨겨진 부활절 달걀은 암호화된 메시지였다. 그중 하나는 '만들 수 없다면 안다고 할 수 없다'라는 메시지인데 파인만의 말을 약간 잘못 인용한 것이다. 크레이그 벤터의 연구팀 중 한 명이 어느 인용문 사이트에서 찾아 적은 모양인데 간혹 틀린 인용문도 있는 것 같다.

실수는 실수로 치고 어쨌든 벤터의 부활절 달걀 인용문은 결코 지울 수 없는 위조 방지용 '문양'으로, 이 피조물이 비자연적으로 창조되었음을 입증했다. 또한 DNA가 정보 저장 장치, 즉 생물학적으로 관련이 없는 암호화된 정보 매개체로 작동할 수 있음을 입증하는 것이기도 했다. 한마디로 말해 벤터의 피조물은 DNA를 조작하고 구축하는 기술력의 현 주소를 보여주는 흥미로운 증거다.[2)]

---

2) 신시아에는 세 개의 인용문이 숨겨져 있는데 이에 대해 영국의 풍자 작가 찰리 브루커(Charlie Brooker)는 이렇게 언급했다. '유전학자들이 제임스 조이스(James Joyce)의 문장을 DNA 사슬에 잘라 넣었다. 아무것도 모르는 순진한 게놈에는 긴 돌 조각에 새긴 글귀처럼 '살기 위해, 실수하기 위해, 패배하고 승리하기 위해, 생명에서 생명을 재창조하기 위해'라는 문구가 새겨졌다. 세상에서 가장 허세가 심한 박테리아로다!' 여기서 언급된 인용문은 제임스 조이스의 소설《젊은 예술가의 초상 *Portrait of the Artist as a Young Man*》에서 발췌한 문장인데 벤터나 그의 팀은 자신의 저작권을 악착같이 지키기로 유명한 조이스의 유산을 빌려다 쓰면서도 허락을 구할 생각은 아예 없었다. 조이스의 유산권자는 곧바로 벤터에게 소송을 걸고 글귀를 삭제할 것을 요구했다. 하지만 사실상 저작권이 이미 만료된 상태였기 때문에 그에게 별다른 제재는 취해지지 않았다.

신시아는 '최소 유전체 프로젝트(Minimal Genome Project)' 덕분에 탄생했다. 마이코플라스마 제니탈리움(Mycoplasma genitalium)은 사람에게 감염되면 소변을 눌 때 화끈거림과 가려움을 유발하는 기생 세균이다. 하지만 이 기생 세균이 관심을 받은 까닭은 다른 데 있었다. 유전자가 517개에 불과하고 게놈도 고작 58만 2,000개의 염기로만 이루어져 있다는 점이 벤터의 관심을 끌었다(일반적으로 460만 개의 염기를 갖고 있는 실험용 대장균(E. coli)이나 30억 개의 염기로 이루어진 인간게놈과 비교하면 장난감 수준 아닌가!).

1995년 최초로 완전한 게놈의 염기 서열이 밝혀진 후 마이코플라스마 제니탈리움은 또다시 벤터와 그의 동료들의 목표물이 되었다. 좀 편하게 가보자는 취지에서 이 세균을 선택한 것은 아니었다. 이 선택은 벤터가 염두에 둔 차기 계획을 위한 결정적인 첫걸음이었다. 그 계획이란 세포를 살아 있게 만드는 데 필요한 최소한의 유전자와 최소한의 유전자 암호를 결정하는 것이었다(물론 지금도 진행 중이다).

최초의 생명은 기본적인 유전자만으로 발생했고 그로부터 복제와 변형을 거치며 모든 생명이 번성했다. 하지만 이 최초의 세포들도 생명으로 입문할 수 있는 최소한의 장비는 갖추고 있었을 것이다. 즉 최소한의 게놈이라도 보유하고 있지 않았을까? 장기적인 계획은 세포가 존재하고 복제하는 데 필요한 최소한의 DNA의 양을 입증하고 이 게놈을 기반으로 새로운 기능들을 만들어내는 것이다. 여기서 말하는 새로운 기능들로 이룰 목표는 그야말로 야심차고 고상하다. 이를테면 대체 연료로 쓸 수소를 생산하는 기능을 가진 미생물을 합성해서 화석 연료의 사용으로 야기되고 있는 환경 문제를 해결하겠다는 것도 목표 중 하나다.

기존 세포를 변형하기보다 새로운 조합을 통해 세포를 만들고자 하는 데는 몇 가지 이유가 있다. 합성 세포는 제한된 조건에서 좀 더 정밀하게 통제할 수 있기 때문이다. 물론 그렇기 때문에 합성 세포는 실험실에서만 배양된다. 또한 합성 세포의 유전자 프로그램에는 하나의 목표만 각인되어 있으므로 일반적인 세포의 기능들을 다 수행하지 않는다. 하지만 무엇보다 세포를 합성하는 주된 이유는 통제 때문이다. 완전히 이해하지 못하는 천연 세포들보다 합성 세포를 통제하기가 훨씬 쉽다.

크기는 매우 작지만 신시아는 하나의 게놈 전체를 인공적으로 구축하는 것이 가능함을 보여주는 대표적인 증거다. 또한 게놈을 세포에 삽입하는 것이 가능함을 보여주는 동시에 합성 세포가 일반적인 박테리아 세포의 기능들, 특히 복제를 수행할 수 있음을 보여주는 증표이기도 하다. 단적으로 말하면 이 획기적인 사건은 과학자들의 야심이 생물학을 응용과학으로, 나아가 공학으로 바꿀 수 있음을 입증했다.

합성생물학에서 요구하는 '분자 합성'은 결코 쉽지 않은 일이지만 젊디젊은 신생 분야라는 점을 감안하면 쉽지 않은 게 당연하다. 합성생물학의 주창자들은 공학을 핵심 지도 원리로 삼는다. 더 구체적으로는 공학의 상업적 버전인 전기공학을 중요시한다. 단지 생명의 작동 방식을 연구하고 이해하는 것뿐만 아니라 지구적 문제를 해결하기 위해 살아 있는 유기체를 새롭게 조합하고 재창조하겠다는 목표를 갖고 있기 때문이다.

벤터의 피조물에 대한 논문이 발표되자 언론은 적의에 찬 호기심을 드러내기도 하고 승리주의인 양 곡해하기도 했다. 과학 발전을 비교적 투명하게 보도하던 영국의 일간지 〈데일리메일Daily Mail〉조차 다음과 같은 헤드라인 기사를 실었다. "고가의 미생물을 만든 과학자들, 인공적으로 생명을 창조하고 신의 역할을 조롱하다. 이 미생물이 인류의 파멸을 몰고 올 수도?" 이 헤드라인 끝에 찍힌 물음표에 대한 대답을 반드시 해야 한다면 한마디로 "아니다"이다.

아니라고 대답한 까닭은 이렇다. 신시아의 게놈은 자동 안전장치가 작동되도록 설계되었다. 일반적으로 이 안전장치는 두 가지 방식으로 작동한다. 우선 신시아의 게놈에 유전자를 삽입했다는 점 자체가 안전장치로 작동한다. 유전자를 첨가시켜서 변형을 일으킨 박테리아는 오로지 연구소에서 특수하게 조제한 배양액 안에서만 생장할 수 있기 때문이다.

둘째, 복제와 변형을 통해 신시아를 탄생시킨 게놈의 원판은 염소에게 대수롭지 않은 유선염(乳腺染)을 일으키는 병원균의 게놈이다. 벤터의 팀이 병원균에 끼워 넣은 DNA 조각은 대수롭지 않은 감염조차 일으키지 못하게 만든 DNA다. 따라서 만에 하나 이 병원균이 실험실을 탈출한다고 하더라도 노련한 분자생물학자가 유전적 굴레를 풀어주지 않는 한, 최적의 서식지에서조차 살아남기 어렵다. 혹시라도 노련하고 끈질긴 데다 비열하기까지 한 유전학자가 이 세포를 번식시킨다면 어쩌면 염소 한 마리 정도는 꽤 성가시게 괴롭힐 수 있을 것이다.

타블로이드판 신문들만 난리법석을 떤 것은 아니었다. 제법 이름

있는 교수들도 민망하게 이 난리법석에 동참했다. 옥스퍼드 대학의 윤리학 교수 줄리언 사블레스크(Julian Savulescu)는 〈가디언〉지와의 인터뷰에서 이렇게 말했다.

> 벤터는 인류 역사상 가장 심오한 문을 억지로 비틀어 열고 인류의 운명을 엿보려 하고 있습니다. 단지 생명을 인공적으로 복제하거나 유전공학을 이용해 생명을 근본적으로 변형시키려는 것도 아닙니다. 그는 신의 역할을 넘보고 있습니다. 자연적으로 결코 존재할 수 없는 인공적인 생명을 창조하려는 것이지요.

프로이센 젖소나 사보이 양배추도 극단적으로 말하면 자연에 존재한 적 없는 생명 형태다. 풍부한 젖을 내는 유선(乳腺), 아삭거리는 식감과 같이 유익한 특징을 증강시키기 위해 수없이 많은 세대를 거치며 품종을 개량시킨 것이다. 이런 일로 심오한 문을 비틀어 열었다고 농부들을 비난하는 사람이 과연 있을까 싶다.

벤터가 생명을 창조했을까? 어떤 면에서 보면 맞다. 하지만 일반적으로 창조했다고 볼 수는 없다. 분명히 말하지만 벤터와 그의 팀이 플라스틱 튜브에 넣고 작동시켜주지 않으면 신시아는 생명으로서 존재할 수 없다. 신시아의 게놈은 컴퓨터로 설계되고 유전자 암호를 이루는 문자들을 양분으로 삼아 탄생했다. 생명이 40억 년 동안 그래왔던 것처럼 기존 게놈을 스스로 복제하는 생물학적 방식으로 만들어진 것이 아니다.

하지만 유전적 안전장치인 자살 스위치와 (잘못 인용된) 과시용 문구들이 내장된 채로 변형되긴 했지만 게놈의 배열 자체는 기존의 종으로부터 복제되었다. 그리고 신시아의 게놈을 감싸고 있는 틀도 명백히 생명의 계통수에 확고하게 뿌리를 둔 자연적인 종으로부터 얻은 세포에서 유래한 것이다. 크레이그 벤터와 그의 팀은 하나의 생명 형태를 '재창조'해냈다. 그것만으로도 의심할 여지없이 대단한 위업이다. DNA에 대한 전면적인 통제권과 생명을 조작하는 능력을 갖기 위한 여정에서 보면 또 한 번 인류는 진일보를 이룬 것이다.

벤터의 시도가 시사하는 점은 또 있다. 이제 막 눈을 뜬 이 분야에 대한 이해가 여전히 미흡할 뿐더러 그나마도 잘못 알려져 있다는 사실이다. 비록 분자를 다루는 정밀 조작은 아닐지라도 인류는 수만 년 동안 생명을 조작해왔다. 그 발전 속도는 눈부시다.

내가 유전학 박사 학위를 마치던 10년 전쯤 특정한 가족에게 눈먼 아이가 태어나는 원인을 밝히기 위해 눈을 연구할 때만 해도 그저 유전자를 땜질하는 수준의 실험밖에 하지 못했다. 당시 내가 했던 실험들을 지금은 학부생들은 물론이고 심지어 소위 '바이오해커(biohacker)'를 자처하며 주말이면 차고에서 취미삼아 유기체의 유전자나 DNA를 조작하는 아마추어들이나 고등학생들도 한다.

어떤 면에서 이는 자연스러운 진전이다. 전문 지식이나 발명이 도구로 규격화되고 독점권이 사라지면서 신기술이 평준화되었기 때문이다. 하지만 신기술의 전파 속도가 너무 빠른 나머지 과학계 이외의 평범한 사람들로서는 제대로 이해할 시간적 여유도 없었다. 게다가 사람들은 모르는 것을 본능적으로 두려워한다(잘못 알고 있는 것에 대한 두려움은 더 크다). 벤터와 신시아의 이야기처럼 과학은 본능적 반응을 유발할 수 있다.

합성생물학자들은 응용성을 염두에 두고 지구가 맞닥뜨린 문제들에 대한 해결책들, 더 나아가 지구라는 한계를 넘어 탐구의 지평을 넓혀줄 도구들을 공학적으로 조작하고 구상한다. 이를 통해 만들어질 피조물들은 아직 이론 단계지만 뚜렷한 목표 아래 구상되고 있다. 이들이 세상에 나오는 순간, 새로운 산업혁명이 펼쳐질 것이다. 18세기와 19세기 산업혁명을 이끌었던 목재와 철과 석탄은 자연에서 베어내고 파내고 추출한 것이다. 하지만 이러한 자원들은 생명을 잃은 상태에서 동력으로 이용되었다. 이제 시작될 새로운 혁명의 동력은 자연에서 캐낸 것이 아니다. 모두 살아 있는 것이다.

T h e F u t u r e o f L i f e

1장

•

신과 경쟁하는 인간

"나는 자연에 반대한다.

나는 자연을 결코 좋아하지 않는다.

내가 생각하기에 자연은 너무 비자연적이다."

–밥 딜런(Bob Dylan)

프레클스(Freckles)는 누가 봐도 평범한 새끼 염소로 보인다. 이 녀석은 밝은 눈동자와 건강하고 흰 피부를 갖고 있으며 새끼 염소들이 으레 그렇듯 푸딩(Pudding), 스위티(Sweetie)를 비롯한 다른 다섯 형제들과 짓궂게 뛰어다니며 노는 걸 좋아한다. 염소에 대해 잘 모르는 사람은 물론이고 심지어 베테랑 염소지기의 눈에도 이 녀석은 지극히 평범한 염소로 보인다.

사실 프레클스는 완전히 기묘한 녀석이다. 이 녀석의 게놈 대부분은 보통 염소의 게놈과 같지만 DNA 한 귀퉁이에는 일명 아메리카무당거미라고 하는 네필라 클래비프스(nephila clavipes)에게서 가져온 DNA 조각이 박혀 있다. 모든 생명과 마찬가지로 염소와 거미도 DNA의 언어는 똑같지만 프레클스의 DNA에 박힌 특이한 암호 조각은 여느 염소들과 아주 다르게 해독된다. 이 암호 조각이 삽입된 자리는 프레클스의 게놈의 아주 특별한 지점, 정확히 말하면 유선에서 젖을 생산하도록 지시하는 암호 바로 옆이다. DNA 한 귀퉁이를 불법 점유한 이 암호 조각 때문에 프레클스는 거미줄이 가득한 젖을 분비한다.

프레클스는 미국 유타 주립대학의 랜디 루이스(Randy Lewis)가 이끄는 연구팀이 만든 작품이다. 유타 주 로건(Logan)의 험준한 산악 지대 기슭에 있는 그의 실험실을 방문한 적이 있는데 사실 실험실이라기보다 농장이었다. 분자생물학의 전형적인 깨끗한 무균 실험실과는 거리가 한참 멀지만 루이스와 그의 연구팀도 어떤 면에서 보면 인류 역사상 가장 진보적인 농부라고 볼 수 있으니 그만한 연구 환경이 또 있을까 싶다.

그들의 주요 관심사는 거미가 거미줄을 타고 하강할 때 분비하는 고서머(gossamer, 거미줄) 섬유다. 이 섬유는 물리적으로 아주 기막힌 특징을 갖고 있다. 강도와 탄성의 조합에 있어서 지금까지 인간이 만든 그 어떤 섬유도 이 거미줄을 따라갈 수 없다. 무당거미 속(屬)은 약 2억 1,000만 년 전 쥐라기 시대부터 존재했다. 그 시대를 전후로 이 거미들은 인류가 아무리 노력을 기울여도 넘볼 수 없는 제품을 그것도 아무 생각 없이 술술 뽑아내는 능력을 진화로 습득했다. 인류도 강도 높은 섬유나 탄성이 높은 섬유를 만들 수 있다. 그런데 강도와 탄성이 모두 높은 섬유는 만들지 못한다. 과학자들이 만든 비자연적인 작품인 프레클스가 존재하는 이유도 이 때문이다.

농업이 시작된 이래로 1만 년 이상 동안 인간은 자연계의 매혹적인 특징들을 구별하고 강화하여 효용을 높이기 위한 시도를 멈추지 않았다. 그것은 바로 농사다. 자연선택을 이용하는 것은 맞지만 농사는 근본적으로 자연선택을 엄격하게 거스르는 과정이다. 자연에 적응하고 진화하며 생존하는 대신 과일이나 작물, 고기나 유제품이나 가죽을 얻기 위한 가축 또는 품행이 살가운 개나 미학적 만족을 주는 식물 등 인간은 매력적인 종들을 찾아내고 특징들을 선별하여 생산성을 최적화하도록 재배하고 사육했다. 농사는 설계에 의한 진화인 셈이다.

유전공학의 시대가 시작되기 전까지 이러한 인공적인 선택들도 본질적으로는 자연의 테두리를 벗어나지 못했다. 비록 정확하게 정의하기 어렵기로 악평이 자자하지만 어쨌든 '종'이란 서로 교배했을 때 번식력이 있는 후손을 낳는 개체 집단을 의미한다. 이 정의도 절대적으로 신뢰할 만한 정의는 아니며 종 간의 경계를 정하는 방법—종분화(speciation)—역시 생물학이 풀어야 할 가장 큰 난제 중 하나다. 하지만 농부 입장에서 보면 넘어설 수 없는 지점이 곧 종 경계의 한계점이다. 단적으로 말해 소와 돼지는 교배시킬 수 없으니 둘은 종이 다르다는 의미다.

다윈도 익히 알고 있던 사실이겠지만 바람직한 형질은 오랜 시간에 걸쳐 세대에서 세대로 신중한 선택적 교배를 통해 전해져왔다. 그는 자연선택에 의한 진화가 아니라 비둘기들에게 나타나는 인공적인 선택을 설명하면서 《종의 기원》의 첫 장을 열었다. 다윈은 종이 세대를 거치며 변화할 수 있음을 비둘기에 관해 설명한 부분에서 증명하고 있다. 다윈이 설명하는 비둘기들은 엉뚱하고 경쟁심 많은 사육사들의 손에서 수천 세대를 거치며 사육되는 동안 아주 기이한 형질들, 이를테면 요란한 깃털이나 부푼 목, 뭉툭한 발을 갖게 되었다. 이러한 특징들에 걸맞게 트럼페터비둘기(trumpeter pigeon), 흰색공

작비둘기(fantail pigeon), 텀블러비둘기(tumbler pigeon), 파우터비둘기(pouter pigeon) 등 이름도 제각각이다. 비둘기들의 골격을 꼼꼼하게 관찰한 다윈은 비둘기 사육사들의 강력한 주장과는 정반대로 모든 비둘기들이 여전히 한 종의 변종임을 명백히 증명했다. 양비둘기 혹은 집비둘기라고 하는 콜룸바 리비아(columba livia)가 그것이었다.

비자연적인 생명 창조

유전자 암호, 즉 DNA의 발견과 이를 조작하는 기술 덕분에 우리는 진화의 한계를 우회하고 종의 경계를 거침없이 넘나드는 능력을 갖게 되었다. 현재 유전자 조작 기술에 비추어보면 그다지 놀라울 것도 없는 피조물이지만 어쨌든 프레클스는 생물학적 위업을 가장 극명하게 보여주는 실례다. 돼지와 소는 둘 다 포유류이고 유제류이며 진화론적인 면에서 서로 가까울 뿐 아니라 낙타나 기린, 하마와도 밀접한 동물이다. 수천만 년만 거슬러 올라가면 이 둘의 공통 조상을 만날 수 있다.

진화의 장구한 역사에서 보면 그저 눈 한 번 깜빡할 시간이다. 하지만 그 거리는 어쩌다 둘이 교배에 성공하더라도 번식력 있는 새끼를 낳지 못하게 할 만큼 멀다. 둘 사이의 물리적인 교배를 상상할 수는 있겠지만 사실 유전적인 차이로 인해 배합될 수 없다. 지동크(zeedonk)나 라이거(liger), 버새(hinny) 등과 같이 몇몇 동물들은 독자 생존이 가능한 새끼를 낳는 경우도 있지만 보통 이러한 혼종들에게

는 생식력이 없다. 스스로 번식하지 못한다는 점에서 보면 진화의 막다른 골목인 셈이다.[1)]

거미와 염소의 마지막 공통 조상은 대략 7억 년 전쯤 존재했을 것이다. 그 즈음 곤충이나 갑각류는 결국 인간으로까지 이어지게 될 물고기나 파충류처럼 무른 살을 가진 것들과 갈라져 진화하면서 딱딱한 껍질을 획득했다. 복잡한 생명의 계통수는 분기를 통해서만 성장했기 때문에 일단 분기된 후 거미와 염소는 서로의 유전자나 DNA를 교환하지 않았다. 얼룩말과 당나귀와는 달리(심지어 돼지와 소의 경우도 마찬가지지만), 거미와 염소의 성적 결합은 물리적으로도 명백히 불가능하다. 하지만 이들이 갖고 있는 DNA 암호는 알려진 모든 생명들과도 똑같다. 똑같은 언어가 똑같은 포맷을 이루고 있으므로 암호를 전달하는 도구와 장치들은 암호의 의미까지 알려 하지 않는다. 따라서 생물학적으로 심각한 교란을 일으키지 않는 한도에서 거미의 고서머 섬유 유전자를 염소의 게놈에 슬쩍 끼워 넣는다면 염소의 세포 속 장치들은 그 암호의 출처를 따지지 않고 열심히 거미줄을 생산할 것이다.

프레클스의 유선에서 바로 이런 일이 벌어진다. 거미가 낙하할 때 뽑아내는 거미줄은 짧은 단백질 가닥들로 이루어져 있는데, 이 가닥

---

1) 지동크(제봉키(zebonkey), 제브리니(zebrinny), 제브룰라(zebrula), 제바동크(zebadonk)라는 이름으로도 불린다)는 얼룩말과 당나귀의 혼종이다. 마찬가지로 라이거는 사자와 호랑이의 혼종이며 버새는 암말과 수나귀의 혼종인 노새(mule)와 반대로 수말과 암나귀의 혼종이다. 이 기이한 혼종들에게서 나타나는 불임성은 홀데인 법칙(Haldane's Rule)과 일치한다(후에 홀데인은 '원시 수프'라는 용어를 만들었다). 즉 포유류의 경우, 두 종이 교배에 성공했는데 후손들에게 생식력이 없다면 이는 후손들에게서 한쪽 성이 나타나지 않기 때문이며 나타난 성도 두 개의 다른 성 염색체를 갖는 '이형 염색체 배우자 성'일 것이라는 법칙이다. 포유류의 경우 XX(암컷 성 염색체)가 아니라 XY(수컷 성 염색체)만 나타난다는 의미다. 새와 나비에서는 반대로 나타난다.

들은 가지런하게 조립되어 항문 근처에 있는 방적돌기를 통해 나온다. 단백질은 그 자체로도 아미노산 분자들이 길게 이어진 것이지만 거미줄 섬유를 이루는 아미노산은 더욱 특별한 결합으로 나란히 포개지면서 구조적으로 끊어지지 않는 줄로 연결된다. 그래서 길이와 강도와 탄성을 두루 갖춘 거미줄이 되는 것이다. 랜디 루이스의 염소는 바로 이 단백질 섬유가 풍부한 젖을 생산한다. 이렇게 생산된 젖은 탈지 과정과 고압 처리 과정을 거친다. 나는 고압 처리된 젖에서 짤막한 유리 막대로 거미줄 한 가닥을 건져 올렸다. 막대를 들어 올리자 더 짧은 섬유들이 꼬리에 꼬리를 물고 이어졌다. 이 섬유는 미터 단위로 실패에 감길 정도로 강도가 높다. 하지만 이 비자연적인 섬유에는 거미가 생산한 거미줄만큼의 탄성이나 장력은 없다. 물론 연구는 지금도 진행 중이다.

기묘하게 보이지만 이 과정이 바로 실질적인 차세대 농업이다. 물리적 특성 면에서 거미줄은 인류에게 대단히 유익한 물질이다. 방탄복이나 펑크 방지용 타이어에 쓰이는 케블러(kevlar) 섬유보다 강도가 높다. 게다가 면역 시스템에 심각한 반응을 야기하지도 않으며 물에 용해되지도 않는다. 이 두 가지 성질 때문에 고대 그리스에서는 상처의 출혈을 멈추기 위해 상처 부위에 거미줄을 대고 누르기도 했다. 지금은 인대를 복원할 때 환자의 근육이나 시신에서 떼어낸 조직을 이용하지만 머지않아 거미줄 섬유가 쓰일 가능성도 꽤 높다. 인간의 조직으로 복원한 인대는 영구적이지 않기 때문에 그만큼의 강도를 지녔거나 더 강도가 높으면서 생물학적으로 중립적인 물질로 대체해야 할 것이다.

설마 그럴까 싶겠지만 거미는 사육할 수 없다. 여러 마리를 우리에 가두어두면 동족을 잡아먹는 경향이 있기 때문이다. 현대 유전학으로 자연적인 종의 경계를 위반할 수 있게 된 덕분에 우리는 사육이 가능한 동물에게 거미의 유전자를 심어서 결과물을 수확할 수 있다. 거미염소 프레클스가 유전자 조합의 쾌거를 보여준 놀라운 작품이긴 하지만 진화의 풍요로운 연장통을 이용해 비자연적인 생명을 창조하는 유전공학에는 그 외에도 여러 작품들이 있다.

DNA는 모든 생명이 공통으로 갖고 있다. 왜냐하면 지구상의 모든 생명은 궁극적으로 최초의 세포, 즉 40억 년 전에 존재했던 그 세포에서 비롯되었기 때문이다.[2] 모든 세포들은 똑같은 언어, 똑같은 암호 그리고 똑같은 기전을 갖고 있다. DNA는 은밀한 암호를 품고 있고 이 암호는 RNA라는 전령을 통해 해독되며 해독된 암호는 단백질로 바뀐다. 단백질은 생명의 모든 기능들을 수행한다. 세포 내의 중요한 생화학 반응들을 촉진하는 효소로 작용하여 생명 활동에 필요한 에너지를 조달하는 데 기여하기도 하고 몸의 각 부분으로 지시사항들을 전달하는 호르몬으로 작동하기도 한다. 세포 형태를 유지하는 구조물이나 뼈와 치아, 머리카락과 같은 조직을 형성하기도 한다. 거두절미하고 모든 생명은 단백질로 이루어지거나 단백질에 의해 만들어진다.

바로 이 공통의 기원과 생명 활동 과정의 보편성 때문에 DNA 암호를 읽고 해석하는 세포 장치들은 암호 내용에는 관심도 없고 알려

2) 그 최초의 세포가 바로 LUCA다. 이에 대해서는 1부에서 자세히 설명했다.

고 하지도 않는다. 그 말은 번식이라는 자연적인 경계를 거슬러 생명의 암호를 이용할 수 있다는 의미다. 프레클스처럼 종의 경계를 넘어 유전자가 이식된 키메라(chimera)를 '유전자 이식(transgenic)' 생물이라고 한다.

과학의 발달은 언제나 새로운 기술의 발달과 맞물린다. 도구 사용에 독보적인 인간은 예나 지금이나 자연을 유용한 도구로 본다. 뼈를 방망이로 쓰기 시작한 때부터 줄곧 우리에게 도움이 될 만한 것들을 관찰하고 용도에 맞게 조작하거나 변형시켜왔다. 자연계는 언제나 인간을 위한 유용한 연장통이었다. 부싯돌을 갈아 뭉툭한 칼을 만들었고 나뭇가지를 깎아 화살촉으로 썼으며 암석에서 금속을 녹여 내거나 식물 줄기를 꼬아 만든 실과 뼈바늘을 이용해 동물의 가죽으로 옷을 지어 입었다. 종의 경계를 위반하는 유전자 조작 기술도 이처럼 풍부한 자연의 연장통에서 빌려온 도구를 이용한다. 유전자 조작의 도구는 바로 진화론적으로 우리와 가장 먼 사촌, 즉 박테리아다.

1968년 미국 존스홉킨스 대학에서 미생물학을 연구하던 해밀턴 스미스(Hamilton Smith)는 최초로 일련의 단백질을 분리했다. 이로써 유전공학의 시대가 열렸으며 그는 이 공로로 1978년 노벨 생리의학상을 수상했다. '제한효소(restriction enzyme)'로 알려진 이 단백질은 간단히 말해 DNA를 잘라내는 가위라고 할 수 있다. 본래 박테리아의 제한효소는 바이러스가 침입했을 때 자신의 이중나선을 절단하여 바이러스의 번식을 막는다. 바이러스도 자신의 유전 암호를 갖고 있지만 이를 복제할 장치를 갖고 있지 않기 때문에 번식을 위해서는 숙주세포에 무임승차를 해야만 한다. 바이러스에 감염된 세포는 자기도 모르게 바이러스의 암호를 해석하고 새로운 바이러스를 만든다. 그렇게 바이러스가 대량으로 번식되면 숙주세포는 파괴된다. 이때 제한효소는 불법 영업 중인 DNA를 편집함으로써 무임승차한 바이러스의 번식을 막는 일종의 무기인 셈이다.

제한효소들이 암호를 무작위로 절단하지 않는다는 점에서 DNA 절단 기능은 유전학자들이 가장 애용하는 기능이다. 이 효소들은 유전자 암호의 정확한 문자열을 인식했을 때에만 기능을 발휘한다. 제한효소는 기능의 범위가 다양한데 그중에는 공통된 배열을 인식했을 때 절단 기능을 발휘하는 효소도 있다. 어떤 것은 극히 드문 문자열을 인식했을 때만 절단 기능을 발휘한다. 가령 이 책을 DNA라고 생각해보자. 만약 '세포(cell)'라는 단어를 인식하고 잘라내는 제한효소가 있다면 이 책은 아마 산탄총을 난사한 것처럼 너덜너덜해지거나 작은 조각들로 갈가리 찢길 것이다. 그런데 만약 '말 오줌 냄새(jumentous)'라는 문자열을 인식하고 자르는 제한효소라면 이 책은 깔끔하게 딱 세 부분으로 잘릴 것이다. 이 희귀한 단어가 본문에는 두 번밖에 안 나오기 때문이다(이 단어는 참고문헌에서 한 번 더 나온다.-옮긴이).

천연적으로 생산되는 이 편집 도구 덕분에 과학자들은 마치 워드프로세스 프로그램을 이용해 문서를 편집하듯 DNA와 유전자를 편집한다. 자르고 복사하고 조각끼리 이어붙이기가 가능한 것이다. 이 단락을 다른 장으로 옮기고 싶다면 클릭 두 번만으로 잘라다 붙이고 앞뒤 맥락에 맞게 조금 수정하면 그만이다. 마찬가지로 본래 거미에게 있던 낙하용 거미줄 유전자를 잘라 배아 상태인 염소의 게놈에 붙이고 생물학적 맥락에 맞도록 약간 다듬어 끼워 넣으면 된다. 수백 개의 제한효소들이 이미 분리되었고 그 특징들이 밝혀졌으며 저렴한 비용으로 언제든 이용이 가능하다. 상보적인 암호들이 쌍을 이루며 두 가닥 사슬이 나선형으로 꼬인 DNA 구조 덕분에 게놈 편집 도구인 제한효소로 훨씬 유익한 묘기도 부릴 수 있다. 어떤 효소는 DNA의 두 사슬을 정확히 반으로 가른다. 이렇게 잘린 DNA의 말단을 두 가닥 말단(blunt end, '평활 말단'이라고도 한다.-옮긴이)이라고 하는데 이 두 가닥 말단을 가진 DNA끼리는 도미노의 빈칸을 채우듯 서로 쉽게 접착된다.

일단 이렇게 결합된 DNA는 상당히 안정적이며 어디든 원하는 곳에 결합시킬 수 있기 때문에 유전공학자들에게 매우 소중한 기능이다. 하지만 어떤 효소는 각각의 사슬에서 문자를 몇 개씩 떼어내기만 하는데 이렇게 편집된 DNA는 한 사슬이 다른 것보다 돌출된 '접착성 말단(sticky end)'을 갖게 된다. 울퉁불퉁한 도미노가 되어버린 DNA의 말단에는 거기에 맞는 조각이 있어야만 이어붙이기가 가능하다. 외부에서 들어온 DNA 가닥이 상보적인 접착성 말단을 갖고 있으면 숙주 DNA와 착착 아귀가 맞아 들어가면서 결합될 수 있다. 특정한 방향에서 DNA를 삽입할 수도 있고 유용한 DNA들을 삽입해서 좀 더 복잡한 유전적 경로를 만들 수도 있다. 즉 설계를 통해 일련의 도미노를 구축할 수 있다는 의미다.

실험실에서 수행되는 분자생물학 실험들은 거의 대부분 소량의 무색 액체를 이 시험관에서 저 시험관으로 옮겨 담는 일이다. DNA에 작용하는 제한효소의 효과는 맨눈으로 관찰할 수 없다. 제한효소가 성공적으로 작용했는지 확인하려면 절단되고 재결합된 DNA의 양과 같이 가시화된 지표를 측정해야 한다. 전혀 극적일 것도 없고 심각한 비자연적 행위를 저질렀다는 표시 같은 것은 눈 씻고 찾아봐도 보이지 않는다. 하지만 궁극적으로 진짜 실험 결과는 세포들이나 유기체 안에서 재구축된 암호들이 작동하느냐 마느냐, 작동한다면 어떻게 작동하느냐로 나타난다. 때로 그 효과가 눈에 보일 정도로 현저하게 나타나기도 한다. 하지만 대부분의 유전자 조작의 효과들은 미묘하거나 은밀하게 나타나기 때문에 실험 결과가 언제 어디서 나타나는지 찾아내는 능력은 그야말로 정교한 기술이다.

유전학에서 이식 유전자를 만드는 일, 다시 말해 골치 아픈 암호를 만드는 일은 그저 몸 풀기에 불과하다. 암호는 그 자체로는 아무런 일도 하지 못한다. 암호가 작동하려면 해독이 이루어질 숙주세포나 의도적으로 바꾼 명령이 수행되어야 할 세포 안에 자리를 잡아야 한다. 프레클스의 몸속에 이식된 암호는 단순한 거미줄 유전자가 아니라 언제 행동을 개시할지 또는 언제 유전자의 언어를 '발현'시킬지를 지시하는 명령어다. 설사 거미줄 유전자가 프레클스의 모든 세포마다 존재한다 해도 신중하게 설계된 구조에 따라 거미줄은 프레클스의 젖에서만 생산될 것이다.

1990년대에 채색된 태그를 갖고 있는 특별한 유전자 암호가 연장통에 추가되었고 이 태그 덕분에 이식된 유전자가 새로운 운반체에 성공적으로 자리를 잡았는지 현미경으로도 관찰이 가능해졌다. 더 최근에는 형광성 태그가 첨가되면서 동물에게 이식된 유전자가 어디쯤에서 활성화되는지도 관찰할 수 있다. 시각적으로 가장 눈에 잘 띄는 태그는 녹색 형광 단백질(GFP, Green Fluorescent Protein)이라는 기능적 이름을 가진 단백질로, 빛을 내는 해파리인 에쿼리아 빅토리아(Aequorea Victoria)에 존재하며 어두운 바다에서 녹색으로 빛난다. 형광성 암호를 갖고 있는 이 유전자를 해파리에서 추출하여 실험하려는 유전자에 첨가할 수 있다. 거미염소와 마찬가지로, 형광성 DNA 암호를 기능성 단백질로 바꾸는 장치도 암호의 의미 따위는 신경 쓰지 않는다. 따라서 종에 대한 편견 없이 보편적인 유전자 암호를 읽고 우리가 조작한 유전자가 작동하고 있음을 형광 빛으로 보여주기만 한다.[3)]

유전자는 단독으로 작동하지 않는다. 컴퓨터의 조건부 명령처럼 단계적으로 활성화되는 회로망의 일부로서 작동한다. 모든 세포는 그 유기체의 게놈이 필요로 하든 안 하든 상관없이 모든 유전자를 갖고 있다. 따라서 유전자를 활성화시키기 위한 연출법이 무엇보다 중요하다. 하나의 유전자가 활성화되면 그 다음 유전자가 활성화—혹은 발현—되기도 하고 발현을 멈추기도 한다. 이러한 단계적 활성화 과정을 통해 인간도 하나의 수정란 세포에서 특정한 유전자 세트를 발현시킴으로써 단순히 동일한 세포들로 이루어진 무정형의 덩어리

---

3) 특별히 첨가된 DNA가 기능을 발휘하려면 정교한 기술들이 대거 동원되어야 한다. 우선 삽입된 유전자 언어의 문법과 말투를 세포의 해독 장치가 이해할 수 있게 만들어야 한다. A, T, C, G와 같은 DNA 문자들의 배열이 정확해야 함은 물론이고 유전자가 암호화하고 있는 단백질과도 잘 맞아야 한다. 문자들, 더 정확히 말해 염기들은 세 개씩 한 조를 이루어 아미노산을 암호화하는데 삼박자를 맞추고 있다는 점에서 일종의 생물학적 왈츠를 연주한다고 볼 수 있다. 삽입한 것이 박자가 맞지 않으면 왈츠를 출 수 없다. 하지만 해파리 유전자를 첨가한다면 실험하려는 유전자가 어디서 활성화되든 박자만 잘 맞으면 형광 빛으로 이를 확인할 수 있다. 이 태그는 단백질 기능에는 영향을 미치지 않을 정도로 매우 소량이다. 왈츠를 추는 많은 이들 가운데 누군가 형광 빛이 나는 모자를 쓰고 있다고 보면 된다.

가 아닌, 조직적으로 각자의 기능을 수행하는 수백 가지 유형의 세포 집합체로 발달한 것이다.

매우 정교한 연출법에 따랐지만 그 융통성에도 한계가 있다. 하나의 유전자가 타이밍을 잘못 맞춰 활성화되거나 잘못된 자리에서 활성화되거나 너무 오랫동안 활성화된 상태로 있으면 질병으로 발현되어 장애나 죽음을 초래할 수도 있다. 암 세포들은 정상적이라면 다른 유전자에게 세포 분열을 멈추라고 지시해야 할 유전자가 활성화되지 못해서(혹은 반대로 세포에게 복제를 지시하는 유전자가 영구적으로 활성화되어서) 계속 분열만 하는 세포들이다. 이렇게 통제되지 않은 복제가 지속되면 종양으로 발달한다.

특정한 유전자를 활성화하라는 명령들은 주로 그 유전자 자체가 아니라 DNA 옆에 물리적으로 부착된 단백질의 형태로 나타난다. 이러한 명령들이 부착된 부분을 조절 영역(regulatory region)이라고 하는데 쉽게 말하면 조립식 가구 상자에 들어 있는 설명서와 같다. 하나의 유전자가 단백질을 생산하면 이 단백질은 옆에 있는 유전자의 특정한 DNA 염기들과 결합하면서 유전자를 활성화하라는 명령을 전달한다. 이런 식으로 각 세포 내부에서 가동된 활성화 명령들이 세포에서 세포로 연속적으로 전달되면서 하나의 생명을 만든다. 대부분의 게놈은 상당 부분이 유전자가 아니라 단백질을 암호화하고 있는 DNA다. 게놈의 DNA에는 이런 조절 영역들이 산재해 있다. 따라서 게놈은 암호를 갖고 있지는 않으나 단백질에게 역할을 수행할 단계를 알려주는 정확한 설명서 역할을 하는 셈이다.

DNA 조작 기술을 통해 조직적인 명령 회로망을 도구로 쓸 수 있게 되면서 분자생물학은 본격적인 실험 과학으로 자리 잡았다. 생물학에서는 아주 흔한 경우지만 어떤 것의 작동 원리를 밝히기 위해 일단 그것을 고장낸다. 전통적으로 이러한 방식을 따르는 연구가 바로 유전 질병이나 돌연변이 동물에 대한 연구다. 쥐는 인간과 많은 유전자를 공유하고 있다는 점에서 실험 대상으로 자주 이용되는데 쥐를 이용한 실험은 주로 태아 상태의 쥐의 DNA를 조작하여 유전자를 망가뜨리고 그 결과를 관찰하는 방식으로 진행된다. 보통 DNA 조작은 제한효소들을 이용해 조절 영역을 삽입하거나 이식 유전자를 이어붙이는 방식으로 진행된다.

아주 엄청난 일인 것 같지만 사실 이러한 기술들은 지난 10여 년 동안 유전학에서 즐겨 쓰는 방식이었다. 더욱이 유전자 편집 과정이 산업화됨에 따라 유전학 실험도 한층 더 수월해졌다. 인간은 자연선택의 결과에만 의지하던 본래 역할을 초월할 수 있도록 진화가 제공한 연장들을 조작하고 설계하고 또 재설계하고 수정해왔다.

인간에게 질병을 유발하는 유전자의 기능을 밝히기 위한 전형적인 실험은 이미 한 세기 전부터 있었다. 유전의 원리와 계보를 이용하여 그 질병을 갖고 있는 가족에게서 유전자를 분리하는 실험이 그것이다. 일단 분리된 유전자를 수백만 번 복제시키면 특정 질병에 관여하는 DNA를 더 많이 추출할 수 있다. 추출한 DNA가 많을수록 조작한 유전자를 DNA상의 정확한 위치에 삽입하기가 한결 더 쉬워진다. 그 다음에는 이 DNA를 박테리아에 살짝 넣어준다. 미세한 전기 충격으로 박테리아의 세포막에 임시로 구멍을 뚫고 조작된 DNA를 구멍 속으로 흘려보낸다. 노련한 설계와 약간의 운이 더해지면 이

DNA는 숙주의 게놈 속에 편입될 것이다. 그러면 세포가 분열할 때마다 편입된 유전자도 숙주의 게놈과 나란히 복제된다. 이런 실험에서는 횟수가 관건이다. 박테리아가 완벽한 도구인 까닭도 조작이 쉬워서가 아니라 어마어마한 번식력 때문이다.

다음 단계는 우리가 조작하여 끼워 넣은 DNA만 남기고 박테리아를 파괴하는 것이다. 지금부터는 마음 내키는 대로 요리할 수 있다. 조작된 DNA의 RNA 버전을 만들 수도 있다. 이것만 있으면 슬라이드에 보존된 조직 안에서 혹은 동물의 한 기관이나 심지어 한 개체를 대상으로 그 유전자가 활성화되는 부위를 관찰할 수도 있다. 아니면 그 유전자는 물론이고 그 밖의 조절 요소들을 태아 쥐의 줄기세포에 삽입할 수도 있고 어미 쥐에게 이식해서 쥐가 성장할 때 유전자가 어떤 역할을 하는지 관찰할 수도 있다.[4)]

전 세계 수천 곳의 실험실에서 진행되는 기본적인 분자생물학 실험들은 거의 예외 없이 똑같다. 모든 생명의 핵심인 도구와 언어를 능란하게 다루면서 가장 기본적인 수준에서 생명 시스템을 조작하는 일쯤은 이제 누워서 떡 먹기처럼 쉬워졌다. 실험을 통해 우리는 세포

---

4) 이 과정을 '클로닝(cloning, 미수정란의 핵을 체세포의 핵으로 바꿔 놓아 유전적으로 똑같은 생물을 얻는 기술-옮긴이)'이라고 하는데 이는 공상 과학 소설이나 돌리(Dolly)라는 복제양으로 알려진 것처럼 동일한 유기체를 복제하는 것과는 관련이 없다. 내가 제인 소던(Jane Sowden)이 이끄는 런던 아동보건연구소(Institute of Child Health)의 연구팀에 속해 있었을 때 클로닝 기술로 유전학 분야에 아주 눈곱만한 기여를 한 적이 있다. 우리 팀은 안구와 홍채의 기형으로 시신경이 소실된 채 선천적으로 장님으로 태어난 쥐를 연구했는데 결함이 있는 유전자가 어떻게 또 언제 작동하는지 밝히기 위해 다양한 기술을 이용해 이 유전자와 그 밖의 유전적 요소들을 자르고 붙이는 연구를 진행했다. 간단한 클로닝 기술을 이용해 쥐의 게놈에서 기형 유전자를 잘라내고 이 유전자가 작동을 시작하는 시기와 위치를 밝혀냈다. 이후 이 유전자에 태그를 붙이고서 이 유전자를 통제하거나 이 유전자로 통제되는 다른 유전자들을 관찰했다. 연구를 통해 같은 유전자가 인간에게도 드물지만 선천적인 장님으로 태어나게 만든다는 사실을 밝히는 데 일조했다.

안에서 유전자가 작동하는 원리와 더 나아가 그 유전자를 바꾸는 방법까지도 알게 되었다. 비록 인간을 대상으로는 아직 성공하지 못했지만 동물에게서는 질병을 일으키는 유전자를 수정할 수도 있다. 이를 바탕으로 질병이 진행되는 과정을 파악해 치료 단계로까지 이어지고 있다. 지금까지 우리는 불과 몇 천 파운드의 비용으로 몇 주 만에 한 사람의 유전자 전체를 빠짐없이 읽고 특징을 밝힐 수 있는 수준으로 기술을 발전시켰다(시간과 비용은 점차 줄어들게 될 것이다).

합성생물학 10여 년의 역사

합성생물학은 유전공학에서 파생되어 발달한 분야다. 이 학문은 인류가 당면한 특정 문제들을—질병과 환경 문제를 비롯해 우주에 대한 연구까지도—공학적으로 해결하고자 하는 목표를 갖고 생물학의 원리들을 재조명한다. 합성생물학 운동은 과학 분야에 새롭게 나타난 하나의 현상이며 역사도 기껏 10년 정도밖에 되지 않았다. 물론 하위문화라는 인식도 없진 않다. 하지만 이제는 두말할 것도 없이 주류 과학과 기업들도 이 분야의 가능성을 주목하고 있다.

기후 변화와 지구 온난화는 앞으로 수십 년 동안 합성생물학이 해야 할 연구와 혁신의 범위를 결정할 것이다. 사람들의 생활 습관을 근본적으로 바꾸기가 불가능한 만큼 화석 연료의 대안을 찾는 것이야말로 가장 큰 과제이기 때문이다. 어쨌든 대안을 찾기까지 채굴보다 합성이 부분적인 해결책이 될 것이다.

식물을 에너지로 전환하여 바이오 연료를 생산하는 프로젝트는 수십 개가 있다.[5] 기본 원리는 자연에서 수많은 생명들이 에너지를 생산하는 원리와 같다. 바로 이산화탄소를 유기적인 고에너지 생산물로 바꾸어주는 탄소 고정(carbon fixation) 과정이다. 자연에서 식물은 태양 에너지를 이용해 다양한 대사 활동을 진행하면서 생존하고 성장한다. 농작물을 태우면 식물의 단단한 셀룰로오스 세포벽 안에 저장되었던 에너지가 방출된다. 하지만 좀 더 효율적으로 그 에너지를 끌어내는 방법은 식물 세포에 저장된 당을 발효시켜 태양 에너지의 산물을 곧바로 이용 가능한 기름 연료로 바꾸는 것이다. 합성생물학으로 바이오 연료를 생산하고자 하는 몇몇 기업들도 이 방법을 이용한다.

미국 버클리 캘리포니아 대학의 제이 키슬링(Jay Keasling) 교수도 이와 같은 프로젝트를 주도하고 있다. 그는 생물 세포로부터 디젤을 생산하는 데 주력하고 있는 바이오기업인 아미리스(Amyris)의 설립자이기도 하다. 아미리스는 10여 개의 DNA 덩어리로 이루어진 유전자 회로를 설계한 다음, 천연적으로 당을 발효하여 맥주에서 알코올을 생산하는 효모의 게놈에 이식했다. 유전자 회로를 이용해 디젤을 생산한 것도 대단하지만 아미리스의 야망은 입이 벌어질 정도다.

나는 그동안 아기자기한 구식 실험실에서 사무적인 신식 실험실까지 수많은 유전학 실험실을 거쳤다. 분자생물학 실험실은 영화에서 묘사하듯 대형 병원처럼 깔끔한 공간일 필요는 없다. 오븐과 냉장

5) 석유는 그 자체로 일종의 바이오 연료다. 헤아릴 수 없을 만큼 많은 유기체들이 수천만 년 동안 쌓이고 분해된 것이 바로 원유다.

고, 재료를 섞기 위한 각종 도구들이 널려 있으니 오히려 부엌에 가깝다. 그런데 아미리스의 실험실은 눈부시다. 아늑한 공간과 조명, 샌프란시스코 풍의 멋진 카페뿐 아니라 합성생물학을 산업화하는데 필요한 최첨단 기술을 갖춘 우아하고 세련된 실험실은 아주 깊고 두둑한 민간 자금이 뒷받침되어야 가능하다.

보통 실험실에서 시간을 가장 많이 잡아먹는 일은 숙주세포에 유전자 회로를 삽입하는 일이다. 이 과정을 얼마나 효율적으로 하느냐가 관건인데 여기에는 변수가 많다. 그렇다고 아주 무작위적인 것은 아니지만 실험의 성패, 즉 유전자 회로가 삽입되느냐 마느냐를 결정하는 요인이 하나 있다. 여느 실험실에서나 유전자를 조몰락거리는 사람들은 회로 속에 유전적 표시, 즉 세포를 염색시키는 태그를 심고 이를 이용해 조작된 DNA가 제대로 자리를 잡았는지 확인한다. 염색된 세포를 관찰하기 위해서는 수프가 아닌 배양접시에서 세포를 배양시켜야 한다. 염색된 세포 군락들을 확인하고 이쑤시개 비슷한 침으로 살짝 긁어내어 작은 시험관에 넣고 번식시켜야 하기 때문이다. 염색되지 않은 배양균은 소각시킨다. 사소해 보이지만 상당한 끈기를 요하는 일이고 모두 수작업으로 이루어진다.

아미리스는 이 과정을 기계화했다. 최소 인력으로, 성공적으로 잘 배양된 군락을 분당 수백 개씩, 매주 수만 개씩 채취할 수 있다. 디지털카메라가 수천 개의 효모 군락이 배양되고 있는 배양접시들과 배양 과정을 찍어서 훌륭한 군락을 가려낸다. 사무용 복사기만한 장치 안에서는 수많은 탐침들이 배양접시들 위를 빠르게 선회하며 확대해서 보여주고 잘 배양된 효모세포들을 밀리미터 이하의 정밀한 분량으로 채취한다. 채취 속도도 디스코 비트처럼 경쾌하다.

일단 회로가 삽입된 세포들에게 대단한 자극을 가할 필요가 없다. 배양만 잘 되면 저절로 디젤을 배출하기 때문이다. 샌프란시스코의 아미리스 본부 실험실에는 리터 단위로 디젤을 생산할 수 있는 300리터짜리 시험 탱크가 있다. 실험실에는 양조장과 비슷한 사과 향에 가까운 약한 단내가 풍긴다. 이들이 정제한 파르네신(farnesene)이라는 디젤이 사과의 방수성 껍질에 함유된 지방에서도 발견되기 때문이다. 연료로서 파르네신은 유황을 배출하지도 않고 질소 산화물이나 일산화탄소 배출량도 적기 때문에 석유 기반의 디젤보다 깨끗하다.

디젤 생산은 땅에서 파내는 것보다 분명한 이점들이 있다. 그러나 여기에는 한 가지 색다른 난제가 있다. 청정 연료라고 하지만 디젤은 디젤이므로 이산화탄소를 배출할 수밖에 없다는 점은 일단 차치하고 그보다 더 중요한 문제는 효모의 먹이 공급이다. 회로를 이식받은 효모들이 디젤을 생산하려면 식물성 물질, 즉 생물자원을 먹이로 바꿔주어야 한다. 그러기 위해서는 전통적인 농업을 통한 원활한 생물자원 공급이 전제되어야 한다.

아미리스는 1차 먹이인 사탕수수의 원활한 공급을 위해 브라질에 있는 기업들과 강력한 동반자 관계를 맺고 있다. 거대한 사탕수수 농장들이 많은 브라질은 디젤 생산 프로젝트에 매우 이상적인 지역이다. 1970년대 이후, 브라질에서는 석유의 해외 의존도를 낮추기 위한 방편으로 이미 바이오 연료, 특히 에탄올을 중점적으로 생산하고 있다.

색다르고 중요한 난제란 이것이다. 과연 디젤 1리터를 생산하려면 땅이 얼마나 필요할까? 아직까지 정확한 해답은 밝혀지지 않았다. 다양한 원료를 다양한 방식으로 소화하는 합성 효모를 설계한다면 이 문제도 해결할 수 있을 것이다. 브라질의 공장에서 생산된 합성 파르네신 디젤은 이미 지역의 운송 수단들과 항공기의 대체 연료로 공급되고 있다. 하지만 아미리스의 목표는 2011년까지 1갤런당 2달러 선에서 2억 리터의 디젤을 생산하는 것이었다. 아미리스는 의욕이 넘쳤다. 아미리스의 공동 창업자이자 수석 과학자인 잭 뉴먼(Jack Newman)은 내게 잔뜩 격양된 목소리로 말했다. "10억 리터도 거뜬할 겁니다."

지금으로서는 뉴먼이 기대한 10억 리터는 물거품이 된 것처럼 보인다. 한동안 아미리스는 상업적으로 이용이 가능한 합성 바이오 연료를 생산하고 판매하는 경쟁에서 승자가 될 것처럼 보였다. 하지만 2억 리터였던 애초의 목표는 2012년까지 5,000만 리터로 수정되었다. 그리고 2012년 2월에는 합성 파르네신의 상업화가 좀 더 설득력을 얻을 때까지 생산 규모를 축소하겠다고 발표했다. 유전자 연구 프로그램들은 꽤 멋지다. 하지만 경제적으로 유용한 수준까지 규모를 키우는 일은 아직 요원하다. 최첨단의 눈부신 실험실을 갖추었지만 합성 바이오 연료로 움직이는 미래를 앞당기기에는 여전히 갈 길이 멀다.

어찌되었건 그동안 인간은 병충해나 냉해에 강하면서 더 크게 성장하고 심지어 각종 비타민들이 함유되어 소비자의 건강까지 챙겨주는 작물들을 개발했다. 박테리아와 나팔수선화에서 빌린 유전자를 이용해 과학자들은 체내에서 비타민A로 전환되는 베타카로틴 함량이 매우 높은 벼 품종을 개발했다. 황금쌀(golden rice)이라는 이름으로 알려진 이 품종으로 비타민A 결핍증 치료에 새로운 가능성이 열렸다. 비타민A 결핍증은 전 세계적으로 1억 2,000만 명이 앓고 있으며 그중 200만 명 정도가 사망에 이르고 약 50만 명에게 실명을 야기한다. 하지만 황금쌀의 상용화 역시 과학과 윤리 그리고 정치적 문제들이 맞물리면서 여전히 유보되고 있다.

지금까지 몇몇 사례를 통해 합성생물학이 갖고 있는 미래와 가능성 그리고 문제들을 살펴보았다. 기초 연구의 응용이라는 점에서 합성생물학의 본질은 공학이다. 그러나 합성생물학은 선조 격인 유전공학과 더불어 여전히 아마추어 수준이다. 두 분야 모두 과학적 문제들을 비롯해 상품화나 규모 확장에 따르는 문제들, 윤리적인 문제들에 직면해 있을 뿐만 아니라 차차 살펴보겠지만 일부 사회 구성원들로부터 완고한 저항도 받고 있다.

생물학은 복잡하다. 그 복잡함의 바탕에는 어지러이 뒤얽히고 밀접하게 연결된 유전자가 있다. 유전공학으로부터 자리를 넘겨받은 지 이제 겨우 30년, 합성생물학은 복잡한 유전자의 회로망을 단순화하는 수준을 넘어 그것들을 상품화해야 하는 엄청난 숙제를 안고 있다.

2장

생명에 숨겨진 논리

"실제로 그랬다면 그랬을 수도 있지.

만약 안 그랬는데 그랬다고 우긴다면

그랬으려니 할 수도 있겠지.

하지만 정말 그러지 않았으니 아닌 건 아니지.

그게 바로 논리야."

– 루이스 캐럴(Lewis Carroll),

《거울나라의 앨리스*Through the Looking Glass*》 중에서

스위치를 누르면 불이 들어온다.

이것은 가장 간단하게 이용하는 전기회로다. 각 부분들은 한 가지 명령을 따르도록 설계되고 만들어졌다. 스위치가 열렸을 때는 빈 공간이지만 닫혔을 때는 전기에너지가 회로를 따라 빠르게 흐른다. 전구 안에 있는 필라멘트가 전기에너지의 일부를 인간의 안구 세포들이 감지할 수 있도록 바꿔주면 일순간에 어둠이 사라지고 대명천지가 된다. 기능은 말끔하고 명령은 단순하며 논리는 명쾌하고 불은 켜진다.

이번에는 노트북으로 어떤 인터넷 사이트에서 동영상을 보고 있다고 가정해보자. 수십억 개의 전기신호가 만들어지고 변형되고 전송되면서 화면에 움직이는 이미지가 나타난다. 이 회로들 각각은 마우스와 컴퓨터 그리고 파일을 전송하는 서버와 같은 하드웨어와 그 안에 내장된 소프트웨어에 의해 결정된 논리적 패턴에 순순히 따르도록 복잡하고 세밀하게 설계되었다. 이때도 논리는 철저히 명쾌하지만 경로의 복잡성은 대다수 사람들에게 거의 미스터리 수준이며 때로는 예측조차 할 수 없다. 그럼에도 우리는 컴퓨터 모니터에 움직이는 영상을 전송하기까지 앞서 수행된 수백만 개의 결정들을 신경 쓰거나 이해하지 않고도 날마다 이 복잡한 회로의 결과물을 이용한다.

고등학교에서 배운 전기회로를 떠올려보자. 건전지 하나에 ON 또는 OFF, 두 개의 출력부를 갖고 있는 간단한 스위치와 전구가 연결되어 있다. 회로를 좀 더 정교하게 조절하려면 다이오드(diode)—전류를 한쪽 방향으로만 흐르게 만드는 전기 밸브—와 같은 장치를 부착할 수도 있다. 가령 사이리스터(thyristor, 전류 제어 기능을 지닌 반도체 소자-옮긴이)를 부착하면 빛의 밝기를 조절할 수 있는 디머 스위치(dimmer switch, 소형 조광기를 조합한 스위치-옮긴이)를 만들 수 있다.

20세기에 탄생한 가장 능률적인 기술이자 가장 위대한 발명품이라 해도 손색이 없는 것을 꼽으라면 아마도 다양한 전기신호들을 통제하고 변형시키는 '트랜지스터(transistor)'일 것이다. 논리 게이트(logic gate)가 도입됨에 따라 점점 더 복잡한 회로들이 설계되고 만들어졌다. 예를 들어 AND 게이트(AND gate, 논리곱 게이트 혹은 논리곱 소자라고도 한다.-옮긴이)는 긍정적인 접속사 역할을 한다. 두 개의 전기신호가 AND 게이트로 유입된 경우 두 개의 신호가 모두 ON일 때만 ON으로 출력된다. 전자레인지도 이 논리를 이용한다. 그래서 문이 닫히고(ON) 시작 버튼이 눌러져야만(ON) 조리가 시작(ON)된다. 만약 두 개의 신호가 부정적이라면 출력도 부정적이다.

전기회로는 논리에 기반을 두고 있으며 구성 부품들에 의해 결정된 경로를 따르게끔 되어 있다. 전기 스위치에서 지금 내가 두드리고 있는 키보드에 이르기까지 정보는 디지털 신호로 질문하고 디지털 신호로 대답하는 경로를 따른다. 스위치를 켜면 불이 들어오고 엔터를 누르면 (긴 트랜지스터들의 경로와 수천 개의 다른 구성 부품들을 경유하여) 줄이 바뀐다.

지금까지 설명한 것은 지난 100년 남짓 동안 먼 우주로 신호를 보내거나 받는 수준으로 발전한 전기공학 분야에서 매우 기초적인 원리다. 휴대폰으로 전송되는 신호든, 보이저 1호에서 보내는 신호든, 모든 신호는 트랜지스터에 장착된 논리회로를 통해 전송된다.[1] 기본적인 마이크로칩 안에는 수십억 개의 트랜지스터가 있는데 오늘날 거의 모든 사람들이 이 기술에 의존하고 있다.

트랜지스터는 이루 말할 수 없을 만큼 매력적인 시스템이다. 트랜지스터 덕분에 전기가 공급되는 세상이 만들어질 수 있었다. 합성생물학의 중심에도 트랜지스터와 같은 논리와 야망이 있다. 합성생물학의 많은 부품들이 이미 완성되었고 기본적인 회로로 조립된 것들도 있다. 이 용어는 크레이그 벤터의 신시아 연구부터 나중에 설명할 유전자 암호의 재창조에 이르기까지 광범위하게 이용되지만 이 분야가 탄생하고 명맥을 탄탄히 이어가고 있는 것은 공학, 특히 전기공학의 원리를 생물학에 응용하고자 하는 과학자들 덕분이다. 수천 개의 유전자가 수천 개의 단백질을 암호화하고 이 단백질들이 서로 또는 환경과 상호작용하면서 수백만 개의 세포를 만들어내는 것을 볼 때 생명은 실로 어마어마하게 복잡하다. 그러나 유전학의 기본 논리

1) 보이저 1호는 인간이 만든 장치 중 지구에서 가장 멀리까지 갔다. 이 글을 쓰는 지금도 지구에서 180억 킬로미터나 떨어져 있다. '@nasavoyager'라는 트위터 계정으로 지금도 규칙적인 메시지를 보내고 있다.

는 간단하다. 즉 하나의 유전자가 활성화되면 그 유전자가 암호화하고 있는 단백질이 활성화되고 활성화된 단백질은 기능을 수행한다.

우리는 생명을 완전히 비논리적이라고 여기지는 않지만 생명이 설마 전자공학의 간단한 공식들을 갖고 있으리라고 생각하지 않는다. 그럼에도 불구하고 자연에는 전자공학에서 이용하는 것과 똑같은 논리 게이트의 원리가 존재한다. 복잡한 습성과 행동들도 종종 다양한 입력 신호들을 분석한 결과이기 때문이다. 식충식물인 파리지옥풀(Venus flytrap)이 자기 이름에 어울리는 일을 수행할 때도 간단하고도 꽤 정밀한 논리회로를 따른다. 턱처럼 맞물리는 두 장의 이파리 안쪽 면의 가느다란 털들은 잎을 오므라들게 하는 일종의 방아쇠다. 그런데 두 잎이 다물어지려면 대사 에너지가 필요하다. 그래서 파리지옥풀은 아무런 소득도 없이 (말하자면 파리 한 마리도 못 잡고) 에너지를 낭비하는 일이 없도록 진화했다. 파리 한 마리가 꼼지락대다 이파리 안쪽의 털을 살짝 건드리면 타이머가 돌아가기 시작한다. 20초 내에 두 번째 자극이 감지되면 10분의 1초도 안 되는 찰나에 두 잎이 척 오므라들며 닫힌다.

이와 같이 두 잎이 덫처럼 오므라들게 하려면 입력 신호들의 합이 필요하다. 즉 회로 전체가 ON이라는 출력 결과를 내려면 털에 가해지는 자극이 모두 ON이어야 한다. 이때 이중 자극은 일종의 AND 게이트인 셈이다. 또한 각각의 자극에는 타이머가 장착되어 있으므로 전반적인 전기적 경로를 간단하게 표현하면 다음과 같다. 'IF TRIGGER 1 + TRIGGER 2 〈 20″ THEN CLOSE JAW'(자극 1이 있고 20초 내에 자극 2가 오면 턱을 닫는다).

물론 이 과정은 파리지옥풀 세포 내부의 기관들이 파리의 접촉이라는 물리적 감각에 반응하는 특정한 단백질들을 도구로 이용해 진행된다. 하지만 작동되기를 기다리는 덫의 생물학적 행위는 전자공학과 아주 유사한 직렬 논리를 따른다. 생각이나 의식을 통해 결정을 내리는 것이 아니라 그냥 프로그램을 따르는 것이다.[2)]

그러나 대부분의 생명체들은 웬만해선 풀기 어려운 훨씬 더 복잡한 논리를 따른다. 기능성 단백질을 생산하기 위한 유전자의 활성화는 시간과 장소에 제약을 받는다. 유전자는 세포 내에서 자신을 활성화시켜주는 환경, 즉 가깝거나 먼 이웃 세포들과 길고 짧은 신호들을 주고받으며 반응한다. 유전자 자체는 사람에 따라, 생물 개체에 따라 미세하고 미묘한 차이가 있다. 이 차이가 유전자의 기능과 출력물을 결정하며 사람들을 저마다 다르게 만들어준다. 다양성이 중요한 까닭은 그것을 바탕으로 자연선택이 작동되고 진화가 전개되기 때문이다. 다양성과 유전자들, 환경의 복잡 미묘한 상호작용이 결합되면서 우리 각자는 완벽한 고유성을 갖게 된다. 지문이 모두 다른 이유도 이 때문이다. 심지어 동일한 유전자로 시작된 일란성 쌍둥이의 손가락 지문조차 이러한 이유로 모두 다르다.

본래부터 디지털 방식으로 작동하는 세포도 있다. 역동적으로 성장하고 서로 연결되어 생각과 감각을 만들어내는 뇌의 신경세포, 뉴

---

2) 질적인 면에서 파리지옥풀의 덫 회로는 전자공학의 회로와는 다르다. 왜냐하면 그 과정의 바탕에 깔려 있는 유전자 논리는 덫을 작동시키기 위함이 아니라 덫 자체를 만드는 논리이기 때문이다. 즉 잎을 턱처럼 벌어지게 하고 털이라는 방아쇠로 무장하기 위한 논리라는 의미다. 그 논리는 단백질로 나타나는데 이 단백질들이 논리의 경로를 구성하는 성분으로 작동한다. 전자공학에서 논리는 회로를 통해 흐르는 전기의 흐름에 좌우된다.

런이 그렇다. 뉴런은 오로지 다른 세포들로부터 (대전된 원자의 형태로) 입력된 신호들이 특정한 임계점에 이르러야 발화된다. 활동 전위(action potential)라는 극적인 이름을 가진 이 과정이 뉴런을 디지털 방식으로 작동하게 만든다. 즉 ON이 될 때까지 뉴런은 OFF 상태다. 하지만 이 단순성만 믿고 뇌를 이해하기 쉽다고 생각한다면 큰 오산이다. 뇌에는 1,000억 개 이상의 세포들이 존재하고 그 세포들 각각은 수천 가지 방식으로 서로 연결된다. 이는 다시 말해 우리가 살아 있는 매순간 수백조 개의 스위치들이 수천 분의 1초 안에도 켜졌다 꺼지기를 반복하고 있다는 의미다.

생명이 갖고 있는 스위치들은 대부분 단순한 이진법 스위치가 아니다. 세포의 종류도 수백 가지나 되고 미묘한 변화나 무수한 입력 신호들에 자극받는 스위치들도 그에 못지않게 다양하다. 뉴런이 그렇듯이 유전자도 실제로는 전구처럼 ON 또는 OFF로 작동할는지 모른다. 하지만 유전자의 ON에도 강약의 차가 있을 테고 언제 어디서 활성화되느냐에 따라 기능이 달라질 수도 있다. 이러한 사실을 감안하면 우리의 게놈 안에 들어 있는 (인간의 생명 활동을 설명하는 데 필요하다고 추정했던 숫자보다 훨씬 더 적은) 고작 2만 2,000개의 유전자를 가지고도 인간의 복잡성을 밝힐 수 없는 까닭이 어느 정도 설명된다. 또한 하나의 유전자에 생긴 변이가 눈과 신장에서 별개의 질병을 유발하는 까닭도 설명이 된다. 특정한 유전자가 언제 어떻게 통제되느냐에 따라 완전히 다른 조직에서 완전히 다른 기능들로 나타날 수 있기 때문이다.

복잡한 세포 생명 속에 숨겨진 근본적인 논리를 밝혀야 하는 생물학에는 당혹스러울 만큼 복잡한 요인들이 너무 많다. 정교함만으로도 골치가 아픈데 그 와중에 예측할 수 없는 변이까지 일어나니 복잡하지 않을 도리가 없다. 생물학적 명령들 일체를 갖고 있는 게놈은 교향곡 악보와 같다. 단지 악보에 적힌 8분 음표, 4분 음표, 2분 음표를 해독하는 것으로는 교향곡의 충만한 아름다움을 표현할 수 없다. 교향곡의 총체적 아름다움은 작품에 대한 해석과 미묘한 음조를 살린 연주로 표현된다.

우리는 때로 겉으로 보이는 생명 시스템의 불가해한 복잡성을 음악이 아닌 '잡음'으로 생각한다. 생명 시스템은 우리가 이해할 수 없는 모든 것, 유전자들의 작용에서 발생하는 자연적 변이나 지금까지도 밝히지 못한 단백질과 분자들의 상호작용과 같은 것들의 조합이다. 생물학이 합성생물학이라는 하나의 과학으로 자연스럽게 발달했다는 것은 이 미묘한 복잡성을 직시하고 정밀하게 조사하기 시작했음을 의미한다. 한마디로 합성생물학은 명쾌하고 단순한 논리회로와 프로그램을 갖고 있는 새로운 생명 형태, 생존이 아닌 목적을 위해 설계된 새로운 생명 형태를 창조함으로써 그 복잡성에 휘말리지 않으려는 바람에서 출발한 학문이다.

암세포를 겨누는 저격수

"일종의 프로그램이라고 생각하면 됩니다. DNA 조각이 세포 안에 들어가서 다음과 같은 명령을 내립니다. '암세포라면 단백질을 만들어 그 암세포를 죽여라. 암이 아니라면 통과하라.' 지금 그런 명령을 실행하는 프로그램을 설계할 수 있습니다. 당장이라도 살아 있는 세포에 침투시켜 검증할 수도 있습니다."

합성생물학이라는 현대 공학 분야를 개척한 사람으로 꼽히며 지금은 매사추세츠 공과대학(MIT, Massachusetts Institute for Technology) 교수로 재직 중인 론 바이스(Ron Weiss)는 2011년 가을 그의 팀이 발표한 획기적인 연구를 그렇게 설명했다. 바이스와 그의 팀은 컴퓨터 회로의 논리와 언어를 생물학적 성분들과 결합하여 효과적인 암세포 킬러 회로를 만들었다.

이 킬러 회로는 특정한 암세포를 확인하고 처단하는 임무를 수행하기 위해 만들어진 조립식 DNA다. 조립된 회로는 바이러스의 유전자 암호에 삽입되는데 회로가 삽입된 바이러스는 본래 성향들을 통제할 수 있도록 변형된다. 이 바이러스가 악성 세포를 만나면 수많은 바이러스가 그러듯 세포에 침투해 (암살 프로그램이 장착된) 합성 게놈을 숙주의 DNA에 붙여 놓는다. 바이러스 감염이라는 자연 술수에 넘어간 숙주세포는 무심코 킬러 회로를 해독한다. 그러면 회로 프로그램이 실행되면서 숙주세포는 자멸의 수순을 밟는다.

킬러 회로는 암세포에만 있는 특정한 분자의 존재 여부를 묻는 다섯 개의 질문으로 구성된다. 모두 부정적인 답이 나오면 프로그램은 중단된다. 킬러 회로는 작동을 멈추는 동시에 자멸하고 세포는 정상적으로 자신의 삶을 산다. 하지만 다섯 개의 질문에 대한 답이 모두 'yes'라면 암살 작전이 진행된다. 회로 속에는 숙주세포 자체에 내장된 자살 프로그램을 작동시키는 유전자가 들어 있다. 성실함과 설득력을 동시에 갖춘 이 암살자는 사냥감이 법의학적으로 실제 목표임을 확인하면 목표물에게 조용히 자살을 요구한다.

유전자 회로는 복잡하지만 동시에 논리적이다. 단적으로 마이크로 회로와 유사하다고 하면 진부한 말 같지만 실제로 유전자 회로 시스템은 모두 전자공학에서 파생된 특수한 논리연산을 바탕으로 한다. 유전자 회로도 AND 게이트와 같은 전기 부품들의 간소화된 논리연산을 이용한다. 또한 ON에서 OFF로 또는 역으로 입력 신호를 뒤집어버리는 NOT 게이트도 이용한다.

이 회로가 노리는 악성 세포는 아마 전 세계 암세포 실험실에서 가장 널리 연구되는 헬라세포(HeLa cell)일 것이다. 이 세포는 헨리에타 랙스(Henrietta Lacks)라는 젊은 흑인 여성의 자궁 경부에서 떼어낸 암세포에서 유래한 불멸의 세포다. 1951년 그녀의 자궁 경부에 있던 암에서 긁어내 실험실에서 배양된 헬라세포는 얼마 되지 않아 '불멸'의 세포라는 사실이 입증되었다. 보통 세포들은 점점 허약해지다 결국 분열 능력을 완전히 상실하고 죽음에 이른다. 그러나 헬라세포는 유전자 논리회로의 특이한 결함 때문에 무한히 번식하고 있다. 끈질긴 생명력 덕분에 헬라세포는 전 세계 곳곳의 실험실로 분배되어 현존하는 악성 세포들 가운데 가장 많은 사람들이 연구하는 세포가 되었다. 그 특징들이 잘 연구된 덕분에 헬라세포는 매우 강도 높게 조작된 유전자 회로의 훌륭한 실험 대상으로 쓰인다.

대부분의 세포들은 법의학적으로 세밀한 측면들까지 밝혀지지 않았기 때문에 아직은 극히 간단한 식별도 어려운 실정이다. 하지만 헬라세포는 분자의 존재를 묻는 다섯 개의 질문을 모두 정확하게 인지하므로 전자공학의 참값(TRUE value)에 해당하는 자격을 갖는다. 이 암살 회로는 매우 정밀해서 사실상 생물학적인 컴퓨터나 마찬가지다.

유전자 회로 시스템은 합성생물학이라는 신생 학문의 최고점이다. 현재까지 가능성으로만 타진되고 있는 모든 잠정적 치료법들과 마찬가지로 유전자 회로도 인간에게 이용하기까지 아직 갈 길이 멀다. 현재는 배양접시 안에 있는 세포를 대상으로 실험하고 있을 뿐이다. 그 다음은 동물실험이 될 것이다. 살아 있는 생명의 복잡다단하고 역학적인 잡음들 때문에 동물에서는 회로를 통제하기가 더욱 곤란할 것이다.[3] 하지만 치료법으로서 킬러 회로의 정확도는 충격적일 만큼 놀랍다. 암은 종류도 무수히 많을 뿐 아니라 전이되고 성장하면서 변이를 일으키는 성질을 갖고 있다.

다시 말해 우리가 끊임없이 움직이는 목표물을 조준하고 있다는 의미다. 화학요법과 방사선요법은 여전히 종양의 가장 효과적인 공격법이긴 하지만 두 치료법 모두 악성 세포와 건강한 세포를 무차별적으로 공격한다. 방사선요법이 부수적 위험을 초래하는 융단폭격이라고 한다면 유전자 회로를 이용한 치료법은 노련한 저격수인 셈이다.

유전자 회로 치료법은 프로그램화가 가능한 생물학적 장치 개발에 10여 년을 바친 연구자들의 결과물이다. 암에 대항하는 무기로서 이 킬러 회로는 기능도 명쾌할 뿐만 아니라 암의 종류에 따라 미리 조립할 수 있기 때문에 사전 대책으로서 이점도 있다.

3) 실제로는 세포에서 세포로 진행된다. 암과 관련해 가장 당혹스러운 점은 암세포의 DNA가 매우 빨리 변이를 일으키며 킬러 회로처럼 정밀한 치료법의 공격에도 매우 다양하게 반응한다는 점이다.

생명은 시간을 지키려고 애쓴다

생물학적 부품 창조의 첫걸음은 2000년 〈네이처〉지에 실린 두 편의 논문이 생물학과 전자공학 사이의 장벽을 통쾌하게 허물면서 시작되었다. 그중 한 편은 대장균 안에 장착한 생물학적 시계에 관한 논문이었다. 프린스턴 대학의 마이클 엘로위츠(Michael Elowitz)와 스타니슬라스 레이블러(Stanislas Leibler)는 다른 유전자들의 단백질 생산을 자연스럽게 방해하는 세 개의 DNA 조각들을 이어 붙여 단순히 유전자를 ON 또는 OFF 시키는 수준이 아니라 유전자의 ON과 OFF가 파동을 이루며 진동하게 만들었다. 파동은 각 유전자의 다음 번 출력을 거꾸로 바꾸면서 지속된다. 이를테면 하나의 유전자가 다음 유전자를 끄고 꺼진 유전자가 다시 다음 유전자를 켜는 식이다. 세포는 복제와 성장을 하면서 자연적인 주기를 갖는데 두 사람이 만든 회로는 이 주기에 연결되지 않는다. 녹색형광단백질 유전자를 태그로 이용해서 이 회로의 출력 결과를 보면 세포는 느린 파장으로 녹색을 띤다.

두 번째 부품은 보스턴 대학의 티모시 가드너(Timothy Gardner)가 이끄는 팀이 만들었다. 이 팀이 만든 부품은 한마디로 '쌍안정 회로(bistable circuit, 하나의 스위치로 두 개의 상태를 취할 수 있는 장치나 회로-옮긴이)'라는 전기 부품을 유전자 버전으로 만든 것이었다. 쌍안정 회로보다 '플립플롭 회로(flip-flop circuit)'라는 용어로 설명하면 더 이해하기 쉬울 것이다. 이런 유형의 스위치는 두 개의 상태를 전환시키지만 두 상태 모두 기능을 가진다. CD 플레이어의 버튼을 한 번 누르면 켜지고 다시 누르면 꺼지지만 꺼진 상태에도 주요 전력은 끊어지지 않은 대기 상태다. 따라서 플레이어는 두 상태, 즉 ON과 ON STAND-BY 상태를 가지며 어느 쪽으로 전환되든 가용 가능한 상태다.

위의 두 공학 프로젝트는 모두 비자연적 부품을 만들기 위해 생명의 언어를 조작했을 뿐만 아니라 전자공학의 언어를 생물학에 도입하여 비자연적 부품을 만듦으로써 실용적 설계 정신을 실현한 것이다. 두 프로젝트에는 전자공학 사전(어쩌면 공상 과학 사전)에서 튀어나온 것 같은 이름이 붙었다. 파동을 따라 빛나는 회로에는 '리프레실레이터(repressilator)'라는 신종 전자 기기 같은 이름이, 쌍안정 플립플롭 장치를 닮은 회로에는 '토글스위치(toggle switch)'라는 기존 전자 부품과 같은 이름이 붙었다.

이 두 발명품은 프로그램을 실행하도록 설계된 미세한 장치면서 DNA로 만들어졌으니 합성생물학이 창조한 최초의 부품으로 보는 것이 당연하다. 이 부품들을 창조하면서 문을 연 합성생물학 공작실에서는 그 후로 여러 가지 메커니즘들과 연장들, 부품들과 조각들이 연이어 만들어졌다. 모두가 진화의 연장통에서 찾아낸 DNA를 섞고 조작하고 재설계해서 만든 것들이다.

지난 10여 년간 우리의 연장통은 유전자 조작을 통해 종 사이의 장벽을 깨뜨린 삽입물을 필두로 여러 가지 스위치들, 펄스 발생기와 타이머들, 진동자와 계산기, 논리연산자 등 각종 부품들로 채워지고 있다. 다양한 부품들을 조립함으로써 우리는 유전자와 단백질의 기능, 세포의 성장과 복제와 대사, 더 나아가 세포들이 서로 소통하는 방식에까지 생명 시스템을 통제할 수 있다.

2009년 캘리포니아 대학의 제프 해스티(Jeff Hasty)와 그의 동료들은 암세포 킬러 프로그램보다 실용성은 현저히 떨어지지만 그에 못지않게 복잡한 회로를 만들었다. 대부분의 생명은 시간 엄수 주기를 기본적으로 갖고 있다. 이를 '24시간 주기 리듬'이라고도 하는데 이 리듬에 따라 밤낮과 같은 시간의 흐름과 관련된 생명의 모든 행동 패턴이 결정된다. 인간의 대사 활동은 세포가 조절한다. 주기적인 인슐린 분비나 수면 주기 조절에도 세포의 대사 활동이 관여한다. 규칙적으로 야간 업무를 하는 사람들은 이러한 대사 활동을 제대로 수행하는 데 어려움을 겪는다. 우리 몸에서 이 주기를 결정하는 타이머가 작동하는 방식에 대해서는 완전히 밝혀지지 않았지만 그 메커니즘은 합성 회로에 인공적으로 만들어 장착한 생물학적 시계와 유사하다.

해스티는 째깍거리는 시계처럼 규칙적으로 활성 박동을 일으키는 합성 회로를 설계하고 싶었다. 세포의 계시기(計時機) 역할을 하는 이 진동자는 유전자를 활성화하도록 꼼꼼하게 설계된 환상(環狀) 회로, 즉 순환하는 일련의 명령을 따르는 세 개의 유전자에 의해 결정된다. 가령 친구 세 명이 한 변의 길이가 20미터 남짓인 삼각형의 각 꼭짓점에 서서 가운데를 바라보고 있다고 생각해보자. 꼭짓점마다 의자가 있지만 각자의 오른쪽 옆 친구가 의자에 앉으면 자신은 서 있어야 한다. 첫 번째 친구가 일어서면 두 번째 친구는 앉고 세 번째 친구는 선다. 다시 첫 번째 친구가 앉으면 두 번째는 서고 세 번째는 앉는다. 이런 지속적인 반응을 음성 피드백 고리(negative feedback loop)라고 하는데 여기서 세 친구의 반응시간이 곧 활성 시계가 되는 셈이다. 네 명이 있으면 이 시계는 작동할 수 없다. 한 바퀴를 돌아 네 번째 친구가 자리에 앉으면 첫 번째 친구가 다시 앉을 수 없기 때문에 흐름이 끊긴다.

다시 세 명의 게임으로 돌아가자. 이 게임은 친구들이 실수하지 않는 한 지속되겠지만 출력물은 없다. 이번에는 앉고 서는 게임에 또 하나의 규칙을 적용해보자. 첫 번째 친구만 노래를 부르되 서 있을 때만 불러야 한다. 이 규칙에 따라 게임을 한다면 첫 번째 친구는 한 바퀴를 돌 때마다 노래를 불러야 한다. 만약 우리가 눈을 감고 있다면 첫 번째 친구가 부르는 노랫소리만 규칙적으로 들릴 것이다. 이것이 가장 기본적인 생물학적 진동자다.

합성생물학의 진동자에서 유전자 A가 활성화되면 A는 B라는 유전자의 활성을 끄고, B는 C를 활성화시키고, C는 다시 A의 활성을 끄면서 회로를 완성한다. 세 개의 부품들—유전자들과 활성 순서—로 구성된 이 회로를 박테리아 내부에 삽입하는 것이다. 다시 친구들을 예로 들었던 게임으로 돌아가 보자. 노랫소리가 들려오는 빈도는 각자 옆 사람의 행동에 반응하는 속도로 결정된다. 세포에서 회로의 순환 속도는 단백질이 생성되는 속도로 결정된다. 유전자 A가 유전자 B의 활성/비활성과 연결된 기능성 단백질로 해독되고 다시 유전자 B가 C의 활성/비활성과 연결된 단백질로 해독되는 식인데 각 단계에는 시간이 걸린다. 이렇게 단계마다 걸리는 시간이 시계 기능을 하는 것이다.

규칙적인 노래 한 소절과 마찬가지로 박테리아에서 순환의 출력물은 규칙적인 주기로 느리게 빛나는 형광성 단백질이 될 것이다. 합성생물학에서는 이러한 DNA 회로를 통제하는 데서 더 나아가 미세

조정까지 할 수 있기를 바란다. 다른 환상 회로들과 다른 메커니즘들을 첨가하여 논리회로를 더 복잡하게 만들면 출력물의 빈도와 강도를 더 많이 통제할 수 있다.

기본적인 생물학적 시계가 갖고 있는 한 가지 한계점은 단순한 진동자 회로가 순전히 자기 충족적이라는 점이다. 시계로 따지면 마치 사람들 각자의 손목시계는 모두 정확하지만 서로 시간대가 다른 것과 같다. 시간은 우리 모두가 같은 시각으로 맞춰야만 가장 유용하게 이용할 수 있다. 그러지 않으면 10시 뉴스를 시청하는 일이 복권 당첨만큼이나 어려울 테니까. 박테리아의 경우, 규칙적인 박동을 생산하도록 하나의 세포를 공학적으로 조작하는 것도 쉬운 일은 아니지만 이 박동을 박테리아 개체군 전체에 동시적인 파동으로 전환하기란 보통 어려운 일이 아니다. 대장균은 대략 20분마다 복제를 하니 그 많은 수를 일사불란하게 통제하기는 너무 버겁다.

하지만 해스티가 합성한 회로는 이웃한 모든 대장균들에게 신호를 보내는 동시에 순환이 개시된다. 삼각형의 꼭짓점에 있는 세 친구들과 달리, 이 회로는 축구장 관중이 파도타기를 하는 것과 같다. 옆자리 사람이 앉을 때 일어서야 하는 것은 똑같지만 여러 층의 사람들이 동시에 행동해야 한다. 파도타기는 한 사람이 아니라 수천 명의 관중이 연출하는 진심 어린 환호의 출력물이다. 저속 촬영한 영상의 속도를 높이면 박테리아도 녹색으로 빛나며 물결처럼 일렁인다. 제대로 된 파도타기를 해본 적이 있는 사람이라면 누구나 파도타기의 감동을 알 것이다. 하지만 군락을 이룬 박테리아는 개체 수에서 세상 어떤 경기장의 관중 수를 능가한다. 합성 박테리아에서 완벽한 동시성이 연출되는 모습은 마치 전 세계 모든 신호등이 동시에 녹색등으로 빛나는 것과 같다. 이는 새로운 합성회로를 통한 통제력을 보여주는, 실로 기막힌 기술이다. 또한 합성세포들 개체군의 출력물에 '동시성'을 주는 도구로서도 매우 의미 있는 가능성을 가진다.

구운 감자를 맛있게 먹은 후 우리 몸에 흡수된 탄수화물과 지방은 언제 어떻게 처리될까? 처리 절차를 지시하는 것이 바로 인슐린이다. 포도당(glucose)은 세포에게 (더 나아가 유기체에게) 에너지를 공급하는 연료인데 혈액 속에서 이 단당류의 농도는 아주 정교하게 균형을 이루고 있다. 너무 높거나 너무 낮으면 치명적이다. 섭취하는 음식을 통해서도 포도당이 공급되지만 다른 식품 성분들이 근육이나 간에 지방과 같은 형태로 저장되어 있다가 포도당으로 전환되기도 한다. 지금 막 초콜릿 바 하나를 게 눈 감추듯 먹었든지 또는 몇 시간 동안 굶었든지 상관없이 우리 몸은 포도당을 지속적으로 공급하여 세포가 에너지를 얻도록 온갖 메커니즘과 생물학적인 속임수 암호들을 진화시켰다.

인슐린은 포도당 농도를 조절하는 데 없어서는 안 될 긴요한 호르몬으로 다양한 조직의 세포들에게 혈액으로부터 포도당을 취하라는 명령을 내린다. 이 명령이 내려지면 혈액 속 포도당 농도가 감소하며 저장된 지방을 포도당으로 전환하는 스위치도 꺼진다. 인슐린은 혈중 포도당 농도가 높아지면 생산이 촉진되고 한계점에 이르면 생산이 중단된다. 따라서 인슐린 생산은 그 자체로 피드백 고리의 일부라 할 수 있다. 중요한 것은 심지어 우리 몸이 쉬고 있을 때조차도 신기하게 인슐린 생산이 조절된다는 점이다.

혈중 포도당 농도와 상관없이 인슐린의 양은 마치 공회전하는 자동차처럼 3분 내지 6분 간격으로 완만하게 박동한다. 이 과정에 장애가 생긴 것이 바로 당뇨병이다. 이론적으로는 인슐린(혹은 다른 호르몬)의 생산에 박동을 일으킬 수 있는 합성회로를 개별 세포가 아니라 한 개체의 모든 세포에 삽입한다면 자연스러운 박동을 매우 효과적으로 모사할 수 있을 것이고 궁극적으로 당뇨병 환자의 치료제로 쓰일 가능성도 클 것이다.

론 바이스의 암세포 킬러 회로와 마찬가지로 아직은 공학적으로 조작된 생물학적 회로들을 실제 임상에서 이용할 수는 없다. 이러한 프로그램은 기존의 살아 있는 세포라는 장치가 없으면 복제도 못하고 프로그램도 실행하지 못하도록 변형된 바이러스를 운반체로 이용한다. 이 바이러스를 세포에 감염시켜야만 내장된 프로그램대로 진단과 판결을 내릴 수 있다. 하지만 현재까지 합성생물학의 회로 대부분은 박테리아의 게놈에 삽입하는 수준에 그치고 있다.

합성회로를 인간에게 실험할 수준에 이르려면 갈 길도 멀거니와 프로그램을 운반하거나 필요한 위치에 가져다 놓아야 하는 결코 사소하지 않은 문제도 해결해야 한다. 박테리아 자체는 프로그램을 운반하고 회로의 출력물을 생산하는 장치를 담고 있는 그릇이다. 인간의 몸은 박테리아로 덮여 있고 내부도 거의 박테리아로 채워져 있다. 우리 몸에는 인간 세포보다 대략 열 배나 많은 박테리아가 존재한다. 거의 모든 박테리아가 성질도 온순하고 유익한데 특히 장에 존재하는 수십억 마리의 마이크로바이옴(microbiome, 장내 미생물이라고도 한다.-옮긴이)은 선천적으로 우리에게 없는 소화 기능을 제공한다. 하지만 한편으로 우리 몸은 새로운 침입자들을 색출하고 파괴하는 능력도 뛰어나다. 따라서 유전자 회로를 이식한 합성 박테리아를 우리 몸의 면역 시스템에 발각되지 않게 하려면 분자로 된 투명 망토라도 입히지 않으면 안 된다.

수십억 년 동안 외부 침입자의 정체를 간파하는 능력을 진화시킨 면역 시스템은 제멋대로 방랑하는 합성 박테리아를 엄격하게 단속할 게 뻔하다. 그에 대한 대안이라면 면역 시스템의 눈에 띄지 않도록 박테리아를 잘 포장하는 일일 것이다. 믿기지 않겠지만 NASA가 바로 이 문제를 연구하고 있다.

NASA와 합성생물학

NASA 에임즈연구소는 미국 어디서나 볼 수 있는 작고 평범한 도시 같다. 캘리포니아 고속도로에서 약간 벗어난 곳에 널찍한 도로들과 잔디 광장이 펼쳐져 있고 넓고 푸른 하늘이 벽토를 바른 건물들을 덮고 있다. 이 평범한 건물들 속에는 과학이 미래를 가져오리라는 1950년대 흥분에 달뜬 낙관주의에 대한 찬가가 스며 있다. 또한 몇 블록에 걸쳐 비행기 한 대는 족히 들어갈 만한 세계에서 가장 큰 통풍 터널이 설치되어 있다. 거대한 석쇠처럼 생긴 검은색의 직사각형 공기 흡입구는 NASA의 몇몇 과학자들이 그 아래서 스트리트 하키를 즐기는 모습을 보기 전까지 규모를 감히 짐작하기도 어려웠다. 북쪽의 네 블록은 1930년대 지어진 거대한 격납고로, 금세 단종된

경식 비행선을 제작했던 곳이다. 모퉁이를 돌면 무균실이 있는데 차세대 달 탐사선—라디(LADEE, Lunar Atmosphere and Dust Environment Explorer)—이 공중에 매달려 있고 전문가들이 이 탐사선에 장착할 이산화탄소 기반의 부양 추진 엔진을 시험하고 있다.

물론 NASA의 존재 이유는 우주 탐사다. 널찍한 교차로 한쪽 모퉁이에는 마치 운석이라도 충돌한 것처럼 표면에 구멍이 숭숭 뚫린 콘크리트 건물이 한 채 있다. 이 건물 안에서 NASA의 합성생물학 프로그램 연구원들은 지상의 인간들 앞에 놓인 가장 큰 문제들과 낯설고 새로운 세상을 탐험하려는 인간의 욕구를 해결하기 위해 현미경으로나 볼 수 있는 작은 것들을 조작하고 있다.

지구에는 에너지와 생명을 공급하는 한편, 지구 밖에서는 결코 자비롭지 않은 태양빛이 에임스 기지를 비추고 있다. 태양은 예측할 수도 없이 산발적으로 매우 강력한 에너지 입자들을 쏘아대는데 그 강도는 지상의 전력 공급을 교란시킬 만큼 강력하다. 이처럼 우주 공간에서 지속적으로 고에너지 입자를 내뿜는 별들 때문에 은하계는 방사선으로 가득 차 있다.

지구를 담요처럼 감싸고 있는 대기권을 벗어나면 바로 이 산발적인 태양 표면 폭발과 우주선(線)들이 인간의 우주 탐사를 저해하는 가장 큰 위험들로 다가온다. 성간물질의 일종인 방사선은 DNA를 무작위로 파괴한다. 하지만 대부분의 경우 문제가 되지 않는다. 왜냐하면 DNA 복구는 세포 안에서 이루어지는 주요 기능이기 때문이다. 복제-편집 기능을 가진 단백질 군단이 잠시도 쉬지 않고 암호 속 실수들이나 이중나선 구조의 사슬들에 잘못 끼워진 암호들을 확인하고 수선한다.

가끔 세포 분열을 관리하는 유전자 중 하나가 상처를 입을 수도 있다. 만약 세포에게 자가 복제를 중단하라는 지시를 내리는 유전자가 상처를 입는다면 암—통제나 제한을 받지 않는 세포 증식—이 시작된다. 반대로 세포에게 지속적인 복제를 지시하는 유전자들이 망가지면 세포가 원래 갖고 있는 자살 프로그램이 가동되는 결과를 낳는다.[4] 세포의 자살이든 증식이든 통제되지 않으면 한 유기체의 건강과 행복에 나쁜 영향을 미친다. 지금도 끊임없이 위험한 방사선에 노출되지만 그 양이나 노출 빈도는 대개 미미한 수준이다. 병원에서 X레이를 찍을 때 방사선 기사가 방호용 차폐 뒤에 서 있는 까닭도 이 때문이다. 하루에도 수십 번씩 방사선에 노출되는 방사선 기사들은 차폐 뒤에 숨지 않으면 치명적인 결과를 맞게 된다. 우주에서는 이런 방사선을 피할 도리가 없다.

2005년 미 연방항공국(US Federal Aviation Administration)은 14개월 동안의 체류 가능성을 포함한 가상의 화성 왕복 프로그램을 출범시켰다. 연방항공국은 태양 표면의 폭발로 인한 방사선 노출량을 계산한 뒤 우주비행사들의 (백내장이나 불임을 포함한 여러 가지 건강 상태뿐만 아니라) 암 발병률이 심각하게 높아질 것이라고 결론을 내렸다. 지구에서 약 8,000만 킬로미터까지가 안전선인데 그 선을 지키자면 태양까지 가다가도 중간에 돌아와야 한다. 방사선 노출로부터 인간

---

4) 공교롭게도 세포의 자살은 자궁 안에서 태아의 성장과 발달에 매우 중요한 역할을 한다. 예를 들어 태아일 때 손은 주걱 모양으로 형성되기 시작하고 그 안에서 손가락이 자란다. 주걱 모양 속 세포들이 자살해야 비로소 갈퀴 부분이 갈라지면서 손가락이 나타난다.

을 보호하기 위해 우주선에 보호 장치를 씌우는 방법도 있겠지만 지구에서 출발할 때 드는 비용과 추진력을 계산했을 때 늘어나게 될 우주선 무게 역시 중대한 문제가 된다. 공학뿐 아니라 생물학적 한계 때문에 우주는 여전히 두려움의 대상이다.

인간 면역 시스템에는 방사선의 위험한 효과에 대처하는 방어 수단이 내장되어 있다. 이 방어 수단은 방사선보다 훨씬 약하지만 일광화상을 입히거나 다른 방식으로 DNA에 위험을 초래하는 자외선에 대항하기 위해 자연적으로 생긴 것이다. 일단 위험을 감지하면 치밀한 DNA가 사이토킨(cytokine)이라는 작은 분자를 생산하는 유전자의 스위치를 켜고 세포에서 세포로 빠르게 명령이 전달되어 단계적인 복구 프로그램이 가동된다. 하지만 이 프로그램에는 한계가 있다. 특히 장시간 방사선 노출에 대응하기에는 역부족이다. 그래서 자연적인 복구 능력을 강화하고자 간혹 사이토킨 치료법을 쓰기도 한다.

NASA 에임스 기지의 데이비드 로프터스(David Loftus)와 그의 팀은 방사선이나 DNA 손상을 찾아내는 시스템을 입력 신호로 사이토킨 분비 조절을 출력 신호로 설정한 합성회로를 구상 중이다. 이 프로그램은 자연적인 면역 시스템을 촉발하는 분자를 출력한다는 점에서 암세포 킬러 회로와는 다르다. 따라서 바이러스 속에 회로를 내장하여 세포에 감염시키는 것으로는 프로그램을 작동시킬 수 없다. 출력물이 독립적으로 생산되어야 하기 때문이다. 합성 분자를 생산하는 최적의 공장은 박테리아다. 문제는 박테리아가 인간의 면역 반응을 자극하지 않고 어떻게 인간 몸속으로 안전하게 들어가느냐다.

아직은 회로도 완성되지 않았고 완성된다 하더라도 여타 합성생물학 프로젝트들이 겪었던 것과 똑같은 문제들을 피할 수도 없을 것이다. 그러나 로프터스가 이끄는 팀은 박테리아 세포를 수용할 수 있는 캡슐을 만들었다는 점에서 놀라운 쾌거를 이루었다. 합성생물학에서 전기회로가 새삼스러울 것도 없는 것처럼 로프터스의 바이오캡슐도 탄소나노섬유라는 신소재로 만들어졌다. 아주 작은 캡슐 형틀을 펌프에 부착된 피하 주사기 끝에 장착하고 이 주사기를 탄소나노섬유가 들어 있는 현탁액 속에 담그면 글자 그대로 나노섬유가 형틀 속으로 빨려 들어가면서 캡슐 모양을 형성한다. 이 캡슐은 길이 0.5센티미터, 폭 0.5밀리미터 정도로 딱 알파벳 소문자 'l'자만하다. 캡슐의 크기는 작지만 박테리아는 그보다 훨씬 더 작기 때문에 캡슐 하나에 박테리아 수만 마리는 거뜬히 들어간다.

물론 이 캡슐은 생물학적으로 중성인 탄소나노섬유로 만들어졌기 때문에 면역 반응을 자극하거나 우주비행사에게 위험을 초래할 일은 없다. 탄소나노섬유들은 의외로 훌륭한 다공질의 촘촘한 망상 조직을 이루며 뭉치는데 그 모양이 마치 냉동된 유충 덩어리와 비슷하다. 망상 조직의 틈은 전자현미경으로나 보일 정도로 작아서 박테리아는 통과하지 못하지만 방사선 피해를 막아주는 사이토킨과 같은 미세 분자들은 흘러나올 수 있다. 방법도 간단하다. 합성 박테리아 세포들이 담긴 캡슐을 우주비행사의 피부 속에 삽입하면 끝이다. 박테리아 세포에는 태양빛이나 우주의 여러 선들에 노출되면 자동으로 사이토킨을 생산하고 분비하는 프로그램이 내장되어 있다. 진단도 간섭도 필요 없고 그저 병을 유발하는 원인에 자극받는 즉시 섬세하고 자연스럽게 치료가 이루어진다.

이 기술을 좀 더 현실적이고 실용적인 문제들에 적용한다고 상상해보자. 어떤 질병의 치료 물질을 지속적으로 분비하는 세포성 합성 회로를 만들어 환자의 피부 속에 영구히 삽입하면 환자가 전혀 의식하지 않는 상태에서도 질병 치료가 가능하다. 상상만으로도 가슴 벅차지 않은가! 당뇨병으로 고통 받는 사람들은 단연코 앞장서서 이 기술을 후원할 것이다. 췌장에서 인슐린을 생산하는 세포들은 정확히 똑같은 목표를 가진 합성 유기체들로 효과적으로 대체될 수 있을 것이다. 인슐린을 주사하는 대신 바이오 캡슐 안에 들어 있는 박테리아에 내장된 합성 회로가 불규칙적인 몸의 요구에 따라 인슐린을 생산할 것이다. 이론상으로 환자는 이 과정이 진행되고 있는지도 결코 감지하지 못한다.

아직은 검증되지 않은 새로운 발명품인 만큼 어쩌면 메커니즘이 예상대로 진행되지 않을 수도 있다. 실현 가능성이 없다고 판명될 수도 있고 상용화하기에 비용이 너무 많이 들 수도 있다. 이 시스템이 성공하려면 넉넉히 잡아도 최소 10년은 걸린다. 캡슐도 아직 개발 단계에 있고 합성 회로를 동물 실험하는 데도 몇 년은 걸릴 것이다. 인간에게 임상실험을 하려면 또 몇 년이 걸릴지 장담할 수 없다. 하지만 이러한 상상들은 복잡한 문제들을 실용적으로 해결하고자 하는 간절한 요구가 합성생물학이 탄생하게 된 배경임을 다시 한 번 증명하고 있다.

표준화된 DNA 종합 세트

앞서 나눈 이야기들은 새로운 공학 프로젝트가 갖고 있는 가능성이자 희망사항이다. 이 신생 분야의 야망과 성공이 도달하게 될 정점을 간략하게 설명했다고 보면 된다. 비록 합성생물학에 대한 저술들이 급속히 늘어나고는 있지만 아직 충분치 않다. 일반인들의 이해와 관심을 유도하기 위해 실험실의 정밀함을 비전문적인 용어로 옮겨놓으면 과대광고로 치부되기 쉽고 비판도 따른다. 그렇긴 하지만 DNA 조각을 부품으로 규격화하여 생명이 있는 장치를 만드는 실험들을 전기공학에 견준 사람은 다른 누구도 아닌 합성생물학자들 본인이었다.

하지만 장치나 부품이라는 용어는 합성생물학의 피조물들이 살아있는 것이라는 사실을 왜곡시킨다. 복잡성으로 따지면 세포와 유기체는 엔진이나 생산 라인 심지어 컴퓨터와도 비교할 수 없을 만큼 차원이 다른 장치다. 진화와 마찬가지로 공학도 반복 과정이다. 지구상에 생명이 발생한 이래로 무수한 시간이 흘렀다는 것은 생명 메커니즘이 헤아릴 수 없이 많은 검증과 실패 그리고 수정과 더 꼼꼼한 검증을 받아왔다는 의미다.

지금까지 존재했던 모든 유기체는 예고도 없이 무자비하게 진행된 공학적 기능의 부단한 검증에서 나타난 반복이다. '이 기능을 남겨둘 것인가, 스스로를 복제하도록 남겨둘 것인가?' 물론 어떤 종, 어떤 유기체든 이러한 검증을 통해 살아남았다. 하지만 진화의 철저한 감독 하에 실제로 선택되는 것은 개별적인 유전자들, 즉 생명이 갖고 있는 기능적인 천연 부품들이 선택되는 것이다. 이러한 부품들은 조화롭게, 조직적으로, 단계적으로 그리고 수많은 경로를 따라 역동적으로 작동한다.

모든 생명은 수십억 년에 걸친 검증을 통과하면서 복잡성을 획득했다. 따라서 유전자 회로들을 간소화하거나 단순하게 설계한다는 것은(심지어 복잡하게 설계할지라도) 결코 말처럼 쉽지 않다. 2009년 생물공학자 롭 칼슨(Rob Carlson)은 〈네이처〉지에 기고한 글에서 이런 표현을 남겼다. "렌치나 드라이버 또는 트랜지스터의 원리를 이해하듯 그런 논리로 이해할 수 있는 분자 기능은 거의 없다."

공학에서 설계는 '작동이 되는가?', 조금 더 정확히는 '설계한 대로 작동이 되는가?'로 검증된다. 합성생물학이라는 새로운 분야가 창조한 수천 개의 부품들과 회로들을 당장 이용할 수 있느냐고 묻는다면 한마디로 '아니올시다'이다. 세포는 생물학적 복잡성 때문에 잡음을 일으킨다. 즉 의도한 출력물을 숨기거나 전복시켜버릴 예측할 수 없는 변이를 만든다는 의미다.

2001년 박테리아를 녹색으로 빛나게 만듦으로써 합성생물학의 문을 연 이른바 리프레실레이터는 감격스럽게도 잘 작동했다. 하지만 세포들이 똑같이 작동하지 않는다는 점은 모두를 경악하게 했다. 빛의 박동은 전혀 일관적이지 않았다. 어떤 세포는 더 밝게 박동하고 어떤 것들은 더 느리게 박동했으며 어떤 것들은 박동을 건너뛰기도 했다. 그 이유를 이해하지 못한 것은 아니었지만 그 복잡성은 도무지 헤아릴 수조차 없었고 공학의 환원주의 정신도 충족될 수 없었다.

여기서 또 한 번 전기공학과의 유사성이 드러난다. 우리는 작동 방식도 제대로 이해하지 못하는 소프트웨어로 빽빽이 채워진 디지털 논리회로 판들을 만든다. 컴퓨터가 고장나는 이유도 이 때문이다. 더불어 특정 목적을 위해 컴퓨터 시스템들을 만들고 검증과 재검증을 통해 의도한 업무를 성공적으로 수행하는지 확인한다. 하지만 그렇게 한다고 해서 컴퓨터 시스템이 보여줄 잠정적인 반응들을 모두 이해할 수 있다는 의미는 아니다. 컴퓨터 하드웨어 설계에서 고장 분석이 중요하듯 한 세기 동안 진행된 인간 유전자 연구에서도 고장 분석은 필수였다. 우리는 언제나 유전자들이 오작동, 즉 질병을 일으킨 후에야 해당 유전자와 그 기능을 발견했다. 잘 설계된 하드웨어는 불가해한 복잡성이 야기할 수도 있는 돌발적이고 예측 불가능한 잡음을 해결하려는 노력에서 탄생하는 법이다.

변이를 일으킨 유전자가 질병을 야기할 때 그 문제를 해결하기 위한 출발점은 명확하다. 다만 원인이 되는 유전자를 어디서 어떻게 찾아내느냐만 알면 된다. 합성생물학에서는 프로그램을 간소화하는 과정에서 일어나는 전략적인 실수들이 문제가 된다. 질병의 명확한 고장 메커니즘을 해독하고 성공적인 프로그램들을 설계하는 것은 명백히 유전학과 합성생물학이 지향하는 목표다. 하지만 잡음을 이해하고 그 잡음을 수용하는 것은 여전히 난처한 장애물이다. 이 때문에 지금까지 부품이나 회로들 그리고 살아 있는 숙주들로 표준화된 DNA 종합 세트를 만들겠다는 꿈은 아직 요원하다. 그러나 아직 젊고 희망으로 가득 찬 미숙한 분야가 아니던가?

20세기 과학소설의 대명사이자 통찰력이 뛰어난 아이작 아시모프(Isaac Asimov)가 말했듯이 과학이 이루어낸 최고의 타이밍은 "유레카!"의 순간이 아니라 "흠, 꽤 흥미롭군"이라고 외치는 순간이다. 잡음, 즉 프로그램들이 설계된 대로 작동하지 않는다는 사실은 문제점이 분명하지만 가장 흥미로운 점이기도 하다.

그럼에도 불구하고 합성생물학과 컴퓨터 산업은 놀라울 만큼 유사하다. 컴퓨터 산업의 전설적인 기원을 이룬 스티브 잡스(Steve Jobs)나 빌 게이츠(Bill Gates) 같은 억만장자들은 허름한 차고에서 서툰 전자공학 기술로 '부품'들과 '암호'들을 만지작거리며 더 나은 하드웨어와 소프트웨어를 만들었던 사람들이다. 그 결과 전 세계 책상 위에는 애플과 마이크로소프트의 컴퓨터가 놓였으며 인터넷과 구글이 보편화되었고 주머니마다 스마트폰을 넣고 다니게 되었다.

정치적 혁명은 바스티유 감옥을 습격하거나 국가의 수장을 처형하는 등의 사건들로 정의되는 경향이 있는 반면 컴퓨터의 문화적 혁명은 어떤 한 가지 행위로 촉발되지 않는다. 마찬가지로 19세기 유럽 노동자들은 직기나 다축 방적기와 같은 달갑지 않은 신기술들이 작업장에서 중대한 변화들을 가져올 것이라 생각했고 그 변화들은 일정한 속도로 진행되었다. 하지만 이러한 변화들의 총합이 무엇이며 그 중대한 의미가 무엇인지 당시에는 알 수 없었다. '산업혁명'이라는 명칭도 한참 후에야 붙여졌다. 현재 합성생물학에 종사하는 사람들은 불과 10년 남짓한 기간 동안 생물학이나 과학에 없던 새로운 길을 내고 있다. 40억 년에 걸친 진화를 조작하여 비자연적인 생물학적 도구들을 창조하는 것, 어쩌면 지금 우리는 혁명을 목격하고 있는지도 모른다.

"어떤 것을 이해하려면 먼저 그것을 만들 수 있어야 한다"라는 리처드 파인만의 말을 그냥 흘려듣지 말아야 한다. 합성생물학의 용어와 언어 그리고 기술들은 공학의 문제 해결 정신, 즉 설계를 통한 기능이라는 환원주의적 관점에서 비롯된 것이다. 인류의 욕구를 충족하기 위해 자연의 공정들을 확장하는 것이 어제오늘 일은 아니지만 내장된 구조에 대한 명쾌한 이해를 바탕으로 접근한 적은 드물었다.

비록 합성생물학 창시자들의 머릿속에는 전기공학이 있었겠지만 합성생물학을 묘사하는 가장 근사한 비유는 누가 뭐래도 레고(Lego)다. DNA와 똑같이 레고도 보편적인 응용성을 갖고 있다. 우주선 세트든, 요새 세트든, 어떤 상자에서 꺼냈든 모든 레고 블록들은 조립이 가능하도록 설계되었다. 마찬가지로 합성생물학자들도 각자 만든 회로의 부품들을 교체 가능한 것으로 만들기 위해 노력한다. 그래야만 생물의 자연적인 잡음에 방해받지 않는 새로운 회로들을 조립할 수 있기 때문이다. 그런 점에서 합성생물학에는 공학 정신과 창조성 그리고 발명가 정신이 독특한 방식으로 녹아 있다고 볼 수 있다. 하지만 합성생물학의 혁명을 마냥 낙관할 수만은 없다. 합성생물학의 피조물들에 대한 소유권 문제나 법적, 윤리적 문제들을 서둘러 해결하지 않으면 안 되기 때문이다.

3장

진화와 창조의 리믹스

"사라지는 것도 없고

창조되는 것도 없으며

모든 것은 변화할 뿐이다."

- 앙투안 로랑 라부아지에(Antoine-Laurent Lavoisier),

《화학 원론 *Elements of Chemistry*》 중에서

진화는 현존하는 가장 창조적인 사업이다. 그 무엇도 DNA와 자연선택에 의해 발생한 다양성과 정교함 그리고 아름다움을 따라잡을 수 없다. 진화의 핵심에는 자칫 경멸적인 분위기를 풍길 수 있는 두 단어가 내제되어 있다. '불완전한 복제'가 그것이다. 어떤 면에서 진화는 창조의 바탕에 깔린 파생적 본질을 단적으로 보여준 아이작 뉴턴(Issac Newton)의 유명한 격언—"내가 멀리 내다볼 수 있는 까닭은 거인의 어깨 위에 서 있기 때문이다"—의 궁극적인 본보기다. 왜냐하면 뉴턴의 격언도 12세기 철학자 샤르트르의 베르나르(Bernard de Chartres)의 아이디어를 빌려다 다듬었고 베르나르 역시 같은 개념을 고대 그리스 버전으로 언급한 것이 분명하기 때문이다. 앞서 인용한 프랑스 화학자 라부아지에가 1789년에 한 말은 물질의 본질에 대한 언급이지만 에너지와 생물학 그리고 사상들에도 잘 들어맞는다. "사라지는 것도 없고 창조되는 것도 없으며 모든 것은 변화할 뿐이다."

문화에도 이 원리가 적용된다. 태양 아래 완벽히 새로운 것은 없을지도 모른다. 새로운 사상의 탄생도 따지고 보면 여전히 이전의 것을 베끼고 수정하고 변형시킨 것에 불과하다. 음악도 바흐에서 하이든, 모차르트, 베토벤 그리고 멘델스존으로 몇 세기를 거치며 점진적으로 창조성이 발달해왔음을 어렵지 않게 더듬어볼 수 있다.

음악에서 복제의 성격은 1960년대 이전에는 없던 새로운 창작 기법이 등장하면서 바뀌기 시작했다. 기술력 덕분에 음악가들은 이전 음악을 단순히 베끼거나 부분적으로 수정하는 데에 그치지 않고 직접 차용하고 무단으로 훔치거나 표절한다. 샘플러(sampler)라는 도구로 음악 프로듀서들은 어떤 곡에서는 드럼 부분을, 또 다른 곡에서는 호른 부분을, 또 어떤 곡에서는 보컬 부분을 떼어내 다른 요소들과 버무려 새로운 음악을 창조한다.[1)]

새로운 음악을 창조하는 기법인 샘플링은 1970년대 이후 등장한 힙합(hip-hop) 음악과 함께 뉴욕의 거리를 휩쓸었다. 브롱크스(Bronx)의 DJ들은 두 개의 턴테이블로 음반을 믹싱하여 근본적으로 새로운 소리를 창조하면서 청중의 귀를 즐겁게 해주는 동시에 선배 음악가들을 기념했다. 그들은 한 곡에서 리프(riff, 반복 악절)나 비트를 가져다 다른 곡의 리듬과 가사에 접목하기도 하고 종종 소울 곡들을 이용해 자기들만의 릭(lick, 기타 등으로 연주하는 짧은 곡조-옮긴이)을 만들기도 했다.

---

1) 비틀스는 1967년에 이미 증기 오르간 소리를 이용해 〈서전트 페퍼스 론리 하츠 클럽 밴드 Sergeant Pepper's Lonely Harts Club Band〉라는 앨범에 수록된 '미스터 카이트를 위하여(Being for the Benefit of Mr. Kite)'라는 곡을 녹음했다.

클럽 라이브 공연에서 그리고 최근에는 녹음실에서도 음악가들은 새로운 음악을 연주하지 않는다. 그들은 기존 음악들을 수정하고 리믹스하여 새로운 음악을 창조한다. 1980년대 초엽 즈음에는 샘플링 기계들을 이용해 한 음반에서 발췌한 단편들을 조합하여 완전히 새로운 선율을 만들기도 했다. 박자를 늦추거나 빠르게 하기도 하고 반복시키거나 연장시켜 완전히 새로운 소리를 창조했다. 즉 이전 작품들의 '어깨' 위에서 새로운 것을 창조한 것이다.

합성생물학은 리믹싱이다. 무한한 창조성을 정신으로 삼고 있는 이 신생 과학 분야는 그 자체로 리믹스 문화다. 악기 연주에 능하지 않은 DJ들이 새로운 음악을 창조할 수 있듯이 합성생물학에서도 유전학자나 DNA 전문가 심지어 생물학자가 되지 않고도 새로운 유기체를 만드는 창조자가 될 수 있다. 원리는 매우 간단하다. 그냥 창조하면 된다.

초창기부터 합성생물학의 수많은 선구자들은 서로의 아이디어와 기술 그리고 자료들을 자유롭게 교환하는 민주적이고 열린 과학 환경을 구축하기 위해 고군분투했다. 이 새로운 산업혁명의 원년은 리프레실레이터와 토글스위치가 개발된 2001년이며 그 후 2~3년에 걸쳐 처음으로 대대적인 운동들이 일어났다. 2003년에서 2004년 사이에 일어난 두 가지 현상은 합성생물학 정신의 상징으로 자리 잡았으며 합성생물학이 실험실 수준의 연구에서 하나의 과학 운동으로 발전하게 될 전환점이 되었다.

그중 하나가 바로 표준생물학부품등록기구(Registry of Standard Biological Parts)의 설립이다. 유전자 암호의 교환 가능성이 경이로운 화젯거리로 등장하긴 했지만 생명이 있는 하나의 유기체를 만들려면 실로 엄청난 암호가 필요하다. 다루어야 할 암호도 무진장 많지만 무엇보다 암호를 리믹스하는 과정에서 실수도 불가피하다. 아이러니하게도 어떤 것을 모든 사람이 자유롭게 이용할 수 있도록 개방하려면 우선 그것들을 취합해 집대성하고 표준화해야 한다.

국가마다 전기 플러그가 다르다거나 휴대폰 충전기가 모델마다 달라서 곤혹스러웠던 경험을 떠올려보라. 음악은 만국 공통어라고 하지만 그 음악을 다른 나라에서 공연하기 위해서는 어댑터와 플러그를 모두 가지고 다녀야 할 판이다. 하지만 너트와 볼트는 규격화되어 있어서 가구를 조립할 때마다 매번 나사선 간격이나 구멍을 다시 설계할 필요가 없다.

합성생물학 부품들의 새로운 회로 안에 암호화된 무한히 많은 정보에도 이 원리는 적용된다. 수십, 아니 수백 곳의 실험실에서 저마다 장치들과 도구들을 만들고 있는데 이 모든 것들은 오로지 생명체(또는 경우에 따라 '생명에 가까운' 바이러스)의 게놈 안에 장착된 회로 안에서만 작동된다. 이를 규격화하지 않는다면 공유는 어림도 없다. 그래서 2003년 스탠퍼드 대학의 드류 엔디(Drew Endy)와 (당시 MIT에 있던) 톰 나이트(Tom Knight), 샌프란시스코 캘리포니아 대학의 크리스토퍼 포크트(Christopher Voigt) 세 사람은 '바이오브릭(BioBrick)재단'을 구상했다. 바이오브릭재단은 부품들과 조립 방식을 간소화하고 규격화하여 회원들에게 무료로 제공하고 있다.

유전학에서 바이오브릭은 음악가들의 샘플러와 같다. DNA 부품들을 조립이 가능하도록 표준화하여 매번 연결 부위를 재설계해야 하는 번거로움을 없애주고 다른 사람들의 천재적인 설계들과 생물학의 풍부한 과거 유산들을 무료로 제공하여 연구자들의 창조성을 극대화시켜주기 위한 일종의 시스템이다. 이 시스템은 레고와 견주어도 손색이 없다. 레고 블록들은 다른 어떤 레고 블록들과도 조립이 가능하도록 아름답게 설계되었다. 모든 블록들이 잘 끼워 맞춰지므로 어떤 상자에서 꺼내든지 조립이 가능하다.

이 글을 쓰고 있는 지금까지 바이오브릭 카탈로그에는 1만 개 이상의 부품들이 등록되어 있다. 여기서 말하는 부품은 DNA 조각인데 재단에 부품을 주문하면 작은 점이 찍힌 압지가 우편으로 배달된다. 이 압지를 용액에 담그면 DNA 조각이 떨어져 나온다. 용액에 부유하는 DNA 조각을 건져서 조립하면 된다. 바이오브릭에는 유전자 형태의 부품도 있고 명령을 규제하는 장치도 있다. 곧바로 새로운 회로에 삽입할 수 있도록 이미 유전자와 규제 장치를 결합한 바이오브릭도 있다. 모두 규격화되었기 때문에 조립만 잘하면 새로운 피조물을 만들 수 있다.

이와 비슷한 시기에 일어난 또 하나의 전환점은 2003년과 2004년에 실시된 국제합성생물학(iGEM, International Genetically Engineered Machine) 경진대회다. 매년 대학생들이 팀을 이뤄 한 가지 과제를 정하고 표준생물학부품등록기구에 있는 부품들만을 이용해 각자의 과제에 맞는 해결책을 설계하고 만든다. 우선 참가 학생들은 몇 주에 걸쳐 자신이 선택한 과제에 대한 해결책을 설계하고 실행하면서 대학별 우승자를 가린다. 명석함을 겨루는 대회인 만큼 열기도 엄청나다. 출전한 모든 팀들은 표준생물학부품등록기구로부터 수천 개의 바이오브릭이 들어 있는 키트를 받는다.

지역 예선을 통과한 팀들은 매년 11월 MIT에서 만나 결승전을 치른다. 결승전에 진출한 팀들이 공식적으로 제출한 작품들을 놓고 합성생물학의 선구자들과 지도자들이 수상 범위를 결정한다. 최우수상 수상 팀에게는 구조 정신을 상징하는 특대형 알루미늄 레고 블록이 수여된다.[2)]

표준생물학부품등록기구도 그렇거니와 iGEM 경진대회에도 민주주의 원칙이 배어 있다. 대회에 필요한 자원은 모두 무료로 이용하는 대신 출전자들은 자신들의 작품을 기증해야 한다. 표준생물학부품등록기구의 웹사이트는 참가자들에게 이렇게 권고한다. '받은 만큼 기부하자.' 모든 팀들은 각자의 프로젝트와 기록들, 성공담과 실패담을 위키피디아 페이지—공유를 촉진하고 동료의 '어깨' 위에 설 수 있도록 개설된 사이트—에 공개한다.

사실 뜨거운 열기 아래 이 대회에 참여하는 수많은 대학생들이 정작 지도 교수의 실험실에서는 시시하고도 고된 일을 한다. 몇 날 며칠 동안 데이터만 붙들고 씨름하는 일이 다반사지만 인류의 미래를 새롭게 열어나간다는 사명감을 안고서 자신을 내던질 뿐이다. 그럼에도 불구하고 iGEM 경진대회에 참여하는 대학생들은 새롭고 가능성 있는 중대한 프로젝트와 해결책들을 만들어내는 데 대단한 열정을 쏟으며 희열감마저 충분히 느낀다.[3)] 지구적 문제들에 대한 해결책을 만들기 위해 몇 해의 여름을 바치고 생물공학의 최신 기술을 마

2) 2012년 대회부터 최우수상은 나무로 만든 세련된 대형 레고 블록으로 바뀌었다.

음대로 이용해 아직 검증되지 않은 도구들을 조립하면서 새로운 부품들을 만들어낸다. 현재 가장 주목받는 합성생물학자들이 참여하는 심사위원단에게 작품을 제출한다는 사실만으로 이들은 감개무량한 것이다.

예비 과학자들의 열정과 집념

2004년 오스틴 텍사스 대학과 샌프란시스코 캘리포니아 대학의 학생들로 구성된 한 팀이 iGEM 경진대회에 혜성같이 등장했다. 이 팀은 사진 건판처럼 작동하는 회로를 설계하여 박테리아 안에 성공적으로 삽입했다. 빛에 자극을 받으면 그 기능을 수행하는 광감(光感) 단백질과 LacZ라고 하는 색소를 생산하도록 규격화된 유전자를 결합한 회로였다. 이 회로를 삽입한 합성 박테리아를 편평하고 깨끗한 배양접시에서 배양하고 그 위에 어떤 이미지를 비추면 박테리아는 제곱인치당 100메가픽셀의 해상도로 이미지의 음영을 보여준다. 이 작품은 〈네이처〉지에 소개되었고 이 팀이 만든 부품들은 에지디텍터(edge detector)라는 새로운 합성생물학 장치로 발전했다.

박테리아에 투사된 이미지는 문자 형식이었는데 이 신생 분야의 출현을 선언하기에 더 없이 적절한 문구였지만 합성생물학이 컴퓨

3) 1995년 대학 2학년 여름에 나는 줄기눈파리(stalk-eyed, 유병안(有柄眼)이라고도 한다.-옮긴이)들을 대상으로 날개와 줄기눈 길이의 비대칭성을 측정하기 위해 무려 3,000마리의 줄기눈파리로 중요한 통계를 내며 석 달을 보냈다. 그 실험은 사실 별것도 아니었다. 생물학의 세계는 이런 연구로는 꿈쩍도 않는다. 하지만 실험실의 매력은 나를 다시 붙들어 놓을 만큼 강력했다.

팅 기술에 뿌리를 두고 있음을 눈치 챌 익살맞은 문구이기도 했다. 이 문구는 부품을 설계한 프로그래머들이 암호화한 언어가 기능을 정확하게 수행하는지 확인하기 위한 일종의 표준 시험용 출력 신호였다. 문구는 간단했다. '헬로 월드(Hello World)'.

2009년 최우수상은 케임브리지 대학 팀에 돌아갔다. 케임브리지 팀은 발광 평면 해파리에서 추출한 녹색형광단백질(GFP)의 용도를 확대해 다양한 색깔의 염료를 생산하는 박테리아를 설계했다. 이 박테리아는 조정 가능한 탐지 도구 역할을 한다. 바이오센서(biosensor)로 알려진 이 박테리아들은 혈중 포도당 농도를 감지하는 센서로 이미 이용되고 있다. 하지만 지금까지 모든 바이오센서는 아무런 사전 준비 없이 설계된 것들이고 오로지 하나의 목표물만 감지하도록 만들어졌다.

케임브리지 팀이 설계한 박테리아는 여러 가지 용도에 맞춤식으로 조작이 가능한 다용도 바이오센서였다. 가령 합성 박테리아를 조정하여 환경 속에서 특정한 독성 화학물질을 감지하도록 명령하면 독성 물질의 농도에 따라 정해진 색소를 분비할 것이다. 이 팀은 또한 녹색형광단백질을 아예 사용하지 않은 바이오센서도 설계했다. 형광성 키트가 없어도 맨눈으로 확인할 수 있는 바이오센서를 만들고자 한 것이다. 이 회로는 센서와 감도 조절기 그리고 색소 생산 장치들로 구성되어 있는데 그중 여섯 개가 새로운 부품이었다. 이 부품들은 모두 표준생물학부품등록기구에 기증되었다.

워싱턴 대학 팀은 몇 가지 유형의 화석연료를 생산하는 회로를 설계해 2011년 우승을 거머쥐었다. 준우승은 사막화 문제의 해법을 제시한 임페리얼 칼리지 런던 팀이 차지했다. 사막화란 비옥한 토양이 점차 침식되면서 농업적으로나 경제적으로 쓸모없는 땅으로 변하는 현상이다. 일부에서는 사막화로 인해 2025년까지 아프리카의 경작지 중 3분의 2 이상이 불모지가 될 것이라고 예측하기도 한다. 임페리얼 팀이 설계하여 세포에 삽입한 유전자 회로는 식물의 뿌리를 튼튼하게 만들어 결과적으로 침식 요인들로부터 토양 표면을 보호하는 역할을 한다. 식물의 씨앗에 합성 박테리아를 막처럼 도포한 후 심으면 발아와 동시에 어린뿌리로 이동한 박테리아들이 프로그램에 따라 옥신(auxin)—식물의 성장호르몬—을 생산하면서 성장을 촉진한다.

슬로베니아에서 출전한 팀은 2006년, 2008년 그리고 가장 최근에 있었던 2010년 대회까지 짝수 해마다 대형 레고 블록을 차지했다. 2010년 슬로베니아 팀은 생물학을 이용한다는 원칙은 고수하되 DNA 언어를 완전히 탈피함으로써 합성생물학의 지경을 넓혔다. DNA 염기인 A, T, C, G의 배열로 이미 새겨진 암호를 조작하는 대신 새로운 해독 기능을 만든 것이다. 이 팀은 염기들을 특정한 순서로 배열하면 별도의 소형 생산 라인을 구축할 수 있다는 간단한 원리를 이용했다.

생명체는 각종 생산 라인들로 가득 차 있다. 하나의 유전자가 단백질을 생산하면 이 단백질은 다른 반응을 촉발하고 촉발된 반응이 또 다른 유전자를 자극하는 식이다. 하지만 공장의 질서 정연한 장치들과 달리 세포 내부는 실제로 모든 암호와 단백질들이 끈적끈적한 원형질 속에서 자유롭게 부유하고 있는 너저분한 환경이다. 실제 공장에서 부품들이 제멋대로 생산 라인의 단계들을 넘나들도록 설계되었다면 제품 생산은 어림도 없다. 슬로베니아 팀은 DNA 배열을 조작하여 불안정하고 너저분한 생산 라인을 말끔하게 정돈했다. DNA를 일종의 생산 라인 발판으로 만든 것이다.

이 팀은 세포 안에서 자유롭게 부유하는 단백질들을 독특한 DNA 배열에 묶어둘 수 있다고 판단했다. 실제로 많은 단백질들이 DNA에 묶여 있는 상태이며 특정한 DNA 배열에 단백질을 결합시키는 방법도 이미 잘 알려져 있다. 정상적으로 DNA 사슬이 이어지면 세포질로부터 각 사슬에 맞는 단백질이 추출되어 차례로 묶이는데 이것이 바로 생체 생산 라인이다.

슬로베니아 팀의 목표는 인공 발판으로 합성생물학 경로의 효율성을 근본적으로 높이는 것이었다. 하지만 그들의 인공 발판은 효율성을 높이는 데서 더 나아가 진동자 스위치들을 비롯한 합성생물학 연장통에 있는 규격화된 다른 장치들을 더욱 조밀하게 통제할 수 있는 가능성도 열어주었다.

생물학은 열려 있다

NASA는 일찌감치 합성생물학을 통해 합성 박테리아로 벽돌을 만드는 계획을 진행하고 있었다. 하지만 이 계획은 2011년 iGEM 경진대회에 참가한 학생들로부터 시작되었다. 샌프란시스코에서 1시간 거리에 위치한 스탠퍼드 대학은 NASA 에임스 연구소뿐 아니라

고속도로 하나를 사이에 두고 있는 브라운 대학과도 협력하여 우주 밖 다른 행성에 식민지를 건설할 방법을 합성생물학을 이용해 구상하고 있었다. 린 로스차일드(Lynn Rothschild)가 이끄는 이 연구진은 다른 행성의 지구화에 합성 회로를 응용할 방법을 고민했다. 앞서 언급했듯이 우주여행에는 중량이 절대적으로 중요하다. 어떤 물체를 지구 중력장 밖으로 발사시키려면 킬로그램당 1만 달러의 비용이 든다.

모듈들을 싣고 아폴로 11호의 세 우주 비행사를 달까지 데려갔다가 몇 시간 체류한 후 다시 지구로 데려오는 임무를 맡았던 새턴 5호(Saturn V)의 무게는 약 3,000톤이다. 달착륙선 이글 호의 무게도 17톤이나 된다. 화성을 왕복한다고 가정했을 때 각종 소모품과 생명 유지 장치의 무게만도 200톤이 넘을 것이다. 따라서 여행 가방을 싸듯이 가져갈 것은 최대한 줄이고 되도록 현지에서 조달하는 것이 최선의 방법이다. NASA는 이를 '달 현지 자원 활용(In Situ Resource Utilization)'이라고 표현하지만 내가 보기에는 한마디로 '세심한 짐 싸기'다.

다른 행성에 영구적인 기지를 구축하려는 인간의 꿈이 지구로부터 건축 자재를 옮기는 일 때문에 산산조각 날 수밖에 없다면 현지 물질을 이용하는 수밖에……. 자, 문제는 '달 먼지로 영구적인 기지를 만들 수 있느냐?'다.[4)]

브라운-스탠퍼드 iGEM 팀은 이 문제를 해결하기 위한 프로젝트를 구상했다. 대사산물로 방해석이라는 광물질을 배출하는 친 염기성 박테리아인 스포로사르시나 파스테우리(Sporosarcina pasteurii)를 우연히 발견한 것이다. 적절한 성분이 든 모래 속에서 이 박테리아는 생체광물형성(biocementation, 바이오시멘트화) 과정을 통해 말 그대로 시멘트를 만든다. 일반적인 콘크리트에서 물은 다양한 화학반응을 통해 접착제로 작용하며 그 과정에서 모두 소모된다. 방해석을 분비하는 세포들은 생존에 필요한 수분만 있으면 여분의 물 없이도 접착제 역할을 수행한다. 이 과정의 핵심 성분은 요소를 분해하는 우레아제(urease)라는 단백질인데 이 박테리아의 경우에는 세포 외부의 시멘트화를 마무리 짓는 성분으로 작용한다.

브라운-스탠퍼드 팀은 스포로사르시나에서 우레아제를 생산하는 유전 회로를 발견하고 이를 복제해 표준 실험실용 세포인 대장균에 삽입했다. 이를 특화시키고 부품으로 규격화한 것이 바로 BBa_K656013으로 알려진 바이오브릭이다. 세포의 형태로 만들어 표토에 이식하면 회로가 활성화되어 표토를 벽돌로 만들 수 있다. 인공적으로 만든 화성 모래에 이 회로를 시험했는데 비록 형틀의 너비는 1센티미터에 불과했지만 단 몇 시간 만에 작은 벽돌이 만들어졌다. 기껏 열 살 남짓 된 합성생물학의 발전 속도로 봤을 때 바이오브릭을 이용해 화성의 표토를 진짜 벽돌로 만드는 일은 상당한 설득력을 얻

---

4) 1980년대에 달의 구조를 연구하던 한 팀은 달 표면을 구성하고 있는 가루 상태의 먼지, 즉 표토를 분석했다. 엄청난 양의 표토를 연구했다고 하지만 실제 양은 40그램, 설탕 네 숟가락 정도의 분량이다. 아폴로 16호 비행사들이 지구로 가져온 이 귀한 샘플은 파괴 검사용 시료로 쓰였다. 연구진은 '달의 토양을 훌륭한 콘크리트용 재료로 이용할 수 있다'라고 결론 내렸다. 하지만 콘크리트를 구성하는 중요한 성분 중 하나는 물이다. 비록 달이 바싹 메마른 곳은 아니지만 그렇다고 물이 넉넉한 곳도 아니다. 2009년 발사된 달 탐사선 엘크로스(LCROSS)는 영구히 어둠이 드리워진 달 남반구의 캐비우스 분화구(Cabeus Crater)에 일부러 충돌하도록 제작되었다. NASA는 엘크로스 충돌 후 발생한 2킬로미터 높이의 잔해 기둥을 매우 꼼꼼하게 관찰한 뒤 물과 얼음이 내뿜는 독특한 자외선 신호를 포착했다. 하지만 그 양은 달 기지를 건설할 정도로 충분치 않았고 그나마도 깊이 매장되어 있었다.

고 있다. 이 회로의 이름은 바이오브릭의 장난기 어린 탄생 정신에도 어울리는 '레고브릭(RegoBrick)'이다. 레고브릭으로 인한 우주선 감량 효과는 이루 말할 수 없다. 리믹스한 이 박테리아를 담은 2그램 남짓의 작은 병 하나를 우주선에 싣고 가면 도착하는 행성에서는 레고브릭 공장 하나를 짓는 것이나 다름없다.

지금까지 설명한 프로젝트들은 iGEM 경진대회가 시작되고 불과 몇 년 동안 출품된 수백 개의 프로젝트들 중 일부에 지나지 않는다. 바이오브릭재단의 목표는 공학의 원리를 생물학에 응용할 수 있다는 가능성을 넓히는 것뿐만 아니라 1970년대와 80년대의 리믹스 뮤지션들처럼 창조성을 자유롭게 교환할 수 있는 공평하고 창조적이며 열린 과학을 육성하는 것이다.

목표만 보면 소박하고 아름답게 느껴지지만 iGEM과 바이오브릭에도 문제점들은 있다. 결실 면에서 보자면 (비록 많은 참가자들이 대회 후 연구를 더 진행해서 개별적인 부품들과 회로들에 대한 과학적 논문들을 발표하고 있지만) iGEM 팀들 대부분은 대회의 시간적 제약 때문에 실질적으로 각자 설계한 제품을 완성하지 못한다. 하지만 결과물 이외에도 바이오브릭에는 엄청난 사안들이 걸려 있다. 부품등록기구에 있는 수백, 아니 수천 개의 부품들의 특징들이 아직 명확히 밝혀지지 않았다. 각각의 부품들에는 유전자뿐 아니라 유전자를 켜고 끄는 명령들도 포함된다.

하지만 대다수의 명령들은 일관성 없이 작동하거나 예기치 못한 효과를 낸다. 아마도 부품의 논리적인 설계도와 상관없이 살아 있는 세포의 생물학적 잡음에 영향을 받기 때문일 것이다. 경진대회의 성격상 참가 학생들에게는 자신들이 만든 부품들의 특징을 충분히 규정할 시간적 여유가 없다. 이미 존재하는 부품들의 특징들을 규정할 새도 없이 새로운 제안서들이 밀려 들어오고 있으니 규격화는 거의 시시포스의 돌 굴리기처럼 요원할 수밖에 없는 실정이다.

그럼에도 불구하고 경진대회의 열기는 가히 감전사할 만큼 뜨거운 수준이다. 대회에는 생물학뿐 아니라 수학과 공학에 대한 배경 지식을 갖춘 학생들도 참여하는데 이들은 문제 해결에 대한 기존의 무지를 새롭게 환기시키기도 한다. 2012년 9월쯤 영국 이스트 앵글리아 대학의 합성생물학자 리처드 켈윅(Richard Kelwick)의 주선으로 영국의 한 팀과 만날 기회가 있었다. 그해 암스테르담에서 열리는 결승전에 나갈 팀을 뽑기 위해 영국 팀들이 합성생물학자 몇 명으로 구성된 심사위원 앞에서 자신들의 프로젝트를 설명하는 예선전이었다.

영국에서는 85명의 학생이 참여했는데 그중 29명은 생물학 전공자가 아니었다. 가장 교양 있고 독창적이며 진보적인 유전공학 대회인 만큼 참가 자격에도 당연히 제한이 없었다. 본선에 진출한 세 팀 가운데 유니버시티 칼리지 런던 팀이 단연 돋보였는데 이 팀의 목표는 바다에 떠다니는 수십억 개가 넘는 비생분해(non-biodegradable)성 폐기물인 플라스틱 조각들을 모아서 먹어치우는 합성 박테리아를 설계하여 바다에 플라스틱 섬을 만들고 이를 재활용하여 바다를 원래대로 돌려놓는 것이었다.[5)]

누구에게나 문을 열어놓는 것, 이는 '생물학을 단지 도구로 이용한다면 반드시 생물학의 원리를 깊이 이해해야 할 필요는 없다'라는 바이오브릭 정신의 요체다. 얼핏 들으면 고개를 갸우뚱할 수도 있지만 인간은 모든 기술을 이처럼 대한다. 컴퓨터로 이 글을 입력하고 있지만 내게 컴퓨터 하드웨어는 거의 미스터리 수준이며 사용하는 소프트웨어의 언어도 북방 중국어나 다름없이 생소해 보인다. 멍키렌치 같은 지극히 단순한 기계장치조차도 대부분의 소비자들은 알지 못하는 전문 기술을 요하는 과정을 거쳐 만들어졌다.

이처럼 생물학은 누구에게나 열려 있다. 부품의 규격화를 통해 합성생물학은 전문 지식과 기술이 있어야만 DNA 연구가 가능하던 과거의 문턱을 한층 더 낮추었다. 임페리얼 칼리지 런던에서 (1년에 두 번 열리는 합성생물학 최대의 모임 SB6.0을 2013년에 주최한) 유럽 최대의 합성생물학 연구소를 이끌고 있는 폴 프리몬트(Paul Freemont)는 2012년 BBC의 한 프로그램에서 이렇게 말했다. "합성생물학은 언제나 새로운 사람들, 젊고 열정적인 연구원들로 북적거립니다. 그들은 생물학이 뭔지 신경 쓰지 않으며 오로지 뭔가를 만들기 원하고 문제를 해결하고자 할 뿐입니다."

창조의 주인은 누구인가

합성생물학의 목표가 현실적인 문제들의 해결책을 창조하는 것이므로 해결책의 상품화는 필연적이다. 따라서 창조된 부품과 장치,

---

5) 2012년 iGEM 경진대회의 최우수상은 고기가 부패하기 시작할 때 발생하는 화학물질을 탐지하는 회로를 만들어 박테리아에 장착한 네덜란드의 흐로닝언 대학 팀이 차지했다. 이 박테리아는 맨눈에도 보이는 색소를 분비하기 때문에 소비자들이 육질의 상태를 눈으로 확인할 수 있다.

제품들을 둘러싼 소유권 분쟁도 불가피하다. 특허권과 DNA에 얽힌 이야기는 우여곡절도 많고 지금도 진행 중이며 무엇보다 특허와 관련된 기존 법규들이 생물공학을 염두에 두지 않은 것들이기 때문에 복잡하기가 이루 말할 수 없다. 미래의 과학기술을 이끌어갈 가능성이 있다는 말은 합성생물학에 특허권 문제가 본질적으로 내재되어 있다는 의미이기도 하다. 게다가 특허권 문제는 창조적인 사업일 수밖에 없는 이 학문의 융성에도 영향을 미칠 수 있다. 따라서 간략하게나마 이 문제를 짚어보자.

역사적으로 특허권은 실용적이고 기능적인 발명품들을 보호하고자 만들어진 법이다. 반면 저작권은 아이디어의 물리적 표현, 이를테면 문서 형식이나 악보, 사진, 웹페이지와 같은 것들에 대해 전반적으로 창작자의 소유권을 인정해주는 법이다. 하지만 본래 저작권법이나 특허법은 창조성을 북돋우자는 취지로 미국에서 처음 도입된 법률이었다. 단순히 어떤 것을 복사하는 것과는 비교가 안 될 정도로 많은 시간과 비용과 지적 능력을 투자해 새로운 작품을 구상하고 만드는 창작자들에게는 자신의 작품을 보호할 수단이 필요하다.

한편 '자연의 작품들'은 인간의 창의력과 상관없이 출현하기 때문에 특허권을 적용하기가 부적절하다. 하지만 일단 분리되고 특화된 유전자 배열이나 유전자는 인간의 개입으로 복제되고 통제되었으므로 더 이상 '자연의 작품'이 아니라는 데 합의가 이루어졌다. 따라서 이러한 유전자 배열은 특허법의 보호를 받을 수 있다. 최근 DNA와 관련한 판례 중 가장 이목을 끌었던(지금도 이목을 끌고 있는) 것은 유방암과 난소암 유전자, $BRCA_1$과 $BRCA_2$에 관한 소송이었다. 이 두 유전자는 미리어드 제네틱스(Myriad Genetics) 사와 유타 대학 연구 재단이 소유하고 있다.

이 글을 쓰고 있는 현재 이 소송은 DNA 분리에 적용되는 기술이 분자생물학에서는 기본으로 통하며 독창적인 기술이 아니라는 이유로 미 연방대법원에 항소된 상태다(2013년 6월 연방대법원은 이 두 가지 유전자에 대한 특허권을 인정하지 않는다고 판결을 내렸다.-옮긴이). DNA 특허법에 대한 논의는 여전히 오락가락하고 있다. 어쨌든 유전자 배열 순서를 밝히는 것이 일종의 공정이라는 점을 근거로 특허권을 인정해야 한다는 반론이 크다. 현재 인간 유전자의 5분의 1가량에 대한 배열 순서가 밝혀졌는데 이를 공정으로 보는 논리라면 우리 몸의 세포가 지닌 유전자들 가운데 순서가 밝혀진 유전자들은 소유권이 다른 누군가에게 있다는 의미가 된다.

최소한 미국에서는 생명이 있는 것에 대한 특허법이 조금 더 명확하다. 최초로 인정된 유기체에 대한 특허권은 1980년 원유(crude oil)의 분해를 촉진하도록 유전적으로 변형시킨 박테리아에 대한 특허권이다. 항소심 법원은 이 박테리아의 유전자가 적어도 일부분이나마 인간의 손으로 조작된 것이므로 그 공정은 특허권을 보장받을 자격이 있다는 사실을 근거로 특허권을 인정했다. 판결문은 그 발명(발명했으니 특허품이 되겠지만)이 '제작' 또는 '물질의 구성'으로 이루어진다는 것이 요지였다. 1988년 이 특허법은 다세포 생물인 '온코마우스(OncoMouse)'에게도 확대 적용되었는데 온코마우스라는 유전자 이식 쥐는 다양한 암에 걸리기 쉽게 변형시킨 DNA를 갖고 있어서 매우 유용한 실험 도구다. 그리고 2010년 크레이그 벤터도 자신이 만든 세포 신시아의 게놈에 대해 특허권을 신청했다.

합성생물학의 제품들이 거의 역사적 선례가 없기 때문에 법이 이 결과물들을 어떻게 다룰지(혹은 다루기 위해 개선될지)는 아직 단언할 수 없다. 앞에서 언급한 DNA 특허법이 까다롭고 복잡한 또 한 가지 이유는 합성생물학 부품들이 탄생하기까지 거쳐야 했던 고민들과 실질적인 행위가 주로 설계를 통해서 이루어지는 컴퓨터 소프트웨어와 유사하기 때문이다. 소프트웨어 분야가 소유권 분쟁들로 잠잠할 날이 없는 것처럼 합성생물학 부품들에 대한 소유권 문제도 갈수록 더 복잡해지고 있다. 소프트웨어는 (프로그램을 실행시키므로) 기능인 동시에 (실행되도록 작성된) 무형의 저작이므로 특허권과 저작권 중간쯤에 속한다. 가령 공식이나 계산기와 같은 각 부분들 또는 소프트웨어 원시 코드 일부를 이용하고 작동시키는 행위는 그것들을 이용하는 방법에 따라 달라진다. 결과적으로 불특정 조항들까지 아우르는 컴퓨팅에 대한 특허권은 때로 걷잡을 수 없을 만큼 범위가 넓어진다.

지적 소유권이라는 어둠의 세계에 대해 장황하게 떠들어서 미안하지만 바이오브릭의 특성과도 관련 있기 때문에 거론하지 않을 수가 없다. 생명공학에 대한 막연한 법 적용의 결과로 세포 기관의 메커니즘에 대한 지적 소유권에도 광범위한 특허권이 적용되고 있다. 이러한 특허권들은 특정한 공정뿐 아니라 일반적인 원리에도 적용된다. 따라서 세포의 활동에 관한 실험들마저도 법의 제약을 받을 수밖에 없다. 특히 합성생물학 분야에 막 발을 디딘 연구원들로서는 특허권이 설정된 공정들을 이용할 재원이 없기 때문에 실험을 시작할 엄두도 내지 못한다. 가령 넓은 의미로 합성생물학자들이 창조한 진동자 같은 장치들에도 광범위한 특허권이 적용된다면 합성생물학의 연장통에 들어 있는 기본적인 도구들을 함부로 변형시킬 수도 없다.

바이오브릭재단은 이러한 잠재적 함정을 일찍이 간파하고 이에 대해 매우 명확한 입장을 취하고 있다. 재단은 '우리의 사명은 생명공학이 개방적이고 윤리적인 방식으로 모든 사람과 지구를 이롭게 하는 일에 쓰이도록 보장하는 것이다. 우리는 근본적으로 과학적 지식이 우리 모두의 것이며 윤리적이고 개방적인 혁명을 위해 자유롭게 쓰여야 한다고 믿는다'라고 명시하고 있다. 컴퓨팅 기술에 적용하듯 특허법과 저작권법을 너무 남발하는 법적 조치는 부적절하다는 입장을 밝힌 것이다.

바이오브릭 이용자 약관에는 지적 소유권 주장을 철저하게 금지하고 있다. 약관에는 개발자에 대한 인정과 사용 시 안전 수칙과 법규를 지켜야 한다는 내용이 포함되어 있지만 부품들 자체는 철저히 무료로 이용할 수 있다. 재단이 모든 부품들을 공개하기 때문에 이용자들로서는 특허권 적용이라는 복잡한 절차를 거치지 않아도 되고 결과적으로 혁신 정신과 창조성도 고무된다.

2012년 4월 합성생물학이 세상을 변화시킬 가능성이 있음을 간파한 미국의 버락 오바마 대통령은 '국가 바이오경제 청사진(National Bioeconomy Blueprint)'을 발표했다. 합성생물학의 이점을 최대로 끌어내기 위한 투자 방향을 제시한 로드맵이라고 볼 수 있다. 이 계획안에는 상업적으로 발전시킬 계획도 포함되어 있을 뿐 아니라 자료와 자원을 공유하는 바이오브릭의 핵심 정신의 가치를 인정한다는 내용도 있다. 특히 계획안의 추천사에는 합성생물학의 발전을 장려하고 안전 문제를 강조하는 한편, 창조성을 제한하지 않는 상품화를 통해 공공성을 확보한다는 내용도 구체적으로 기술되어 있다.

창조성을 보호한다는 내용은 1790년 제정된 특허법과 저작권법 조항에도 명시되어 있다. 저작권법에는 '배움을 독려하기 위한 법'이라는 부제가, 특허법에는 '유익한 기술들을 촉진하기 위한 법'이라는 부제가 달려 있다. 음악이나 컴퓨팅 기술, 유전학 그리고 어쩌면 지금은 합성생물학에서도 두 법의 부제가 명시하고 있는 원칙들은 법의 변화 속도를 훨씬 능가하는 과학기술의 눈부신 발전 속도로 인해 곤경에 빠져 있다. 그 결과 생물공학에서 특허권은 오히려 창조성을 가로막는 위험한 장벽으로 대두되고 있다. 실제로 그렇게 되면 더 이상의 발달은 없다.

여기서 또 한 번 음악과의 유사성에 놀라게 된다. 팝 뮤직에서 샘플링은 사실상 너무나 보편화되었다. 본질적으로 샘플링을 기반으로 하는 힙합은 음악계에서 가장 크고 주요한 사업으로 부상했다. 기업들이 힙합의 엄청난 상품성을 깨달아감에 따라 저작권을 소유한 기업은 힙합을 비롯한 다른 장르의 음악이 기반으로 삼고 있는 샘플링에 대한 권리를 행사하기 시작했다. 샘플링에 대한 저작권법이 더욱 엄격해짐에 따라 이제는 돈주머니가 웬만큼 두둑하지 않은 한, 힙합이라는 장르가 탄생하고 자리 잡는 데 도움이 되었던 '창조적 자유'를 이용해 음악을 만드는 것이 사실상 불가능하다.

복잡한 법적 문제들로 씨름하는 것은 어쩌면 신생 분야인 합성생물학이 겪어야 할 성장통일 수도 있다. 2011년 합성생물학의 대부나 다름없는 드류 엔디는 생물학적 부품과 회로 그리고 도구들의 지속적인 개발을 도모하기 위해 물적, 법적 지원을 제공하는 벤처기업을 설립했다. 설립 행사에서 그는 이렇게 선언했다. "우리는 레고나 유전자 장난감이라는 비유를 넘어 전문적인 기술로 나아가야 합니다." 그의 선언은 합성생물학이 과학적으로나 법률적으로 원숙해져야 하며 설립자들의 계획대로 국제적 사업으로 자리 잡아야 한다는 것을 의미한다. 이를 위해서 가장 혁신적인 아이디어들이 자랄 수 있는 비옥한 토양으로서 합성생물학은 심지어 장난스러운 시도들일망정 구속받지 않는 창조성으로 꾸준히 채워져야 한다. 하버드 대학의 법학과 교수이자 저작권법 확대를 반대하는 운동가인 래리 레시그(Larry Lessig)가 말했듯이 "과거로부터 자유롭게 빌려다 창조할 수 있는 문화는 이를 통제하는 문화보다 훨씬 더 풍요롭다."

바이오브릭, 더 나아가 합성생물학 전반에 내재된 창조성은 그 전신인 유전자 조작 분야와는 차원이 다르다. 물론 창조성의 핵심에는 공학 원리가 있다. 창조성과 공학이라는 두 가지 측면 덕분에 합성생물학은 시작부터 신종 산업혁명이라는 시선을 받았다. 하지만 과학은 문화의 일부로 등장하는 것이지 문화와 동떨어진 것이 아니다. 소유권에 따른 문제에서 살펴보았듯 이제 이 신생 과학은 과학적 문제나 실용화 문제뿐만 아니라 그 결과물을 하나의 문화로서 사회에 도입해야 하는 문제도 해결해야 한다.

4장

발전을 위한 변론

"기회를 포착하기보다

위협에 집착하기가 더 쉽다."

-롭 칼슨(Rob Carlson)

폭력은 없었다. 사실 공공기물 파손 행위나 직접적인 행동이 가미된 사건으로 묘사되었지만 모든 이야기를 종합해보건대 그 사건은 한 지방의 즐거운 가족 모임처럼 되고 말았다. 몇 주에 걸친 홍보와 협상 그리고 공개 탄원에도 불구하고 햇살이 눈부신 2012년 5월 27일 일요일, 마침내 하트퍼드셔(Hertfordshire) 주 로담스테드(Rothamsted)의 푸른 들판에서 유전자 조작 식품을 반대하는 활동가들과 과학자들이 충돌했지만 예상과 달리 이 사건은 아이스크림을 나눠먹으며 노래를 부르고 몇 마디 경고성 발언들을 발표하는 것으로 끝나버렸다.

'밀가루를 되찾자(Take the Flour Back)' 모임의 활동가들은 유전자 조작(Genetically Modified, 이하 GM) 작물의 재배를 뒷받침할 만한 과학적 증거가 충분치 않으므로 로담스테드의 들판에서 진행되는 GM 밀의 시험 재배는 반드시 중단되어야 하며 실질적으로 그 작물들은 모두 폐기되어야 한다고 주장했다. 그들은 그날을 GM 밀이 자라는 들판을 '정화'하는 날로 선언했다. 이는 영국에서 지난 몇 년 동안 수차례 그랬던 것처럼 시험 작물을 모조리 뽑고 들판을 밀어버리겠다는 의미였다. 시험 재배를 이끌고 있는 과학자들이 공개적으로 탄원도 해보고 활동가들과 토론도 해봤지만 직접 행동에 돌입하겠다는 활동가들의 계획은 철회되지 않았다.

로담스테드 들판에서 재배되는 밀은 몇 가지 유전적 변이를 갖고 있다. 그중 일부는 실험 관리상 편의를 위해 조작된 변이다(다양한 변이를 만들어서 목적에 맞는 실험용 씨앗들을 채취할 수 있기 때문이다). 하지만 인위적으로 조작된 대부분의 씨앗에는 Eβ파르네신 또는 EβF로 불리는 화학물질을 생산하는 유전자 회로가 장착되었다(기막힌 우연이지만 이 물질은 1장에서 언급한 합성 디젤을 구성하는 화학물질과 밀접한 관련이 있다).

EβF는 진딧물이 개미와 같은 포식자에게 공격을 받았을 때 분비하는 페로몬의 일종으로 동료 진딧물에게는 자동차 경적과 같다. 즉 다른 진딧물들에게 신속히 도망치라는 메지시인 것이다. 하지만 진딧물이 좋아하는 400여 가지의 식물들도 이 페로몬을 분비하도록 진화했다. 마치 개 없는 집에 '개 조심'이라는 간판을 걸어놓는 것처럼 진딧물을 미연에 방지하려는 고단수 전략인 셈이다. 이 페로몬은 진딧물을 퇴치할 뿐 아니라 위험을 감지하자마자 날아갈 수 있게끔 날개가 달린 후손을 낳도록 진딧물의 진화를 유도한다. 이 실험용 밀은 농부들이 일상적으로 사용해야 하는 진딧물 살충제의 양을 줄이기 위해 EβF를 생산하도록 합성된 밀이다.

초창기 실험에서 EβF 조작 밀은 진딧물 퇴치 효과가 미미하거나 거의 없었다. 하지만 그때는 실험실이라는 제한적 조건에서 실시되었기 때문에 실제 들판에서의 효과를 속단하기 어려웠다. 이 문제를 해결하기 위해 착안된 것이 로담스테드에서의 시험 재배였다. 로담스테드에서 연구하던 과학자들은 간절함을 담은 공개서한에서 "밀가루를 되찾자'의 의도는 '사람들이 책 내용을 굳이 알고 싶어 하지 않으니 도서관의 책들을 모두 없애자'라는 주장과 다를 바가 없다"라고 지적했다. 그날 로담스테드의 사건은 극적이지도 않았고 명백히 사건이라 할 만한 일도 아니었으나 '밀가루를 되찾자'는 다음과 같은 성명까지 발표했다.

> 우리는 책임 있는 일을 하려 했고 GM 작물의 위협을 제거하고자 했다. 아쉽게도 오늘은 실제 행동에 돌입하지 못했다. 하지만 GM 작물의 도입을 막기 위해 기꺼이 자신의 자유를 바칠 준비가 된 전 세계 농부들과 연대할 것이다.

이 사소한 무용담은 현대 생물공학에 대한 대중의 인식과 40년밖에 안 된 그 역사의 이모저모를 보여준다. '밀가루를 되찾자'는 워낙 말이 많고 강경하며 대외적으로 홍보도 많이 하는 단체다. 하지만 이 단체가 여론을 얼마나 순수하게 반영하고 있는지 알 수 없으며 그들과 연대하고 있다는 농부들이 과연 몇 명이나 되는지도 밝혀지지 않았다.

여러 가지 측면에서 이들은 러다이트(Luddite), 즉 기계화 반대론자에게서 영감을 얻은 듯하다. 러다이트라는 이름은 기술을 거부하는 사람들을 총칭하는 말로 발전했지만 최초의 러다이트는 직기라는 새로운 기계의 출현에 위협을 느낀 직조공들이었다. 19세기 초반 몇 년 동안 직조공들은 영국 북부의 요크셔 주 황야 지대에 모여 야음을 틈타 공장을 습격하고 그들의 일자리를 빼앗은 직기를 부수곤 했다.[1)]

유전자 조작과 관련해서 이런 식의 직접 행동은 드물지만 그렇다고 아예 없는 것은 아니다. '밀가루를 되찾자'의 웹사이트에는 "1999년에서 2003년 사이에 최소한 91곳의 GM 시험장이 피해를 입거나 파괴되었다"라고 밝히고 있다. 곧 살펴보겠지만 이러한 행위 이면에 감춰진 반감의 뿌리는 그 기술만큼이나 깊다. 1980년대 영국에서 GM 식품이 생산될 가능성이 대두되자 활동가들은 거의 공포심에 사로잡혔고 일부에서는 GM 식품이 자연의 본질을 교란시키는 부도덕함이라고 간주했다. 언론은 (소설가 메리 셸리(Mary Shelley)가 창조한 닥터 프랑켄슈타인(Dr. Frankenstein)을 빌려) '프랑켄푸드(frankenfood)'라는 신조어를 붙여가며 혐오감을 부추겼다.

별명의 위력은 엄청났다. 1972년 워싱턴 D.C. 워터게이트(Watergate) 빌딩에서의 도청 사건 이후 모든 정치 스캔들마다 '게이트'라는 접미사가 붙듯 최근 몇 년 동안 GM과 관련한 기사의 헤드라인에는 '프랑켄마이스(frankenmice)', '프랑켄피시(frankenfish)', '프랑켄버그(frankenbug)', '프랑켄크롭(frankencrop)'과 같은 단어들이 빠짐없이 등

1) 이 특이한 운동은 오래가지 않았지만 상당한 손실을 낳았고 결국 무자비한 공권력으로 진압되었다. 1812년 입법부는 특히 기계에 대한 파손 행위를 불법으로 간주하고 중죄로 다스렸다. 열일곱 명의 러다이트가 1년 후 교수형에 처해졌고 수많은 사람들이 당시 죄수 유형지인 오스트레일리아로 보내졌다.

장했다.

합성생물학이 본격적인 과학으로 성장함에 따라 다방면에서 관심이 집중되고 있는데 그 관심의 대부분은 유전공학에 대한 적대감에서 유래했다. 따라서 합성생물학이 일으킨 염려와 분노를 해결하기 위해서는 좀 더 폭넓은 시각에서 접근하는 생물공학에 대한 대중의 인식과 비록 짧지만 세상을 바꾸고 있는 생물공학의 역사를 살펴볼 필요가 있다. 역사적으로 GM 유기체의 비난에 앞장섰던 ETC(Action Group on Erosion, Technology and Concentration) 그룹이나 '지구의 벗(Friends of the Earth)'과 같은 단체들은 구체적으로 합성생물학을 겨냥하여 '합성생물학에서 만든 제품들은 검증되지 않은 것들이며 그에 대한 이해도 부족할 뿐만 아니라 인간과 생태계를 두루 위협할 것'이라는 내용을 골자로 하는 홍보물을 발행하기 시작했다.

크레이그 벤터의 신시아(사실 신시아라는 이름도 마이코플라스마 미코이즈 JCVI-syn1.0라는 본명에 ETC 그룹이 붙여준 귀여운 별명이다)에 관한 논문이 발표되자마자 오바마 대통령은 합성생물학자들로 구성된 위원회에 합성생물학 분야 전반에 걸친 잠재적 위험과 문제점 및 이점을 평가하여 보고서를 제출하라고 지시했다. 2010년 말 위원회가 제출한 보고서에는 각계의 일반인들과 전문적인 과학자들의 협의를 통해 도출한 몇 가지 문제점과 합성생물학의 발달을 진단할 다섯 가지 기준이 일목요연하게 정리되어 있었다. 그 다섯 가지 기준은 공공의 이익, 책임 있는 관리, 지적 자유와 의무, 민주적 협의, 공정성과 공평성이다.

이 기준에 의거해 평가를 마친 위원회는 현재의 규제로도 합성생물학은 잠재적 위험을 최소화하는 동시에 이익을 최대화하면서 안정적으로 성장할 수 있다고 결론 내렸다. 보고서에서는 '신중한 경계(prudent vigilance)' 원칙을 언급하고 있는데 한마디로 '두 눈 똑바로 뜨고 감시하자'라는 의미다. 하지만 그와 동시에 앞장에서 서술한 것처럼 특허권의 제약을 받지 않는 바이오브릭의 열린 정신과 분야 전반에 대한 통합적 접근을 높이 평가하면서 공유를 통한 개방성과 혁신을 권고하고 있다. 이 보고서는 전반적으로 합성생물학의 잠재력을 인정하고 발전을 촉진하는 자극제가 되었다.

그러나 모든 이의 관점이 이렇지는 않다. 위원회는 활동가들로부터 적지 않은 분노를 샀다. 위원회의 발표가 있자마자 ETC 그룹과 '지구의 벗'을 비롯한 여섯 단체가 대통령 직속 위원회에 보고서를 비난하는 공개서한을 제출했다.

> 경계 원칙을 무시하고 환경에 미칠 위험을 충분히 검토하지도 않았으며 '자살 유전자'에 대한 근거 없는 믿음을 조장하고 합성 유기체가 환경에 침투하는 것을 방지하지도 못하는 기술들을 나열하고 있다. 보고서에서 언급한 '자가 규제' 역시 독립적인 감시기구가 없다는 말과 다르지 않다.

유전자 조작의 규제는 필요하기도 하거니와 이미 존재한다. 미국에는 GM 식물의 이용을 감독하는 세 개의 연방 기관이 있다. 미국 농무부(United States Department of Agriculture)는 GM 작물이 쓸모없는 잡초가 될 가능성을 주시하고 있으며 식품의약국(Food and Drug Administration)은 GM 작물이 먹이사슬로 유입될 경우 사슬을 파괴

할 수 있는지를 감독하고 환경보건국(Environmental Protection Agency)은 GM 식물에 대한 살충 효과를 심사한다.

2012년 111개 활동가 그룹이 연합하면서 규모가 커진 GM 반대론자들은 각 단체별 보고서를 취합하여 합성생물학 분야에 대한 한층 더 강력한 비난 성명을 발표했다. 단체의 숫자만 보면 엄청난 것 같지만 단체들 대부분은 몇몇 개인들로 이루어진 소그룹에 불과하기 때문에 이들이 일반적인 여론을 대변한다고 보기도 어렵다. 또다시 이들은 자극적인 어휘와 강경한 목소리로 더 강력한 감독과 더 엄격한 규제가 필요하며 합성 세포들의 방출과 상품화는 전면적으로 유보되어야 한다고 자체 결론을 내렸다.

생물공학의 기원을 살펴보면 반대론이 탄생하게 된 맥락을 이해하는 데 도움이 될 것이다. 합성생물학의 구심점은 미국 스탠퍼드 대학이다. 바이오브릭재단이 있는 곳이며 1970년대 중반 합성생물학의 초석이 되는 기술도 이곳에서 탄생했다. 박테리아의 유전자를 자르고 이어 붙이는 제한효소의 발견은 합성생물학의 출발점이었다. 그리고 이 효소를 이용해 하나의 바이러스에서 게놈의 일부를 잘라내어 다른 바이러스에 삽입하는 실험에 성공한 폴 버그(Paul Berg)가 1980년 노벨상의 주인공이 되면서 유전공학 시대의 막이 열렸다.

하지만 이 신기술에 내재된 영향력을 경계했던 버그는 자신의 실험이 괴물을 창조할 수도 있고 동료들뿐 아니라 더 넓게는 일반 시민들까지 위험에 빠뜨릴 수 있다는 두려움에 실험을 중단하기로 결심한다. 그리고 이 신생 분야 전반에 대한 일시 중지를 선언했다. 그리고 1975년 미국 국립과학아카데미의 요청으로 캘리포니아 몬터레이 반도의 아실로마(Asilomar)에서 열린 소규모 국제 학회에 버그와 몇몇 과학자들이 모였다.

아실로마 학회는 양용될 가능성이 있는 신기술, 즉 긍정적으로 이용될 뿐만 아니라 악용될 가능성도 있는 새로운 도구들을 다룰 때 과학이 취해야 할 책임감 있는 태도의 귀감으로 여겨진다. 이 학회의 문화적 배경에는 워터게이트 사건 이후의 불안감을 파고들며 등장한 〈안드로메다의 위기The Andromeda Strain〉(1971)와 같은, 외계의 미생물이 무차별적 광기와 죽음을 야기한다는 피해망상적인 블록버스터급 공포 영화들이 있었다.

유전자 암호를 본격적으로 조작하기 시작한 몇몇 과학자들과 버그는 향후 방향을 논의하는 자리에서 거론되는 모든 경고들을 열린 자세로 경청했다. 저널리스트와 법률가 그리고 과학자들이 모인 그 자리에서 며칠 동안 설전이 오갔다. 공개 토론 끝에 이들은 전염병학이나 미생물생태학과 같은 분자생물학 분야 이외의 전문가들로부터 조언을 구해 신생 분야를 위한 가이드라인을 만들었다. 그리고 '종류가 다른 유기체들로부터 유전적 정보를 조합할 수 있게 만들어준 이 새로운 기술로 인해 우리는 미지의 것들로 가득 찬 생물학의 한 영역으로 들어섰다'라고 결론 내렸다.

이 결론은 그 당시뿐 아니라 오늘날에도 적용된다. 사실 넓은 의미에서 과학이란 본래 미지의 것으로 가득 찬 문화로 정의되어야 마땅하다. 하지만 그들은 잠재적 위험보다 잠재적 이점이 중시되어야 한다고 판단해 다음과 같은 조건부 발전을 권고했다.

> 본 학회는 현재의 차단 설비들만 가지고 자연에 심각한 위험을 미칠 가능성이 있는 실험들을 진행해서는 안 된다는 데에 동의한다. 장기적인 측면에서 심각한 위험은 그러한 실험들의 규모를 확장해 산업이나 의약, 농업에 적용할 때 발생한다. 그러나 생물학적 위험들이 연구와 경험을 통해 실제보다 덜 위험하거나 발생 가능성이 낮다고 판명될 수 있다는 사실도 인정한다.

학회의 발표가 있자마자 생물공학자들과 반대론자들의 사상적 분열은 공식화되었다. 아실로마 학회가 끝난 직후 유전공학에 대한 반대 여론이 서서히 모습을 드러냈다. '지구의 벗'은 물론이고 예전에는 과학자들과 연대했던 환경 단체들마저도 과학자들에게 등을 돌리기 시작했다. 단체들의 요구 사항은 오늘날의 그것과 상당히 비슷했다. 위험을 초래하지 않을 수준까지만 DNA 짜깁기 연구의 발달을 억제해야 한다는 것이다.

대립이 시작되자마자 어느 과학자는 익명으로 '일부 환경 단체들은 편집증적 공포를 퍼뜨리기로 작정'하고 있으며 그들의 행동은 폭력 행위나 다름없다고 의견을 피력했다. 1978년 제임스 왓슨은 〈사이언스〉지에 기고한 글에서 이렇게 말했다. "그러한 단체들은 부정적인 뉴스들을 퍼뜨리고 있으며 환경에 대한 대중의 우려가 커질수록 결국 우리 스스로 그러한 단체들이 몸집을 부풀리는 데 필요한 자금을 지원하게 될 것이다." 또 다른 과학자는 비공식적으로 "대중의 관심을 중간에서 전한다지만 그들은 대표로 선출된 사람들도 아니며 자신들이 대변하고 있는 단체의 일반 회원들 의견조차 제대로 전하는지 의심스럽다"라고 했다. 로담스테드 사건에서 이미 확인했지만 솔직하고 공개적인 토론을 이끌려는 시도는 하지 않고 충격적인 전략과 대대적 홍보, 감정적인 호소 등으로 대중적 지지를 이끌어냈다는 점은 오늘날 상황과 꽤 닮았다.

뛰어난 과학자이자 당시까지 '지구의 벗' 회원이었던 파울 에를리히(Paul Ehrlich)는 '유전자 재조합 연구의 잠재적 이득은 너무나 크기 때문에 가상의 위험에 근거해 연구를 제한하는 것은 무모한 일'이라는 견해를 여러 차례 피력했다. 실제 아실로마 학회 이후 생물학 무기를 이용한 테러가 성공한 사례도 없었고 유전공학에서 합성생물학으로 발전하는 동안 기술에 대한 접근성은 1970년대 중반보다 훨씬 더 용이해진 반면 잠정적 문제점들은 더 늘지도 줄지도 않았다. 1975년에는 컨퍼런스 센터는 고사하고 DNA 조작 전문가들을 모조리 모아도 동네 술집 하나를 채울까 말까 한 정도였다. 당시와 똑같은 기술을 민주적으로 공평하게 사용할 수 있게 된 현재, DNA를 한 번이라도 조작해본 사람들을 다 모으면 웬만한 작은 국가의 인구와 맞먹을 정도다.

분자생물학이 탄생할 때 분위기는 오늘날과 사뭇 달랐다. 당시 생물공학은 말 그대로 신생아 수준이었을 뿐 오늘날처럼 과학적으로나 상업적으로 거대한 분야가 아니었다. 2012년 4월 미 대통령에게 전달된 보고서에는 2010년 한 해 동안 미국에서 '바이오 경제'로 벌어들인 수입이 1,000억 달러에 이른다고 적혀 있다. 그리고 그 규모는 앞으로 커질 일만 남았다.

현재 '밀가루를 되찾자'의 활동과 운동들, '지구의 벗'과 ETC 그룹의 정책들은 40여 년 전 유전공학이 탄생할 때 보여준 것과 크게 다르지 않다. 그에 반해 이 신생 학문은 폭발적으로 발전했다. 따라서 과학의 어떤 한 분야를 처음부터 반대한 사람들이 선견지명을 갖고 있었느냐 아니면 그 분야가 발전하는 동안에도 그저 똑같은 미사여구만 되풀이했느냐를 한 번은 반드시 짚고 넘어가야 한다. 이쯤에서 그들의 주요한 주장과 앞으로의 시나리오를 살펴보자.

인터넷에서 생물학 무기 구매?

조작된 생명을 무기화하는 일련의 행동은 유전공학이나 합성생물학을 반대할 수 있는 특별하고도 강력한 빌미다. 게다가 DNA 조작 기술의 발달은 생물학 무기를 이용한 테러에 대한 공포를 끊임없이 부채질하고 있다. 사실 생명의 무기화는 어제오늘 일이 아니다. (인간 이외의) 생명을 이용한 파괴 행위는 DNA를 정복하기 1,000년 전부터 매우 비열한 방식으로 자주 일어났다.

한니발(Hannibal, 카르타고의 장군, BC 247~BC 183)은 고대 로마제국을 공격할 때 코끼리를 이용했다. 14세기에 인도를 침략한 몽골의 족장은 코끼리를 타고서 언월도로 무장한 부대를 습격하기 위해 대규모 낙타 부대를 급파했다. 심지어 근세 시대에도 쥐나 고양이, 비둘기나 개를 이용해 폭탄을 탐지하거나 혹은 폭탄을 장착한 무기로 이용했다. 제2차 세계대전 당시 러시아는 탱크 아래로 돌진하도록 훈련시킨 개에게 물체와 부딪치기만 해도 폭발하는 폭탄을 장착한 다음 독일 기갑부대로 침투시켜 제법 성공을 거두었다.

오늘날 생물학적 무기의 잠재적 위험성은 그 어느 때보다 기괴하고 훨씬 더 강력하다. 물론 유전공학의 모든 측면들이 그렇듯이 무기로서의 결정적인 차이는 정확하게 통제된 생명의 언어를 삽입하는 데 달려 있다. 생물학의 거의 모든 분야와 마찬가지로 생물학적 테러 역시 동물을 그대로 이용하던 단계에서 유전자라는 미시 세계로 축소되었다.

지구상에 생명이 탄생한 이래로 바이러스는 유전자 암호의 보편성을 이용하여 자신의 DNA를 숙주의 게놈에 삽입한 뒤 숙주세포의 생물적 구조를 줄기차게 착취해왔다. 이 세상은 질병의 감염으로부터 한순간도 자유롭지 못했다. 감염 매개로 인해 사망하는 비율은 타인에 의해 사망하는 비율보다 압도적으로 많으며 유전자 조작 기술이 발전함에 따라 유전자를 감염 매개로 이용한 테러의 가능성도 대두되고 있다.

2006년 영국 〈가디언〉지의 한 기자가 천연두 게놈의 일부를 입수할 수 있음을 증명한 적이 있었다. 천연두는 지구상에서 완전히 사라진 질병이다.[2] 천연두 게놈 배열은 공개적으로 제공되는 모든 유전자 배열과 마찬가지로 온라인상에서 얼마든지 무료로 이용 가능한데 기자의 의도는 이 배열이 위해한 피조물로 만들어지기가 얼마나 쉬운지 반증해보는 것이었다. 그는 천연두를 유발하는 대두창(variola major) 게놈 몇 조각을 주문한 사실만 가지고 '더 작은 조각들을 이어

2) 두 개의 천연두 샘플이 과학적 목적을 위해 냉장 보관되어 있는데 생물학적 테러에 이용될 가능성 때문에 여전히 폐기와 보존을 놓고 의견이 분분하다.

붙여 게놈 일체를 만들 수도 있다'라고 주장했다. 요약하자면 별로 유명하지 않은 영국의 한 유전자 합성 회사에서 조립한 75개짜리 염기 조각이 무기로 쓰일 가능성이 있음에도 불구하고 아무런 제재도 받지 않은 채 런던 북부의 한 주소로 배달되었다는 의미다. 의도적인 오류들을 끼워 넣어 바이러스의 암호화된 유전자 배열을 바꾼 후 독성이 없게 만들었다고 기사는 전했다. 어쨌든 기사는 충격적인 폭로의 양상을 띠었다.

〈가디언〉지가 밝혀낸 바에 따르면 인간에게 가장 치명적인 것으로 알려진 병원균의 DNA 배열을 인터넷으로 구매할 수 있었다. 테러 조직들이 생물학 무기의 재료를 쉽게 입수할 수 있다는 사실을 증명하기 위해 본지는 천연두 DNA 조각을 입수했다.

실로 충격적인 기사 같지만 어설프기 이를 데 없다. 이 기사가 반증에 성공한 내용이라고 해봐야 그저 DNA 합성 기업들이 공식적인 회원이 아닌 외부인들에게도 부주의하게 주문을 받는다는 사실뿐이다. 게다가 〈가디언〉지가 유전자 배열을 바꿔 독성을 없앴다는 주장도 허세에 불과하다. 일단 유전자 배열을 입수하면 오류를 바로잡는 일쯤은 유전학과 졸업장만 있으면 식은 죽 먹기나 다름없다.

그리고 기사는 전반적으로 앞뒤가 맞지 않는다. 75개 염기로 이루어진 유전자 조각들을 이어 붙여 염기 18만 6,000개짜리 게놈을 만든다는 것은 파쇄기를 거친 조각들을 이어 붙여 이 책의 두 배쯤 되는 문서를 완성하는 것만큼 어려운 일이다. '이론적으로 가능'하다고 주장하지만 현실적으로는 사실상 불가능에 가깝다. 2002년 뉴욕에 기반을 둔 한 팀이 우편으로 주문한 합성 DNA 조각으로 감염력이 있는 척수성 소아마비 바이러스를 성공적으로 조립했다. 그러나 염기 7,500개에 불과한 이 바이러스의 게놈도 분자생물학자 한 팀이 2년 동안 들러붙어 조립한 것이다. 계산기를 두드린다고 해결될 문제가 아니다. 2010년 탄생한 벤터의 신시아를 생각해보자. 염기 58만 2,000개짜리 신시아의 게놈은 20명의 과학자들이 10년 동안 4,000만 달러의 비용을 들인 작품이다. '이론적 가능성'만을 따지면 무슨 말인들 못하겠는가?

2007년 안티 합성생물학 활동가 그룹인 ETC는 〈가디언〉지의 어설픈 기사를 언급하며 한층 더 위험한 '이론적' 가능성을 부각시키기 위해 합성생물학에 대한 또 한 편의 보고서를 내놓았다. "최신형 스포츠카 한 대 가격이면 필요한 도구를 모두 구할 수 있으므로 이론적으로 대두창 바이러스를 합성하는 데 필요한 DNA 일체를 2주 안에도 만들어낼 수 있다." 글자 그대로 '이론적'으로는 가능할 수 있겠으나 이론적이라는 전제도 실현 가능성이 웬만큼 있을 때나 붙일 수 있는 말이다. 합성생물학 전문가인 롭 칼슨의 말처럼 "기회를 포착하기보다 위험에 집착하기가 더 쉽다."

잠재적 위험이나 합성생물학과 유전공학의 양용성은 반드시 숙지해야 할 사실이다. 역사에서 지워진 질병들이 실험실에서 복원되거나 아직 정복하지 못한 질병들이 더 위험한 질병으로 조작될 수도 있다. 우리는 백신 덕분에 천연두와 같은 질병들을 박멸했으며 척수성 소아마비도 곧 그렇게 될 것이다. 오늘날 치명적인 질병들이 아이들에게는 역사적 흥밋거리에 불과해질 날도 올 것이다. 과학과 의학이 인류 생존의 판도를 바꾼 것은 분명하지만 그럼에도 불구하고 매년 치료제도 없는 질병으로 수백만 명의 목숨이 사라지고 있다는 것도 엄연한 현실이다. 그렇다면 현실적으로 유전공학이 악당들의 테러 도구로 악용될 가능성은 얼마나 될까? 알다시피 〈가디언〉지의 천연두 기사가 나온 지 6년이 지났고 문제가 되었던 그 기술은 그 사이에도 놀랄 만한 속도로 발전하고 있다.

변종 바이러스의 실용화 논란

독감 바이러스(influenza)는 원래 새에서 시작했다. 바이러스는 숙주세포의 기관에 들러붙어 독자적인 프로그램을 실행시키면서 자신의 단백질을 만든다. 독감 바이러스는 표면에 장착된 두 개의 단백질 덕분에 숙주를 옮겨 다닐 수 있다. 하나는 헤마글루티닌(hemagglutinin, H)이라는 단백질인데 갈고리처럼 표적 세포에 매달려 입구를 확보하고 뉴로아미니다제(neuroaminidase, N)라는 단백질은 새로운 바이러스 조각을 만들어 숙주에서 빠져나오게 만든다.

침입과 탈출을 담당하는 이 두 단백질에 생긴 변이에 따라 H5N4와 같이 변종 독감의 이름이 정해진다. 대개의 경우 H5N4 바이러스는 조류에만 독감을 일으킨다. 그렇다고 이 바이러스가 인간에게 증상을 일으키지 않는다는 의미는 아니다. 다만 인간은 새로운 바이러스를 만들지 않으므로 퍼뜨리지 않을 뿐이다. 하지만 이 바이러스는 지금도 꾸준히 진화하면서 새로운 전파 경로를 모색하고 있다. 간혹 어떤 변종은 진화를 통해 엄청난 도약을 이루어 인간에게 감염되기도 하는데 증상도 증상이려니와 사람에서 사람으로 전파되기 때문에 가히 종말적인 결과를 야기하기도 한다. 1918년 H1N1 변종이 세계적으로 유행하면서 수십억 명이 감염되었고 5,000만 명에 이르는 사망자가 발생했다.

1997년 홍콩에서는 인간에게 한 번도 발견된 적 없는 새로운 변종 H5N1에 감염된 환자가 속출했다. 중국의 노천 닭 시장에서 풍토병으로 여겨질 정도로 많았던 바이러스의 변종이었다. 새로운 변종은 사람에게 항체가 전혀 없다는 점 때문에 문제가 된다. 독감 바이러스는 하나의 세포에 서로 다른 두 개의 변종이 감염되어 서로 유전자를 교환하면서 급속하게 진화한다. 따라서 인간에게 침입한 H5N1이 다른 어떤 변종과 유전자를 교환하면서 이 사람에서 저 사람에게로 전염된다면 대재앙의 시작을 목도하게 될지도 모른다.

고도의 전염성을 가진 괴물 변종들이 이론적으로 가능하다는 사실을 숙지하고 있는 전 세계 독감 연구진들은 "창조할 수 없으면 안다고 할 수 없다"라는 파인만의 금언을 실행에 옮기고 있다. 네덜란드와 북미 과학자들은 세계적 전염병으로 진화할 수도 있는 변종 모델을 정확히 조합함으로써 선수를 치겠다는 과학자다운 본능을 발휘하기 시작했다.

위스콘신-메디슨 대학의 요시히로 가와오카(Yoshihiro Kawaoka)와 네덜란드 로테르담에 있는 에라스무스 메디컬 센터(Erasmus Medical Centre)의 론 푸시에(Ron Fouchier)는 각자 개별적으로 포유류, 구체적으로 말하자면 흰담비에게 감염을 일으키는 독감 바이러스를 설계했다. 가와오카는 바이러스 유전자 두 벌을 섞어 하나로 만들었는데 이 변종은 흰담비의 비강 세포에 침입할 수 있을 뿐만 아니라 복제도 할 수 있고 공기 중으로 내뿜어 다른 담비에게 감염시킬 수도 있다. 푸시에도 같은 종의 바이러스를 대상으로 했지만 다섯 개의 유전자만을 수정했으며 모두 자연적인 변종들에서 볼 수 있는 유전자들이었다. 그의 변종 역시 흰담비 세포에 침투해서 감염을 일으킬 뿐 아니라 재채기를 통해 다른 담비에게 전염된다. 두 변종 모두 치명적이지는 않았지만 푸시에의 변종을 농축시켜 흡입기로 감염시켰을 때는 담비들이 죽었다.

연구의 중요성을 감안하여 두 사람은 각자 가장 권위 있는 과학 저널(가와오카는 〈네이처〉지, 푸시에는 〈사이언스〉지)에 논문을 제출했다. 그 후 미개척지에 좁게나마 길을 내기 위한 지루하고 고달픈 협상이 뒤따랐다.

비록 실질적인 권한은 없지만 미국 국가생물보안자문위원회(NSABB, National Science Advisory Board for Biosecurity)는 바로 이런 유형의 시나리오를 감독하고 과학자, 법률가 그리고 정책 전문가들이 모여 양용될 수 있는 생물학적 연구들을 자문하는 기관이다. 2011년 12월 NSABB는 위의 두 논문을 공개하되 '악의를 가진 사람들이 실험을 모방할 수 없도록 실험 방법들이나 세부적인 사항들은 제외'하고 공개할 것을 제안했다.

처음에는 실험 방법과 유전자 배열을 편집한다는 조건으로 두 논문을 공개하자는 입장이었다. 하지만 모든 관련 분야로부터 NSABB

의 입장을 개탄하는 목소리들이 이어졌다. 논란이 많은 과학 연구가 보고되면 주로 연구 당사자들과 비과학자들 사이에 논쟁이 불거진다. 하지만 이번에는 전례 없이 과학자들 사이에서도 논문을 원문 그대로 공개해야 한다, 삭제나 편집 후 공개해야 한다, 아예 공개해서는 안 된다는 상반된 의견들이 격렬하게 충돌했다. 아실로마에서 그랬듯이 의견 대립은 결국 공개 토론으로 이어졌다. 그리고 1975년 폴 버그가 그랬던 것처럼 푸시에와 가와오카도 대처 방안을 강구하기 위해 60일간 일시적으로 독감 연구를 중단하겠다고 선언했다. 결국 세계보건기구(WHO, World Health Organization)까지 개입했고 오랜 절치부심 끝에 NSABB는 입장을 바꿔 가와오카의 논문은 전문을 공개하고 푸시에의 논문은 편집하여 공개할 것을 권고했다. 그 즈음 〈네이처〉지도 독자적으로 같은 결론을 내린 상태였다.

두 연구는 위험한 신종 독감 바이러스가 등장할 가능성을 매우 현실적으로 입증한다. 그와 동시에 독감 바이러스의 무기화가 유전공학의 쾌거는 될지언정 아무나 쉽게 할 수 있는 일이 아님을 입증하기도 했다. 연구에 들어가는 비용도 엄청나고 내로라하는 인재들이 들러붙어도 어마어마한 시간이 필요하다. 잠정적 테러리스트들에게 불리한 점은 이것만이 아니다. 포유류 사이의 전염이 가능한 변종 독감 바이러스로는 어떤 한 인간 집단만을 표적으로 삼을 수 없기 때문에 특정한 집단을 공격하려는 시도는 사실상 불가능하다.

바이러스가 스스로 알아서 지형이나 국적을 고려할 리도 만무하다. 1918년 지구 전역을 황폐화시킨 독감의 발원지가 지역 군부대에 닭고기를 공급하던 미국 캔자스의 한 가금류 농장이라고 추측한 이론도 있다. 이 군부대 병사들이 독감 바이러스를 1차 대전의 전장으로 옮겼다는 것이다. 세계 어디나 여행이 가능해진 오늘날, 홍콩처럼 인구가 밀집한 대도시에 바이러스가 출현한다면 전 세계로 전염될 가능성은 그 어느 때보다 크다. 전염성 바이러스들이 실험실에서 외부로 방출될 돌발 상황도 무시할 수 없고 누군가 악의를 품고 고의로 방출할 위험도 있다. 설령 누군가 무차별적인 킬러 바이러스를 합성할 작정이라면 수백만 달러를 들여 창조하느니 차라리 이미 입증된 인공 선택 과정을 이용하는 편이 훨씬 경제적이다. 그러려면 아마도 위생 상태가 엉망인 가금류 농장들을 실험실로 삼아야 할 것이다. 열악한 닭 사육 현장을 보건대 킬러 바이러스의 배양지로 그보다 더 좋은 환경은 없기 때문이다.

독감 바이러스가 무기로서 얼마나 유효한지도 의문이다. 대량 살상이 목적이라면 여객기를 몰고 고층 빌딩에 돌진하는 편이 훨씬 쉽다. 그러나 합성생물학의 핵심은 유전공학 전문가들에게 문턱을 낮추는 것이다. 바이오브릭의 열린 문화는 10년 전만 해도 꿈도 꾸지 못했던 유전자 조작을 이제는 학교에서 가르치게 만들었다. 그래서 바이오 테러의 문턱도 덩달아 낮아졌을까?

솔직히 현재 바이오브릭의 품목에는 생물학적 무기와 직접적으로 연관 지을 수 있는 부품이 단 하나도 없다. 하지만 지금은 개별적으로 전혀 해가 되지 않는 성분들과 동네 철물점에서 구할 수 있는 연장들로도 얼마든지 수제 폭탄을 만들 수 있다. 실제로 마음만 먹으면 가정용 제품들만으로도 온갖 종류의 폭발물을 만들 수 있다.

2007년 ETC 그룹이 제출한 합성생물학에 대한 보고서에는 합성생물학을 '유전공학의 확대 증보판'처럼 묘사되었다. 그리고 종국에는 합성생물학이 '맹독성 병원균이나 인간과 지구를 파멸로 몰고 갈 수 있는 인공적인 유기체와 같은 생물학적 무기 제조에 필요한 값싸고 흔한 도구로 전락'할 것이라고 설명하고 있다. 합성생물학의 발전이 결국 양용 가능성이 있는 새로운 기술의 발전이라는 점에서 어쩌면 그들의 주장이 사실을 완전히 호도한다고 볼 수 없을지도 모른다. 그러나 현재까지 그리고 실제로 예측 가능한 미래에도 유전적으로 조작된 무기의 실용 가능성은 백번 양보해도 '이론적으로나 가능'할 뿐이다.

킬러 독감 바이러스 실험의 사례는 과학의 본질에 대해 아주 근본적인 질문을 던진다. 과학적 연구의 중요한 원칙 중 하나는 어떤 주제에 대해서든 자유롭게 연구하고 그 결과를 공개하는 것이다. 어쩌면 이처럼 양용 가능한 강력한 기술의 출현으로 이 시대가 막을 내릴지도 모른다. 하지만 테러의 잠재적 수단으로 이용될 가능성 때문에 과학적 정보를 검열하는 것은 두 가지 문제를 간과하는 것이다. 그 첫 번째는 병원체의 작동 원리를 이해함으로써 그에 대한 더 나은 대책을 간구할 수 있다는 점이다.

어쩌면 테러리스트들의 위협에 맞설 수도 있고 단순하게 환자들 치료에, 특히 유행 가능성이 있는 병독성 바이러스의 잠복처를 알아내는 데 이용될 수도 있다. 그러기 위해서는 구속받지 않는 자유로운 환경이 조성되어야 한다. 정보의 장벽이 허물어지고 자유로운 공유가 가능할 때 가장 풍요롭고 생산적이며 창조적인 과학이 가능하기 때문이다. 새로운 독성을 가진 바이러스나 심지어 무기화된 생명체가 어떻게 작동하는지를 제대로 알 때 자연의 위협이든 인위적 위협이든 그에 대응할 수 있다.

가와오카의 논문을 실으면서 〈네이처〉지는 이렇게 논평했다. "중요한 결과와 방법을 삭제한 논문은 뒤를 잇는 연구와 동료의 검토를 불가능하게 만든다." 연구의 최종 목적은 역시 실용화다. 오로지 자기만 볼 수 있도록 정보를 숨기라고 강요할 수는 없다. 〈네이처〉지는 출간이라는 공식 절차를 거치지 않고 그 논문의 여러 가지 버전들이 유포되고 있다는 사실을 알고 있었다. 인터넷 시대에서 이런 일은 비일비재하다. 논평은 "메커니즘이나 기준에 의거해 연구 내용을 봐야 할 사람과 봐서는 안 될 사람을 명확히 판단할 수 있으리라고는 생각지 않는다"라고 재차 밝히고 있다.

어떤 면에서 위의 두 연구는 독감 바이러스의 위협에 대한 최초면서 가장 명백한 실험이었다. 진화는 끈질기고 집요하며 모든 생명은 영속적인 보전을 위해 사투를 벌인다. 진화의 전개 방식을 이해하기 위해 우리는 그동안 늘 그 뒤를 좇기만 했다. 자연이 행사할 가능성이 있는 모든 위협을 예측할 수 없지만 적어도 예측 가능한 것들에 대해서는 가능한 한 모든 방법을 동원해 스스로를 무장해야 한다.

독감 바이러스에 관한 두 사람의 연구가 있기 전에는 변종들이 종의 경계를 넘나들 가능성이 있는지조차 확실히 알지 못했다. 또한 이들의 연구는 새로운 변종의 등장을 감시해야 할 공중 보건 담당자들에게 명확한 유전적 표지판을 제공한다. 독감 바이러스가 대규모 전염을 야기할 변종으로 업그레이드되는 원리를 밝혀야만 그 변종이 자연적으로 발생했을 때를 대비해 스스로를 무장할 수 있다.

GM에 대한 여론 양극화 현상

유전공학을 공격하는 또 하나의 입장은 GM 식품이 건강에 해로울 수 있다는 점이다. 생물학에서는 관찰한 결과를 설명해줄 기전을 찾는다. 그런데 GM 식품들이 어떤 기전으로 건강에 해로운 영향을 미치는지를 추측하기란 말처럼 쉬운 일이 아니다. 그러하더라도 그 기전이 관찰 가능한 현상이라면 충분히 설명 가능하다. GM 반대론자들은 종종 GM 식품을 먹으면 건강에 해롭다는 이론을 인용한다. 심지어 이를 오목조목 반박한 수많은 개별 보고서들이 발표되었음에도 불구하고 여전히 유해성만을 강조한다. 많은 GM 식품들이 이미 오래전에 승인을 받았을 뿐만 아니라 안전한 먹거리라는 증거들도 과학자들의 기대 이상으로 많이 존재한다. 한 평가에 의하면 2011년까지 2년 동안 GM 식품이 포함된 식사가 2조 끼니나 소비되었다고 한다. 미 농무부의 발표에 따르면 2010년 한 해에만 GM 작물로 거둔 총수익이 760억 달러에 이른다.

이러한 결과에도 불구하고 논쟁은 여전히 끊이지 않는다. 2012년 9월 소규모로 진행된 한 연구 결과가 별로 유명하지 않은 저널의 헤드라인을 장식하면서 GM 식품 논란에 또다시 불을 붙였다. 분자생물학자 질에릭 세랄리니(Gilles-Eric Séralini)가 이끄는 프랑스 연구진은 쥐를 대상으로 전 생애 동안 GM 옥수수를 먹이고 건강에 미치는 영향을 관찰했다. 실험에 이용된 GM 옥수수는 생명공학 기업인 몬산토(Monsanto)가 광범위하게 쓰이는 제초제에 내성을 갖도록 개발한 옥수수였다. (라운드업(Roundup)이라는 제초제에 내성을 가진 NK603

이라 불리는) 이 옥수수는 사람과 동물의 식용 옥수수로 전 세계적으로 널리 인정받았을 뿐만 아니라 이전 연구들에서도 인체에 해로운 영향을 미치지 않는다는 사실이 입증되었다. 실제 2012년에도 이런 유형의 실험에서 소위 표준으로 여겨지는 체계적 검토가 실시되었고 GM 식품 섭취가 건강에 해로운 영향을 미치지 않는다는 사실이 다시금 확인되었다.

세랄리니를 비호하는 언론은 다른 학자들의 연구들과 그의 팀이 진행한 연구가 질적으로 다르다고 주장했다. 세랄리니 팀의 논문은 GM 옥수수가 쥐에게 기괴한 종양을 발병시키고 대조군에 비해 사망률을 현저히 높이는 등 심각한 영향을 미치고 있음을 그래프로 보여주고 있다.

하지만 곧바로 이 연구의 전말이 드러나기 시작했다. 연구의 품질과 논문이 제출된 방식을 놓고 논문과 논문의 저자들에게 신랄한 비판이 쏟아졌다. 인터넷이라는 빠른 매체를 이용해 과학자들은 세랄리니 실험의 설계와 통계적 분석 방법 그리고 데이터를 산출한 방식이 모두 표준 이하라며 논문을 비판하기 시작했고 일부에서는 이런 논문이 출간되었다는 사실 자체가 놀라운 일이라는 견해를 내놓기도 했다. 특히 비평가들은 세랄리니의 실험에서 실험군에 비해 대조군의 수가 턱없이 부족했을 뿐만 아니라 종양에 걸리기 쉬운 쥐들을 이용했다는 점을 주목했다.

얼마 지나지 않아 연구 결과를 공개한 이유가 결국 안티바이오테크 운동에 함께한 적이 있던 세랄리니의 저서와 텔레비전 다큐멘터리를 홍보하려는 전략의 일환이었다는 사실이 드러났다. 세랄리니 팀의 논문 자체는 공식적으로 발표되기 전에 언론에도 자유롭게 배포되지 않았는데 과학 전문 기자들로서는 매우 이례적인 발표 방식에 의문을 품지 않을 수가 없었다. 대개는 출간 전 내용 유출을 금하는 한에서 다른 과학자들에게 논문에 대한 의견을 구하기 때문이다. 세랄리니의 논문에 접근할 권리를 얻은 사람들에게도 동의 서명을 요구했는데 여기에도 상당히 이례적으로 엄중한 경고가 달려 있었다. '만약 성급한 발표로 이 연구 내용을 폭로한 것으로 의심될 때는 연구 비용으로 쓰인 수백만 유로를 배상해야 할 것이다.'

'지속 가능한 식품 재단(Sustainable Food Trust)'이라는 한 단체는 자칭 '굿 사이언스(Good Science)' 운동을 장려한다는 명목으로 웹페이지에 자료를 적극적으로 올리는 등 세랄리니의 논문을 가능한 한 널리 홍보하는 데 앞장섰다. 이 단체는 지지자들에게 미리 각본을 짜둔 메시지를 영향력이 강한 트위터에 퍼뜨리도록 선동했다. 거의 모든 주류 언론들이 그의 논문을 엄호하듯 보도했다. BBC와 같은 일부 매체들이 과학자들의 즉각적이고 진지한 비평을 곁들였다는 사실이 이상하게 보일 정도였다. 며칠 후 유럽식품안전청(European Food Safety Authority)은 성명을 발표했다. 성명의 요지는 '논문에서 약술한 연구의 설계와 보고 및 분석은 부적절'하며 '위험 평가서로 간주하기에는 과학적 특성이 불충분'하다는 것이었다.

그러나 공격적인 홍보는 이미 소기의 목적을 달성했다. 많은 언론들이 무비판적으로 기사를 내보냈다. 프랑스의 주간지 〈르 누벨 옵세르바퇴르Le Nouvel Observateur〉는 표지에 '그렇다, GMO는 유해하다!(Oui, les GMO sont des poisons!)'라는 제목을 대문짝만하게 실었다.

프랑스 총리는 (고맙게도 결과를 좀 더 지켜보겠다는 유보적 입장을 취하긴 했으나) 유럽 전역에서 유전적으로 조작된 농작물 재배를 금지할 것을 지지한다고 자국의 입장을 밝혔다. 그 논문이 이례적인 방식으로 공개된 것은 명백하지만 다른 연구에서 무효성이 입증되기 전까지 결과는 유효하다. 그렇다고 그 결과가 옳다는 의미는 아니다. 또한 연구의 방법론에 대한 강력한 비판으로부터 세랄리니의 연구가 정당성을 인정받기 위해서는 적어도 원래 자료를 공개해서 제3자를 통한 분석과 재실험을 거쳐 매우 엄격한 검증을 받아야 할 필요가 있다.[3)]

논문이 출간되자마자 많은 사람들이 논문 자체뿐만 아니라 출간 방법에 대해 거의 법의학적 수사에 가까운 조사를 시작했다. 하나의 이론이 주목을 끌려면 일단 널리 알리고 봐야 한다. 세랄리니 논문의 경우 숨 돌릴 겨를도 없이 비평가들의 도마에 올랐으니 부분적으로는 주목을 받는 데 성공한 셈이다. 일부에서는 주류 언론들도 앞 다퉈 다룰 정도로 매우 신속하고 신랄한 비난의 포화를 받았다는 점에서 이 연구가 GM을 둘러싼 갈등에 전환점이 되었다고 주장하기도 한다. 하지만 소문이란 유포자의 의도와 상관없이 번지듯 이 연구와

3) 과학 저널에 실리려면 '동료 심사(peer review)'를 거쳐야 한다. 여러 과학 전문가들이 후보로 올라온 논문의 정당성을 평가하여 출간을 추천할지 아닐지를 결정한다. 하지만 동료 심사에서 통과했다고 해서 과학적 진리로 인정받는다는 의미는 아니다. 단지 학술지에 실릴 가치가 있는 실험이라는 인정을 받을 뿐이다. 어쨌든 이 경우 일부에서 세랄리니의 논문이 출간이 되어야 마땅한지에 대해 반론을 제기했다. 역사적으로 비판적 피드백은 학술지 내부에서 실험을 반복하든가, 번잡한 출간 합의 절차를 거쳐 이루어진다. 하지만 요즘에는 인터넷의 발달로 출간 후 동료 심사를 거치기도 하는데 대개 블로그나 칼럼, 공개 토론을 통해 논문을 꼼꼼하게 심사한다. 공식화된 방법도 아니고 주로 감독자가 없는 미개척 분야인 경우에 이 방식을 이용하지만 이를 통해서도 매우 정밀하고 엄격한 심사가 신속하게 이루어진다.

같은 과학적 이론도 일단 대중에게 공개되고 나면 방법이 부적절하든 어쨌든 바로잡기가 매우 어렵다.

지금도 유전자 조작에 대한 각종 저술들이 쏟아지고 있다. 이 책에서 언급한 논문들은 그나마 아주 최근에 출간된 것들 가운데서도 극히 일부일 뿐이다. 특정 입장을 공개적으로 비난하기 위해 일부러 그런 논문들을 선별한 것은 아니지만 GM 연구에 대한 조사가 어떻게 조작되는지 또 어떤 식으로 격렬하고 극단적인 반응을 불러일으키며 세간의 조명을 받는지 보여주고 싶었다. 여론과 정치적 견해는 어떤 선전 활동을 통해 보도되느냐에 따라 왜곡될 수 있고 실제로도 왜곡되어 왔다. 또한 의도적인 여론의 양극화는 오히려 생물공학의 응용성에 대한 필수적이고 정밀한 분석을 저해할 뿐이다.

말라리아의 경제적 부작용

GM 식품이나 생물학적 테러로 인한 피해 가능성에 초점을 맞추면 그 피해가 막연한 것이든 현재 전혀 타당성이 없는 것이든 위협적으로 보이기 마련이다. 합성생물학이라는 신생 학문은 지금까지 기회 제공도, 진짜 성공담도 거의 내놓지 못했다. 이 책에서 나는 합성생물학의 잠재력에 대한 열정을 그대로 표현했지만 이번 장을 비롯해 몇 군데에서 언급한 것처럼 과학의 획기적인 발명을 사회에 응용하는 데는 현실적인 어려움이 따르기 마련이다. 합성생물학에 위임된 범위 안에서는 이 문제들이 특히 더 노골적으로 드러난다. 넓은 의미에서 특히 생물학의 기본 원리와 수천 가지 질병의 근본적인 원인을 이해하는 측면에서 유전공학의 과학적 성공 사례들은 수없이 많다. 어린이에게 나타나는 실명의 한 형태를 규명하는 연구에 참여했던 적이 있는데 그 연구 역시 쥐의 유전자를 조작하지 않았다면 불가능했을 것이다.

아직까지 합성생물학은 그 정도 실적밖에 내놓지 못하고 있다. 하지만 이 학문은 이제 막 출발선에 섰다. 극도로 복잡하고 끊임없이 변하는 과학을 포함한 여러 학문들이 그렇듯이 합성생물학도 대중과 정책뿐 아니라 시장성과 경제성 면에서도 엄중한 감독을 받아야 하는 학문이다. 합성 바이오디젤을 상품화하기 위한 합성생물학 기업인 아미리스의 끈질긴 시도에 대해서는 이미 설명했다. 그런데 바로 그 실험실에서 바로 그 연구진이 똑같은 유전자 회로로 합성생물학의 유일하고도 가장 큰 성공담을 일궈내고 있다. 물론 실제 시장에서의 고전도 똑같이 겪고 있다.

인류의 역사 전반에 걸쳐 말라리아는 죽음을 초래하는 치명적 존재로 꾸준히 기록되어 왔다. 한 통계에 따르면 지금까지 모기를 매개로 전염되는 말라리아 원충에 감염돼 사망한 인간의 수는 (어디까지를 인간 종으로 정의하느냐에 따라 달라지겠지만) 대략 수백억 명에 이를 것으로 추산된다. 오늘날에도 매년 2억 5,000만 명이 말라리아에 감염되고 이들 가운데 최대 100만 명 이상이 사망으로 이어지며 사망자 대부분은 어린이다.

인적 희생도 막대하지만 WHO가 추산한 바로는 1960년대부터 지금까지 사하라 사막 이남의 아프리카 국가들의 GDP에서 말라리아로 인한 손실이 차지하는 금액은 대략 1,000억 달러 규모에 이른다고 한다. 말라리아로 인한 피해를 줄이려는 시도에도 새로운 바람이 불고 있다.

17세기 이후로 남아메리카의 기나나무에서 추출한 키니네(quininne)는 불쾌한 부작용들에도 불구하고 말라리아 치료제로 널리 쓰였다. 그러다가 2차 대전을 기점으로 키니네는 화학적으로 사촌 격인 클로로퀸(chloroquine)에게 표준 항말라리아제의 자리를 내주었다. 하지만 모든 생명체가 그렇듯이 생존하고 싶은 말라리아 원충도 진화했다. 클로로퀸을 이용한 대대적인 구제는 1950년대 맹독성 클로로퀸에도 내성을 가진 돌연변이들을 등장시켰고 결국 인간의 의도적인 멸종 작전에 맞서 생존을 확보하려는 내성 돌연변이들이 전 세계로 퍼지는 결과를 초래하고 말았다.

최근 말라리아 유행 지역에서 1차 선택 약물로 쓰이는 것은 아르테미시닌(artemisinin)이라고 하는 작은 분자다. 아르테미시닌은 전 세계 어디서나 잘 자라고 수세기 동안 민간 의약제로 이용된 아시아 장뇌 관목인 개똥쑥에서 추출된 성분이다. 말라리아 치료제로서 아르테미시닌은 흡수도 빠르고 약효도 좋다. WHO는 치료제의 본래 의도와 달리 내성을 가진 말라리아 원충의 변종들을 양산할 수 있다는 점을 염려해 아르테미시닌 단독 처방을 강력히 금지하고 있다. 그 대신 아르테미시닌을 주성분으로 하는 병행 치료를 권한다.

아르테미시닌을 충분히 확보하는 일은 비용도 만만치 않고 상당히 까다로운 사업이다. 원료인 개똥쑥의 재배 방법이 매우 특이하기도 하고 신속히 재배되어야 한다는 점도 이유지만 개똥쑥 재배로 인해 식용이나 사료용 작물의 재배 면적이 상대적으로 줄어든다는 경제적 측면도 간과할 수 없기 때문이다.

일반적으로 약품은 화학 실험실에서 만들어진다. 우선 화학적 성분들을 준비해야 하는데 이런 성분들은 화학약품 기업에서 구입할 수도 있고 자연에서 수확할 수도 있다. 각 성분들을 체계적으로 첨가하여 섞은 다음, 원하는 약품을 얻을 때까지 분자들을 추출해야 하므로 약품의 생산은 어떻게 보면 정밀한 과학적 기법이 동원된 조리 과정과 같다.

아르테미시닌은 안타깝게도 간단한 화학반응으로 쉽게—무엇보다 저렴하게—합성할 수 있는 분자가 아니다. 바이오디젤을 생산하는 합성 회로를 연구하던 초창기에 스탠퍼드 대학의 연구원이었던 제이 키슬링은 한 학생으로부터 회로 합성 과정 중 어떤 한 단계가 합성 아르테미시닌 생산 과정의 핵심 단계가 될 수도 있다는 뜻밖의 의견을 듣는다. 키슬링의 팀은 합성 디젤 생산을 위한 유전자 회로를 만드는 데 주력하는 한편, 아르테미시닌을 생산할 수 있는 또 다른 회로 연구에도 힘을 쏟았다. 2003년 박테리아에서 효모로 대상을 바꾸어 실험을 거듭한 끝에 2006년 그의 팀은 최초로 아르테미시닌을 합성하는 유전자 회로 제작에 성공했다는 논문을 발표했다. 세 개의 개별적인 유기체로부터 추출한 열두 개의 유전자로 만들어진 회로였다.

키슬링은 애초부터 바이오디젤과 합성 아르테미시닌의 대량 생산을 목표로 삼았으며 단순히 창조에서 그치지 않고 현실에 곧바로 응용이 가능한 연구를 의도했다고 밝혔다. 과학 논문에서는 드물지만 논문의 서두에는 생산 원가 절감을 하나의 사명으로 명시하고 있었다. "산업적 규모로 키우려면 아르테미신산(artemisinic acid)의 생산량을 현재 아르테미시닌 병행 치료에 드는 비용을 획기적으로 낮출 수 있는 수준으로 늘려야 한다." 합성생물학에 공학의 문제 해결 정신이 내재되어 있음을 여실히 보여주는 대목이다. 응용의 목표가 단순히 효과적인 약물 생산에 그치는 것이 아니라 비용까지 낮추는 것임을 분명히 밝히고 있다.

키슬링이 현실에 응용이 가능한 연구를 진행했다고 주장한 발언에는 나름대로 근거가 있었다. 근거란 다름 아닌 이전 몇 년 동안 아르테미시닌 재배를 혼란에 빠뜨린 시장의 힘이었다. 20세기 말에는 개똥쑥 재배지가 매우 적었기 때문에 시장은 아르테미시닌 가격을 한껏 올려놓았다. 그때 틈새를 발견한 아프리카와 아시아의 수천 농가에서 개똥쑥을 재배하기 시작했다. 그러자 가격은 떨어졌다. 하지만 정부 산하 의료기관들이 강제적으로 1회 복용량당 가격을 1달러로 유지했음에도 불구하고 정부의 개입을 알지 못했던 절반 이상의 환자들이 편리하다는 이유로 시장 가판대에서 더 비싼 약품을 구매하는 일이 벌어졌다. 일관성 없는 공급, 요동치는 가격, 변덕스러운 생산량은 결국 가격을 다시 올려놓았고 이러한 악순환은 끊어지지 않았다.

키슬링은 합성 디젤과 아르테미시닌 생산을 개선하기 위해 아미리스를 설립했다(적어도 일시적으로 디젤 생산은 수포로 돌아갔다). 그 뒤를 이어 마이크로소프트의 빌 게이츠와 그의 부인 멜린다 게이츠가 설립한 '빌앤멜린다게이츠재단(Bill and Melinda Gates Foundation)'도 생산 규모를 산업화하기 위해 이미 아미리스와 협력하고 있던 '원월드헬스연구소(Institute for One World Health)'에 4,600만 달러를 기부하면서 뜻을 함께했다.

아미리스는 이 프로젝트를 비영리 원칙하에 진행하면서 생산 원가 절감과 더불어 저렴한 가격에 최대한 많은 양의 아르테미시닌을 공급하고자 '글로벌 펀드(Global Fund)'와 같은 단체와도 협력했다. 이는 1회당 50센트 이하로 치료비를 낮추겠다는 의지 표현이었다. 아미리스는 거대 제약사인 사노피 아벤티스(Sanofi-Aventis)에게 로열티 없이 합성 아르테미시닌을 생산할 수 있는 허가를 내주었고 이로써 향후 2년 안에 합성 아르테미시닌의 출시가 가능할 것이라고 기대했다.

항말라리아 약품들의 병행 치료는 말라리아 퇴치를 위한 WHO의 전략이다. 말라리아 원충이 조상들처럼 아르테미시닌 내성균으로 진화해 치료 효과를 무력화시키는 것을 방지해야 했기 때문이다. 하지만 제약회사들은 WHO의 전략에 별로 관심이 없었다. WHO의 권고를 무시하고 혼합 치료제 성분들을 개별적으로 판매하는 것이 더 돈이 되기 때문이다. 2009년 WHO는 제약회사들에게 단일 치료제로 아르테미시닌의 판매를 금지한다는 경고를 발표할 수밖에 없었다. WHO는 권고를 무시하고 치료 약품들을 개별적으로 판매하는 행위는 오로지 금전적 이득만을 노린 행위라고 공식적으로 선언했다.

WHO 산하 '글로벌 말라리아 프로젝트(Global Malaria Project)' 팀의 안드레아 보스먼(Andrea Bosman)은 〈네이처〉지와의 인터뷰에서 이렇게 말했다. "소름끼치는 일입니다. 누가 말라리아로 돈이 안 된다고 엄살을 부립니까? 아프리카에서 영업하고 있는 제약회사들의 숫자나 쏟아져 나오는 제품들의 종류는 정말 경악할 만한 수준입니다."

실제 시장에서 응용과학이 어떻게 악용되는지 적나라하게 보여주는 이야기다. WHO의 과학자들이 우려했던 일은 기어코 벌어지고 말았다. 20세기에 클로로킨 내성균이 등장했던 것처럼 2004년 미얀마에서 아르테미시닌 내성균이 처음 발견되었다.

진화된 내성균의 전파를 막기 위한 시도들이 있었으나 2012년 콜롬비아에서도 아르테미시닌에 제한적으로 반응하는 환자들이 보고되었다. 내성균이 이미 전파되었음을 (또는 이 지역에서 독자적으로 진화했을 가능성을) 보여주는 것이었다. 운이 좋다면 부품을 바꾸고 회로를 수정하는 합성생물학만의 특화된 원리를 이용해 향후 몇 년 안에 더 편리하고 효율적으로 변종 말라리아를 치료할 수 있는 길이 열릴 것이다.

개똥쑥 재배 시장이 성숙하지 못한 상황에서 아직도 아르테미시닌의 가격은 호황과 불황 주기에 따라 큰 폭으로 요동치고 있다. 가격이 불안정한 것이 바람직하지 않음에도 불구하고 합성 제품 생산 공장의 설립을 반대하는 측에서는 턱없이 가격을 낮춘 합성 제품으로 인해 수천 명의 개똥쑥 재배 농가들이 생계 수단을 잃고 파산할 것이라고 주장한다.

안티 합성생물학 운동을 펼치는 단체들도 같은 논리로 공격하는데 이들의 주장에도 타당성이 전혀 없지는 않다. 2012년 합성 아르테미시닌 프로젝트를 꼬집어 비난하는 홍보 책자에서 ETC 그룹은

'아르테미시닌 수요는 개똥쑥 재배를 늘리는 것으로도 충분히 충당할 수 있기 때문에 합성 제품은 불필요할 뿐만 아니라 소규모 농가에서 갈취한 생산권을 서방의 거대 제약회사들에게 넘겨주는 꼴이 될 것'이라고 주장했다.

이러한 주장은 '처음에는 기계화가, 다음에는 자동화가 인력을 대체하게 되므로 결국 기술적 진보가 기술적 실직자를 양산'한다는 일명 '러다이트 오류'에 빠질 위험이 다분하다. 적어도 장기적인 관점에서는 오류가 분명하다. 만약 오류가 아니라면 경제학자 알렉스 테버록(Alex Tebarrok)이 지적했듯이 "지난 2세기 동안 생산성이 향상되었으므로 우리는 모두 실직자가 되었어야 마땅하다." 또한 비영리 기업과의 제휴로 수백만 명을 치료할 수 있는 약품을 생산하는 일은 분명히 이러한 우려들보다 가치가 크다. 아미리스와 원월드헬스연구소 그리고 거대 제약회사인 사노피 아벤티스의 협력은 공동 책임이 무엇인지를 확실하게 보여준다.

이들은 비영리 원칙하에 연구를 진행함은 물론이고 전통 농가를 보호한다는 취지에서 전체 아르테미시닌 시장의 50퍼센트까지 공급을 제한하기로 합의했다. 이 글을 쓰고 있는 지금도 합성 아르테미시닌이 시장에 출시되지 못한 것으로 보건대 합성생물학을 매개로 한 이들의 협력이 인도주의적 원조의 표준이 될 수 있을지 아직은 미지수다. 혹시라도 출시된다면 아르테미시닌은 합성생물학 최초로 상품화된 제품이 될 것이다. 물론 상품화에 성공한다고 해도 앞으로 수년 동안은 고민과 연구가 뒤따를 것이다.

공개적 논의가 필요한 시점

과학은 본질적으로 많은 사람들의 관심을 통해 성장한 학문이다. 공적 자금을 지원받는다는 점에서도 그렇지만 무엇보다 비영리적인 과학 연구의 결과물이라는 혜택을 사회 전체가 누리기 때문이다. 합성생물학이 제대로 학계에서 인정받기 시작하면 생명공학이 성장해 온 짧은 역사 동안 GM 식품을 겨냥했던 화살들이 합성생물학으로 쏟아질 것이다. 합성생물학이 발달할수록 우려의 목소리가 커질 것은 자명하다. 그러므로 합성생물학과 유전자 조작에 관한 문제들은 반드시 공개적으로 논의되어야 한다. 최근 유전자 조작과 합성생물학 연구를 금지해야 한다는 반대론자들의 주장은 비현실적이고 파괴적이다. 반대론자들은 이데올로기적 관점에서 의도적으로 공포를 조장하고 있으며 관심보다 분노를 유발한다.

18세기 풍자 작가 조너선 스위프트(Jonathan Swift)는 스스로를 이성적으로 판단하지 않는 사람들을 이성적으로 설득하는 것은 불가능하다고 말했다. 생물공학의 새로운 형태를 이데올로기적으로 반대한다면 아무리 명확한 증거를 제시해도 설득하기 어렵다. 앞서 설명한 신기술들은 모두 타당하고 심각한 우려들을 내포하고 있지만 이러한 우려들은 합리적이고 공개적이며 정보에 입각한 논의로 해결해야 한다.

GM 작물은 들판에도 있고 우리가 먹는 음식에도 존재한다. 환경운동가들이 지적하는 또 하나의 중대한 문제점은 GM 작물이 일단 농지 밖으로 퍼지면 전통적인 농산물들과 이종교배될 수 있고 조작된 유전자들이 천연 작물의 유전자들보다 경쟁력이 훨씬 더 뛰어나다는 것이다. 충분히 일어날 수 있는 일이므로 이러한 우려는 그나마 타당한 편이다. 로담스테드의 EβF 밀과 마찬가지로 농작물의 유전자를 조작하는 목적은 대개 농작물 스스로 살충 효과를 냄으로써 화학 살충제의 사용을 줄이자는 것이다. 마찬가지로 제초제에 내성을 가지도록 유전자를 조작하면 제초제를 뿌렸을 때 잡초만 제거될 뿐 작물은 손상되지 않으므로 안심하고 제초제를 사용할 수 있는 이점이 있다.

하지만 지금까지 현장 실험들의 결과는 엇갈렸다. 어떤 GM 작물은 잡초를 줄이면서 그 잡초를 수분(受粉)시키는 곤충들까지 줄여버리는 바람에 지역의 생물 다양성을 훼손하는 역효과를 내기도 했다. 반면 모든 GM 작물들이 다 이런 역효과를 내는 것은 아니다. 어떤 실험에서는 GM 옥수수가 생물 다양성을 증가시키는 효과를 냈고 오히려 비트와 평지 같은 천연 작물이 역효과를 내기도 했다. GM 작물이 생물 다양성을 증가시킨 사례는 이외에도 많다. 생물학은 복잡하다. 그렇지만 생물학이 복잡하다는 것이 더 많은 실험이 필요한 이유는 될지언정 실험 농장을 폐쇄하거나 심지어 파괴해야 할 이유는 되지 못한다.

시간이 갈수록 더 많은 과학자들과 정치인들이 기하급수적인 인구 증가와 빈곤 그리고 기후변화를 해결하기 위한 대책으로 GM 농산물들이 절대적으로 필요하다는 쪽으로 의견을 모으고 있다. 영국 과학기술자문위원회의 위원장인 존 베딩턴(John Beddington)은 2011년 BBC와의 인터뷰에서 이렇게 말했다.

> 다른 방법으로 해결하지 못하는 문제들을 유전적으로 조작된 유기체들로 해결할 수 있다면 그리고 그것이 인간의 건강과 환경에 유해하지 않다는 것이 입증된다면 반드시 이용해야 할 것입니다.

돈벌이를 목적으로 GM 작물을 옹호하는 궤변이 아니라 신중한 경계 원칙에 입각해 GM 작물의 필요성을 역설한 것이다. 베딩턴이 말하고자 하는 바는 간단하다. 환경의 변화로 인해 가난한 국가들의 농지가 황무지로 변하고 있으니 그런 토양에서도 잘 자랄 수 있는 농작물을 생산하려면 뭔가 새로운 방법이 필요하다는 것이다. 교배에 의한 품종 개량은 속도도 느리고 복잡하기 때문에 현실적인 대안이 될 수 없다.

합성생물학은 인류와 지구에 유용하게 사용될 가능성을 동시에 고려한다. 실험실에서 생산된 합성생물학의 피조물들이 야생에서 낼 수 있는 효과가 어떤지 모두 알 수는 없다. 합성생물학 반대론자들은 조작된 세포나 비자연적 생명체들이 결코 외부로 방출되어서는 안 된다고 원론적인 주장을 펼친다. 비록 유해한 효과에 대해서는 알려진 바가 없지만 GM 농산물이 본래의 숙주 밖으로 유전자들을 퍼뜨린 사례도 있었다.

합성생물학의 피조물들이 대대적 피해를 유발할 수 있을까? 바이러스의 게놈에 삽입한 후 암세포에 침투시키면 자살 메시지를 퍼뜨리도록 설계된 킬러 회로에 대해 앞에서 살펴보았다. 이 회로는 특정 유형의 악성 세포만을 목표물로 삼도록 설계된 것으로 암세포를 정확하게 판별하기 위해 계산을 수행한다. 만약 이 회로가 야생으로 탈출해 자연 생태계에 적응한다면 암세포가 아닌 다른 세포들도 파괴시킬까? 매우 정밀하게 설계된 회로라는 점에서 그럴 가능성이 있을 것 같지는 않다. 물론 '이론적'으로는 가능할지도 모른다. 알다시피 미생물과 바이러스들은 서로 유전자를 주거니 받거니 하기 때문이다. 물론 그런 상황까지 통제할 수는 없다.

과연 신시아가 실험실 밖에서도 살 수 있을까? 염소에게는 거의 무해하다지만 어쨌든 마이코플라스마 미코이즈는 병원균이다. 분명 이 녀석은 실험실 밖에서도 살 수 있을 것이다. 어쩌면 박테리아의 유별나고 끈질긴 특성으로 보건대 다른 박테리아와 만나 유전자를 교환함으로써 감염 능력을 다시 획득할지도 모른다.

혹시 아미리스의 아르테미시닌—혹은 바이오 연료—을 생산하는 효모 세포들이 탱크를 탈출해 생태계를 엉망으로 만들지는 않을까? 그럴 일은 거의 없다. 아르테미시닌이나 바이오 연료용 세포들은 특정한 목적에만 최적화된 것들이지 결코 생존을 목적으로 하지 않기 때문이다. 효모 세포들이 생산한 비유기성 산물들은 들판이나 현장 시험장에 존재할지언정 그것들 자체가 자연에 방출되는 일은 없다.

이 모든 시나리오들이 전적으로 완벽한 것은 아니지만 아무리 꼼꼼하게 검토해봐도 위험들은 거의 무시해도 좋을 만큼 사소해 보인다. 그리고 유전적으로 조작된 농작물을 재배하면서 제기된 문제점들과 마찬가지로 이러한 위험들은 더욱 많은 연구가 필요하다는 방증이지 연구를 중단하거나 축소해야 하는 근거는 되지 못한다.

지구를 위한 선택

2007년 〈네이처〉지에 다음과 같은 내용의 논평이 실렸다. "간혹 여러 가지 기술들이 신의 영역을 넘본다고 비난을 받지만 합성생물학만큼 직접적으로 비난을 받는 분야도 없을 것이다. 신은 최초로 경쟁자를 갖게 되었다." 명백히 합성생물학을 지지하는 입장에서 쓴 논평이지만 여기에는 신학적인 오해도 깔려 있다.

(진짜 그런 일이 있었는지 모르지만 아무튼) 에덴동산에서 살았던 이브가 사과를 베어 문 순간부터 신은 경쟁자를 갖게 된 것이나 다름없다. 존재 이래로 줄곧 인간은 자신의 목적을 위해 자연에 도전하고 자연을 조작하고 다듬어왔다. 또한 지금까지 다윈의 법칙에서 벗어난 적이 없는 생명으로 가득 찬 이 행성을 형성하고 정의했다.

결국 다윈의 법칙을 대체할 가능성이 아니라 목적에 맞는 새로운 생명을 창조할 가능성을 얻었다. 자연을 망가뜨리려는 것도 아니며 이미 우리가 저지른 것 이상으로 자연을 짓밟으려는 것도 아니다. 지구 나이로 치면 심장 박동 한 번에도 못 미치는 기간 동안 우리 자신의 생존을 위협하고도 남을 만큼 많은 일을 저질렀다. 물론 생명의 행성인 지구는 가장 창조적인 동시에 가장 파괴적인 인간들의 존재 여부와 상관없이 중력의 법칙에 따라 계속 순환할 것이다.

2005년 제30회 아실로마 학회에서 폴 버그는 이렇게 논평했다. "처음으로 우리는 사회의 신뢰를 얻었습니다. 실험의 위험성을 세상에 알린 사람들이 다름 아닌 모든 유익을 뒤로 하고 꿈을 좇아 연구에만 전념한 바로 그 과학자들이었기 때문입니다." 학회 참석자 열명 중 한 명이 저널리스트였는데 이들은 과학자들 사이에 오가는 신랄한 논쟁과 말다툼을 있는 그대로 목격했다. 사회의 우려를 유발한 바로 그 과학자들이 스스로 내놓은 결과물들에 대해 신중하고 점진적으로 진행하되 논란의 여지가 없는지를 확인해야 한다면서 공개적으로 논쟁을 벌인 것이다.

연구 자금의 운용이나 대중의 참여 그리고 연구를 수행하고 응용하는 방식에 '신중한 경계' 원칙만을 강요한다면 다른 어떤 분야보다 합성생물학의 발전에 가장 먼저 제동이 걸릴 것이다. 그 효과는 두고 봐야 알겠지만 발전을 봉쇄한다는 것은 이 새로운 기술이 제공할 수 있는 잠재적 이득을 거부하는 것과 마찬가지다.

규제를 강화하면서 발전을 제한하거나 엄중하게 감독하면 할수록 비용이 많이 드는 실질적인 연구들은 공적 자금의 지원을 받는 과학자들의 손을 떠날 수밖에 없다. 이런 식으로 연구 절차가 복잡하고 까다로워진다면 결국 영리 목적의 기업들이 연구를 진행하게 될 것이다. 그렇게 된다면 기존의 과학 연구에 자금을 대던 투자자들과 열린 대화를 펼칠 의무도 없어진다.

합성생물학은 과학자들조차 혀를 내두를 만큼 빠르게 발전하고 있다. 하지만 대중과 정치인들을 공론의 장으로 끌어들이기는 여전히 쉽지 않다. 해야 할 일과 해서는 안 될 일을 결정하고자 이를 공론화하는 것이 선택이 아닌 필수인데도 말이다.

'민주적 협의'는 2010년 오바마 대통령에게 제출된 바이오 경제 보고서에도 명시되어 있다. 같은 해 영국의 주요 과학 재단들도 합성생물학에 대한 대중의 인식을 파악하기 위해 다음과 같은 질문들을 골자로 하는 대대적인 조사를 실시했다.

- 합성생물학의 목적은 무엇인가?
- 왜 합성생물학을 하려 하는가?
- 합성생물학으로부터 무엇을 얻게 될 것인가?
- 그 외에 합성생물학이 무슨 일을 할 것인가?
- 당신이 옳다는 것을 어떻게 알 수 있는가?

과학자들이 연구 프로젝트를 실시하기 전, 위와 같은 질문을 떠올린다는 점에서 이 조사는 실질적인 논의라고 볼 수 있다. 하지만 폴버그는 과거 아실로마 학회가 이룬 개가를 무조건 되풀이하려는 시도가 무의미할 수도 있다고 경고했다. "오늘날 우리가 직면한 문제들은 과거의 문제들과 질적으로 다르다. 대개 경제적 사리사욕, 양립이 거의 불가능한 종교적 갈등들을 포함하여 사회적 가치들을 무겁게 짓누르는 문제들과 겹쳐 있다. 아실로마 학회 식의 회의로 이러한 논쟁적 현안들을 해결하려 한다면 오히려 악감정만 부채질할 뿐 정책도 해결책도 내놓지 못할 것이다."

나는 그의 염세적인 견해에 동의하지 않는다. 과학적 연구라면 모름지기 사회의 엄중한 감독 아래 진행되어야 하며 과학자들 역시 각 분야의 전문 지식을 가진 대중과 연계해야 한다고 생각하기 때문이다. 신기술들이 야기할 수 있는 잠정적 이득과 피해에 대한 자료를 공개하고 정확한 정보를 근거로 공개적인 논의가 이루어질 때 지구적인 문제들뿐 아니라 국지적인 문제들에 대해 합리적으로 접근하는 문화가 자리 잡을 수 있다.

불과 이삼백 년간 진행되어온 생명에 대한 탐구 덕분에 인류는 과거에는 불가능했던 일을 해내는 힘을 얻었다. 연료나 약물, 치료제뿐만 아니라 우주를 탐험하기 위한 도구들을 만들기 위해 그리고 지구라는 행성에서의 삶에 도움을 줄 새로운 형태의 생명을 창조하기 위해 기존 생명들을 공학적으로 조작하고 있다.

지금은 합성생물학계에 혁명이 일어나는 중이며 그 혁명의 성패는 우리 손에 달려 있다. 이 학문은 지구에 거주하는 모든 인류와 아직 탐구되지 않은 미지의 세계들에 혜택을 가져올 것이다. 무시하고 억제하고 검열하기에는 너무나 큰 혜택일지도 모른다.

진화로 창조하며 창조로 진화하다

언어는 진화한다. 1755년 영국에서 처음 편찬하는 사전 작업에 참여했던 새뮤얼 존슨(Samuel Johnson)은 '모든 언어는 자연적으로 쇠퇴하는 경향'을 가진다고 그 사전에 적었다. 하지만 지금까지의 역사를 보건대 어쩐 일인지 언어는 존망을 위협할 정도의 쇠퇴는 용케 피했다. 언어의 쇠퇴에 대한 염려는—과거 어느 시점에 언어는 단 한 번 침범조차 할 수 없는 완벽한 형태로 존재했었다는 주장과 함께—역사 전반에 걸쳐 모든 세대에서 소소한 언쟁들로 나타났다. 하지만 그러한 염려가 반영하는 유일한 사실은 단어와 그 의미가 시간에 따라 끊임없이 변화한다는 것이다. 적합한 단어들이 첨가되기도 하고 기존의 단어들이 난도질당하거나 오용되기도 하며 완전히 새로운 단어들이 탄생하기도 한다. 아주 가끔이지만 언어가 새로운 '문자'들을 습득하기도 한다.[1)]

1) 새로운 문자들은 거의 언제나 외국에서 빌려온 단어들을 처리하면서 야금야금 만들어진다. 프랑스어는 'le weekend'와 같이 빌려온 단어가 아닌 이상 'w'를 거의 쓰지 않는다. 웨일스어는 영어와 노르만어 이름을 해결하기 위해 'j'를 사용한다. 언어와 문자는 생명과 마찬가지로 줄기도 하고 늘기도 한다.

진화는 단 네 개의 문자와 스무 개의 단어로 하나의 언어를 구성했다. 이 문자와 단어들은 지구상에 생명이 시작된 이래로 거의 변하지 않은 안정적인 시스템이다.[2] 한 종 안에서 진화를 촉진할 만큼 유연하지만 게놈에 일어난 치명적인 변화로부터 한 개체를 보호할 만큼 안정적인 메커니즘을 갖고 있기도 하다.

유전자 암호는 생명을 표현하는 유일한 언어이기 때문에 다른 형태의 생명으로부터 문자나 단어가 수입되었을 가능성은 없다. 즉 생명에서는 언어들 사이에서 발견되는 교환이나 차용과 같은 일이 존재하지 않는다. 그렇지만 일부 종들, 특히 박테리아와 고세균류 같은 단세포 종들 사이에서는 유전자와 DNA—유전자 암호가 문자인 것과는 대조적으로 DNA가 단어에 비유된다—의 교환이 일어날 수 있다. 물론 바이러스가 자신의 게놈을 숙주에 통합시킬 때도 유전자와 DNA는 전혀 손상되지 않고 전달된다. 인간의 DNA 가운데 약 8퍼센트 정도는 한때 바이러스의 게놈 안에 있었던 것으로 추정된다.

하나의 종이 정확히 언제 시작되었는지 단정 짓기 어려운 것처럼 영어가 태어난 시기도 정확히 알지 못한다. 현재 사용되고 있거나 역사적으로 사용된 적이 있는 무수한 다른 언어들과 방언들도 마찬가지다. 그러나 에스페란토어(Esperanto)를 쓰는 사람들은 "어떤 언어들은 진화를 거치지 않는다. 그냥 발명된다(Kelkaj lingvoj ne evoluas; kelkaj simple elpensiĝas)"라고 말한다. 에스페란토어는 만국 공통어를

2) 유전자 안에는 A, G, C, T(RNA에서는 U), 즉 네 개의 염기가 세 개씩 3조로 배열되어 있다. 염기 3조를 코돈이라고 하는데 코돈은 각자 스무 개의 아미노산들 중 하나를 암호화하고 있으며 세 개의 마침코돈이 존재한다.

만들어 세계 평화에 이바지하기 위한 새로운 시도로 한 세기 전에 발명되었고 지금도 수천 명이 사용하면서 명맥을 유지하고 있다. 미국 드라마 〈스타트렉Star Trek〉 시리즈에 등장하는 호전적인 외계 종족과 헌신적인 수백 명의 추종자들만 사용하는 클링온어(Klingon)를 포함하여 실제로 900여 개의 언어들이 아예 처음부터 '발명'되었다.

DNA의 언어와 그 구조를 능숙하게 다루게 되면서 더 이상 40억 살이나 된 생명의 문자와 단어 그리고 언어만 가지고 씨름할 필요가 없어졌다. 바야흐로 합성생물학 시대를 맞이한 인류는 새로운 문자와 단어 그리고 언어를 발명하는 과정에 시동을 걸었다.

복제 가능한 암호

바이러스는 자신의 유전자 암호를 가지고 세포에 침투하지만 그 암호를 해독할 기계적 구조들까지 숙주로 전달하지는 못한다. 여러 가지 이유가 있지만 바이러스를 생물의 범주에 넣지 않는 대표적인 이유는 다른 누군가의 구조를 이용해야만 번식이 가능하기 때문이다. 그래서 바이러스들은 살아 있는 세포에 무임승차하여 자신의 유전자 암호를 삽입하고 그저 숙주가 눈치 채지 못하기만을 바란다. 바이러스의 비밀 암호도 똑같은 언어를 이용하기 때문에 숙주세포는 침입자의 은밀한 계획을 알아채지 못하고 무심코 바이러스의 암호를 읽는다. 결과적으로 숙주세포는 더 많은 바이러스를 생산하게 되고 바이러스들은 더 많은 숙주세포를 감염시킨다. 이 과정에서 숙주세포는 대개 파괴된다.

가짜 문자들을 항바이러스성 제제(製劑)로 이용하기도 하는데 이런 문자들은 천연의 경쟁자들과 섞여 결합할 수 있을 만큼 닮았으면서 의미 있는 정보들을 교란시킬 만큼 이질적이다. 가령 'sent&ence'라는 단어 한가운데 불룩 튀어나온 오타를 발견하는 순간 정교한 뇌라면 오타를 건너뛰어 본래의 의미를 이해한다. 하지만 세포는 낯선 문자들에 그리 너그럽지 못하다. 가짜 문자들은 이렇듯 세포가 낯선 염기를 비정상적인 것으로 인식하고 복제 메커니즘을 중단한다는 사실을 이용해 설계된 것이다. 수많은 항바이러스 제제나 암의 화학요법에 쓰이는 약물들이 작동하는 방식도 이와 같다.

인위적으로 만든 비정상적인 염기들은 에이즈 바이러스(HIV/AIDS)에서 포진에 이르는 광범위한 감염에 표준적인 치료제로 쓰인다. 구강 발진이 나면 대개 아시클로버(acyclovir, 바이러스 치료용 약물로 DNA 합성을 저해하는 기능을 가진다.-옮긴이) 연고를 바른다. 이 연고에는 염기 G와 닮은 분자들이 함유되어 있는데 이들은 바이러스의 암호를 복제할 만큼 비슷하지만 의미 있는 문장으로 이어지지 못하도록 방해할 만큼 낯선 분자들이다.

스크래블 게임 상자처럼 이질적인 문자들이 쓸모 있는 까닭은 오로지 이 문자들이 이질적이라는 사실 때문이다. 이 문자들은 판독할 수 있는 암호로 작동하지 않는다. 세포의 구조적 절차를 신경 쓰지 않는 이 문자들은 바이러스의 유일한—스스로를 복제하고 싶은—소망을 무참하게 짓밟아버린다. 바이러스의 복제를 중단시킴으로써 침략자들에 대항하는 훌륭한 무기로서 소임을 다하는 것이다.

물론 조작한 DNA로 우리가 할 수 있는 가장 흥미로운 일은 '복제'될 수 있는 암호를 만들어내느냐에 달려 있다. 복제될 수 없는 암호는 전달될 수도 없고 전달되지 못하면 기능도 갖지 못한다(앞서 설명한 것처럼 복제를 중단시키는 기능 말고는 어떤 기능도 갖지 못한다). DNA에 삽입된 채 그냥 머물기만 하는 게 아니라 복제될 수 있는 문자들을 만들기 위한 연구들은 이전에도 많았다. 합성생물학자 스티브 베너(Steve Benner)도 이와 같은 연구를 이끌면서 2011년 유전자 문자에 이질적인 염기 두 개를 끼워 넣는 데 성공했다.

두 가닥의 사슬이 나선형으로 꼬인 DNA는 겉에서 보면 나선형 미끄럼틀 두 줄이 엇갈리면서 두 개의 홈이 번갈아 나타난다. 그중 넓은 홈을 주홈(major groove), 좁은 홈을 부홈(minor groove)이라고 한다. 모든 분자들과 똑같이 원자 주변을 빙빙 돌던 전자들은 부홈으로 내려간다. 부홈으로 내려간 전자들은 일종의 화학물질 감별사처럼 행동하며 전자 패턴을 형성하는데 바로 이 전자들이 DNA 복제에서 중요한 역할을 한다.

유전자 암호를 복제하는 단백질, 즉 이 특정한 전자 패턴을 인지하도록 진화한 DNA 중합효소가 가세하여 복제 기능을 수행하기 시작하기 때문이다. 베너의 전략은 새롭게 만들어낸 비자연적인 염기 Z와 P를 DNA에 삽입시키도록 세포를 속이는 것이었다. 베너의 문자들도 DNA 이중나선의 부홈에 끼어들면서 전자 패턴을 흉내 낸다. 그러면 이를 인식한 DNA 중합효소가 부홈으로 들어온다. 이로써 DNA는 A, T, C, G, Z, P라는 문자들로 이루어진 암호를 갖게 된다. DNA 중합효소는 본연의 역할을 기꺼이 수행하면서 이 암호들을 읽고 복제한다. 늘 그렇듯 복제 과정은 완벽하지 않다. DNA에서 변이가 축적되는 것과 똑같은 속도로 복제 오류가 발생하고 그로 인해 진화가 촉진된다. 베너가 한 일은 유전자 암호에 이전에는 없던 새로운 문자들을 추가한 것이다.

이 새로운 문자들은 아직 어떤 의미도 갖지 못한다. 하지만 새로운 문자를 설계하고 구축함으로써 하나의 원리—DNA에 별도의 문자들을 추가할 수 있으며 이 문자들은 세포의 정상적인 행동을 교란시키지 않는다—를 증명한 셈이다. 생물을 공학적으로 다루는 신기술의 성패는 세포들의 기존 메커니즘이 합성생물학자들의 새로운 설계도에 따라 작동되느냐에 달려 있다. 물론 영어의 알파벳들도 하나씩 떼어놓으면 아무런 의미를 갖지 못한다.

문자들은 합의된 단어나 구, 절로 연결될 때 사랑을 표현하는 문장이 될 수도 있고 의미를 담고 있는 복잡한 텍스트가 될 수도 있다. 영어에 새로운 문자, 이를테면 (키릴 문자의) 'Љ'과 'Џ' 같은 문자들을 첨가한다고 해도 합의가 이루어지지 않는다면 이 문자들을 어떻게 발음하는지도 모를 테고 문자들 자체도 아무런 의미를 갖지 못할 것이다. 하지만 새로운 언어를 만드는 데 꼭 이 방법만 있는 것은 아니다.

맹목적이지만 영리한 진화

DNA 나선형 사다리의 문자들에 초점을 맞춘 위의 방법은 합성생물학이 생명의 문자들을 재창조하기 위해 고안한 여러 방법들 중 하나일 뿐이다. DNA는 복잡한 분자, 즉 반복적인 단위들로 조립된 중합체다. 암호는 사다리의 가로장들 안에 숨겨져 있지만 새로운 가로장을 만들거나 치환하지 않고도 비자연적 유전자를 얻는 또 하나의 획기적인 방법이 있다. 바로 사다리의 기둥을 이용하는 것이다. DNA 이중나선 구조에서는 디옥시리보오스—DNA의 D는 디옥시리보오스(deoxyribose)를 의미하고 RNA의 R은 리보오스를 의미한다—라는 당들이 반복적으로 연결되어 사다리의 기둥을 이루고 있다.

2000년 이후 생물학자들은 새로운 유전자 분자들을 만드는 한 가지 방법으로 DNA의 기둥을 다른 유형의 다당류들로 대체하기 시작했다. 아라비노오스(arabinose)로 만든 ANA, 트레오스(threose)로 만든 TNA, 그 밖에도 FANA, CeNA 등 네 개의 분자들이 더 있다. 이 외래종들을 통틀어 제노핵산 중합체(xeno-nucleic acids) 또는 XNA라고 한다. 암호의 문자들은 똑같지만 사다리의 기둥들은 기존의 것과 다른 낯선 분자들로 이루어진 것들이다. 2012년 4월 케임브리지 대학 분자생물학연구소의 필립 홀리거와 비토르 피네이로(Vitor Pinheiro)가 이끄는 연구진이 처음으로 복제는 물론이고 진화도 할 수 있는, 이질적 언어로 이루어진 유전자 시스템을 구축했다.

이 실험이 가히 천재적인 까닭은 암호를 끼워 넣었다는 것 때문이 아니라 복제를 한다는 사실 때문이다. DNA 중합효소는 DNA의 사슬 한 가닥을 복제하여 두 가닥의 사슬로 만드는데 그 원리는 한 가닥을 읽은 다음 정확한 염기 짝들을 선별하고 꿰어서 거울상 가닥을 만드는 것이다. A에는 T, C에는 G를 대응시키는 식이다.

DNA 중합효소는 오직 이 일만 담당하도록 수십억 년 동안 진화했으니 당연히 DNA 이외에 그 어떤 것에도 결합하지 않으려 한다. 즉 자연에서 DNA 중합효소는 오로지 DNA에만 작동한다. DNA 중합효소와 같이 길고 복잡한 단백질들은 3차원 구조로 그 기능이 정해지는데(3차원 구조는 유전자 암호들로 이루어진 아미노산 배열로 결정된다) 이 3차원 구조 때문에 단백질들은 지적 설계자의 손길을 거부한다. 한마디로 너무 복잡해서 재설계하기가 무지막지하게 어렵다.

진화는 맹목적이지만 영리하다. 성공적인 변이들의 선택과 무작위적인 실험을 통해 설계된 것이 진화다. 비토르 피네이로는 단편적으로 변이를 갖고 있는 중합효소 단백질 덩어리를 만들어서 이들의 자연선택 과정을 유도했다. DNA 대신 XNA를 꿸 수 있는 변이들을 선택함으로써 DNA를 읽되 낯선 분자들을 가려내지 못하고 XNA 분자들로 거울상의 사슬을 만드는 중합효소를 인위적으로 진화시킨 것이다. 이로써 인간이 발명한 새로운 유전자가 천연 DNA에 암호화된 정보를 운반할 수 있게 되었다. 실제로 홀리거와 피네이로는 자연의 언어를 읽고 비자연적인 언어로 바꾸도록 세포의 암호 해독 장치를 조작했다. 쉽게 말하면 영어를 클링온어로 바꾸듯 자연의 언어를 인간이 발명한 언어로 전환시킬 수 있는 도구를 만들었다는 의미다.

이들의 이야기는 여기서 끝이 아니다. 이 도구는 역으로도 기능을 발휘할 수 있다. 피네이로는 변이와 선택을 통해 그 반대 기능, 즉 XNA에서 다시 DNA로 전환할 수 있는 단백질도 만들었다. 자연의 단백질들은 엄두도 내지 못할 교활한 속임수다. 8회에 걸쳐 무작위적인 변이와 선택을 조작한 끝에 두 사람은 역기능을 수행하는 무언가를 만들어냈다. 이 '무언가'로 인해 XNA는 정보의 저장과 유전이라는 생명의 두 가지 특징을 수행하는 하나의 시스템이 되었다. 유전자를 복제할 때 정확성이 중요하지만 완벽한 정확성은 현상 유지만 할 뿐 진화를 일으키지 않는다. 두 사람의 실험은 약 95퍼센트의 정확성을 보였다. 그 말은 저장된 정보가 진화할 수 있음을 의미한다.

간혹 명칭이 마음에 안 드는 사람도 있겠지만 이 실험은 생물학의 새로운 가지, 즉 '합성유전학(synthetic genetics)'의 문을 연 최초의 실험이다. 이 최초의 실험에서 여전히 DNA를 그 주형으로 썼다는 점은 인정해야겠지만 현재 홀리거와 피네이로의 팀은 그 고리를 끊고 있는 중이다. 비록 DNA만큼 썩 잘 작동되지는 않지만 이미 FANA에서 FANA로, CeNA에서 CeNA로 정보를 복사시키는 데 성공했다.

이 실험의 의미는 자못 심대하다. 피네이로와 그의 동료들은 유전자의 진화가 자연 상태의 암호에만 국한되지 않음을 입증했다. 천연의 유전자 부품들처럼 행동한다는 점에서 언젠가는 XNA류들도 쓸모가 있을 것이다. 설령 천연 유전자처럼 행동하지 않는다고 할지라도 수십억 년의 학습 끝에 DNA나 RNA 기반의 천연 유전자들만 인식하게 된 면역 시스템의 눈은 속일 수 있을지도 모른다. XNA류들은 뉴클레아제(nuclease, 핵산에 작용하는 효소)라는 단백질에 의해 쉽게 파괴되고 절단되는 DNA와 RNA보다 훨씬 튼튼한 편이다. 절단에 대한 면역을 가진 XNA류들은 치료제로서의 가능성이 무궁무진하다.

유전학자이자 생명의 기원 연구자인 잭 쇼스택은 '압타머(aptamer)'라는 고분자물질을 개발했는데 이는 매우 특정한 목표물만을 찾아 결합하도록 설계된 DNA 또는 RNA 사슬이다. 이 물질은 특정한 유전자의 활성을 끄거나 돌연변이 단백질을 불활성화하는 기능 때문에 잠재적 치료제로 주목받고 있다.

현재까지는 퇴행성 안과 질환의 치료제로 한 가지 압타머만 상용화되었다. 하지만 압타머 약물은 가짜 DNA 색출 기능을 가진 뉴클레아제에게 발각되면 금세 파괴되는 특성 때문에 반복적으로 섭취해야 하는 단점이 있다. 현재까지 이론적으로 XNA 압티머 정도면 뉴클레아제의 레이더에 잡히지 않으므로 의약품으로서 일종의 비밀병기가 될 가능성도 있다.

'다시 쓰기'가 일반화된 생명 시스템

압타머와 XNA류 연구는 모두 유전자 암호를 재구성한 것이다. 물론 재구성한 암호의 출력물을 재구성하는 연구도 고려되고 있다. 즉 정밀한 분자생물학의 발달로 이제는 생명을 구성하는 단백질도 재구성의 대상이 되고 있다.

단백질은 아미노산 분자들이 길게 연결된 것이다. 아미노산의 한쪽 끝은 (질소 원자 하나와 수소 원자 두 개로 이루어진) 아민(amine)류에 속하는 원자들이, 다른 한쪽 끝은 (탄소 원자 하나와 산소 원자 두 개 그리고 수소 원자 하나로 이루어진) 석탄산(carbolic acid)으로 알려진 페놀(phenol)류가 배열되어 있다. DNA의 유전자 암호들은 스무 개의 아미노산으로 호명되고 세포의 호출을 받고 집합한 아미노산들이 연결되어 단백질이 만들어진다.[3)]

일반적으로 아미노산은 아주 유사한 일련의 분자들을 지칭하는 용어다. 이는 아민류와 페놀류 사이에 부착된 중간 분자들의 종류에 따라 결정된다. 가장 간단한 아미노산은 글리신으로 수소 원자 하나만을 곁사슬(side chain)로 갖고 있다. 가장 복잡한 아미노산은 트립토판으로 커다란 탄소 고리 두 개에 질소 원자 하나 그리고 여러 개의 수소 원자들을 곁사슬로 갖고 있다. 이처럼 다양한 종류의 분자들이 결합되어 생명의 단위를 구성한다. 어떤 측쇄를 가진 아미노산들이 조립되느냐에 따라 단백질의 행동이 결정된다. 반드시 기억해야 할 점은 생명이 이용하는 아미노산은 스무 개지만 이론상 존재할 수 있는 아미노산의 수에는 제한이 없다는 사실이다.

지난 몇 년간 과학자들이 이 시스템을 어떻게 위반했는지 엿보기 전에 우선 세포의 장치들이 어떻게 작동하는지부터 살펴보자. 단백질 생산 구조는 공장의 생산 라인과 매우 유사하다. DNA에서 유전자는 1차적으로 RNA 분자로 복사되는데 이 전령 RNA(mRNA) 분자는 일정 수의 염기, 아마도 염기 1,000개쯤을 복사하고 나면 DNA 사슬 원판에서 떨어져 나온다. mRNA는 복사된 정보를 단백질 제조 공장인 리보솜들 가운데 하나로 가져간다. 리보솜 주변의 세포질에는 mRNA 안에 정렬된 순서, 즉 염기 3조로 이루어진 코돈—아미노산을 암호화하고 있는 특정한 문자 3조—에 따라 호출되기를 기다리는 아미노산들이 부유하고 있다. 몇 가지 분자들이 아미노산을 리보솜 내의 생산 라인으로 운반하는 중요한 역할을 맡고 있으며 일단

3) 실제로 우리 몸은 열한 개의 아미노산만 만든다. 나머지 아홉 개의 아미노산은 반드시 음식을 통해 섭취해야 한다. 드물게 생명이 이용하는 아미노산이 두 개 더 있는데 박테리아와 고세균에만 있는 아미노산이다. 일반적으로 우리는 스무 개만을 표준 아미노산으로 간주한다.

생산 라인으로 아미노산이 배달된 후에는 다음과 같은 순서에 따라 단백질이 생산된다. (mRNA의 형태로) 전사된 유전자가 마치 수신용 테이프가 공급되듯이 리보솜 중앙으로 차례로 공급된다. 리보솜에서 코돈 단위로 mRNA의 염기들이 읽히면 그에 상응하는 아미노산들이 리보솜으로 배달돼 한 번에 하나씩 연결되면서 단백질을 만들고 마치 수신용 테이프가 출력되듯 차례로 배출시킨다. 이때 출력되어 나오는 단백질은 기본적인 단백질로 3차원 구조로 겹쳐지고 포개져서 쓰여야 할 곳으로 운반된다.

바로 이 생산 라인이 효과적으로 작동하기 위해서는 몇몇 요원이 필요하다. 우선 리보솜은 가장 기본적이고도 중요한 요원이다. 주로 RNA로 이루어진 리보솜의 모양과 구조는 모든 재료들이 일사불란하게 집결되는 일종의 생물학적 컨베이어 벨트다. 아미노산을 이 컨베이어 벨트로 운반하는 역할을 맡은 또 하나의 요원이 있다. 세 개의 분자로 이루어진 복잡한 화합물이 아미노산 배달부 역할을 수행하는데 이 세 분자의 조합은 모든 생명에게 기본적으로 똑같지만 쉽게 설명할 만한 것은 아니다.

간략하게 살펴보자면 첫 번째 분자는 아미노산 자체인데 이 역시 두 번째 분자인 특별하게 '접힌 RNA 조각'에 의해 소집되어 리보솜으로 운반된다. '접힌 RNA 조각'은 아미노산 운반이라는 기능에 맞게 '운반 RNA(transfer RNA)' 또는 'tRNA'라고 불린다. tRNA는 mRNA에 복사된 코돈 사본에 상응하는 염기 코돈, 즉 '안티코돈(anti-codon)'을 갖고 기능을 수행한다. 즉 A를 선택해야 하는 부분에는 T를, G를 선택해야 하는 부분에는 C를 갖고 있는 식이다(아미노산은 스무 개뿐이지만 tRNA는 수십 내지 수백 개가량 된다).

세 번째 분자는 '아미노아실 tRNA 합성효소(aminoacyl tRNA synthetase)'라는 복잡한 명칭을 가진 단백질이다. 여기서는 그냥 줄여서 '합성효소'라고 하자. 이 단백질은 tRNA의 염기 코돈에 상응하는 아미노산들을 결합시킨다. 이렇게 세 분자의 협동으로 단백질의 재료들이 리보솜의 생산 라인으로 배달된다. 한쪽에서 암호의 정보가 입력되면 또 한쪽에서 한 번에 하나씩 패키지로 아미노산이 운반되고 반대편에서는 단백질이 착착 만들어져 나온다.

이 공정은 모든 생명에서 공통적으로 일어난다. 따라서 공정의 보편성은 생명의 단일한 기원을 입증하는 가장 기본적인 증거 중 하나다. 공정에 들어가는 재료들은 명백히 오래전부터 존재했다. 아무리 멀리 떨어진 두 종일지라도 이 생산 공정의 기본 원리를 똑같이 공유하기 때문이다. 이 원리를 바꾸려면 지적 설계와 같이 진화론적으로 막강한 힘이 가세해야 하는데 캘리포니아 스크립스 연구소의 피터 슐츠(Peter Schultz)와 케임브리지 대학 분자생물학연구소의 제이슨 친(Jason Chin)과 그의 팀이 처음으로 지적 설계의 예를 보여주었다.

기존의 암호는 상당수가 중복적으로 배열되어 있다. 좀 더 쉽게 말하면 네 개의 염기들이 세 개씩 한 조를 이룰 수 있는 가짓수는 64개인데 그중 61개의 코돈이 생명을 구성하는 스무 개의 아미노산들을 중복적으로 암호화하고 있다.[4] 나머지 세 개의 코돈은 모두 '마침'이라는 명령을 전달한다. 즉 단백질 생산을 종결하라는 지시를 내리는 코돈들이다. 이러한 마침표들은 유전자의 종결부를 지시하는 데 없어서는 안 될 중요한 코돈이다. 실제로 '마침 코돈'이 얼마나 중요한

지는 몇 가지 유전적 질병이 이미 입증했다. 신생아에게 치명적인 샌드호프병(Sandhoff disease)은 유전자에 마침 코돈이 너무 일찍 등장해서 발생한다.

마침 코돈 중 UAG 코돈은 '앰버코돈(amber codon)'이라고 한다.[5] 제이슨 친은 살아 있는 세포가 다른 상황에서라면 인식하지 못하는 아미노산을 만들기 위한 코돈으로 앰버코돈이 적절하다고 생각했다. 앰버코돈과 결합할 tRNA 합성효소가 없기 때문에 결과적으로 제이슨 친의 목표는 앰버코돈과 짝을 짓도록 합성효소를 진화시키는 것이었다. 친의 팀은 우선 실험용으로 쓸 세포와 거리가 먼 종을 이용해서 합성효소와 앰버코돈 짝짓기를 시험했다. 이 짝짓기가 정상적인 세포의 기능들과는 상호작용을 하지 않음을 확인하기 위해서였다. 즉 단백질을 생산하는 방법은 보편적이지만 생산 도구들은 저마다 다를 수 있음을 확인한 것이다.

하지만 생명을 위한 다른 장치들은 인식하지 못하는 것—앰버코돈—을 특이하게 인식하는 이질적인 합성효소를 만들기 위해서 친의 팀은 진화의 기본 전제를 이용했다. 예를 들어 당신이 난데없이 젤리 베이비(아기 모양의 젤리-옮긴이)만 먹는 물고기를 잡고 싶다고 생각해보자. 그러려면 우선 물고기들이 잔뜩 들어 있는 연못에서 젤리 베이비를 미끼로 낚시를 해야 할 것이다. 혹시라도 연못에 젤리 베이비를 좋아하는 물고기가 있다면 미끼에 걸려들 테고 그렇게 낚

---

4) 예를 들어 류신을 암호화하는 코돈은 UUA, UUG, CUA, CUG, CUC, CUT다. 1부 5장을 보면 이렇게 중복적으로 암호화하여 진화한 근거를 알 수 있다.

5) 앰버코돈의 앰버는 신호등의 황색 점멸등을 뜻하는 게 아니라 코돈을 발견한 번스타인(Bernstein)의 독일어 뜻이 호박(琥珀, amber)이기 때문에 붙여진 이름이다.

은 물고기를 새로운 수조에서 번식시키면 젤리 베이비를 좋아하는 물고기군을 얻을 수 있다.

이 과정을 여러 번 반복하면 나중에는 오로지 젤리 베이비만 먹는 물고기들만 얻게 된다. 비자연적인 아미노산을 인식하고 짝을 이루는 tRNA 합성효소를 진화시키는 과정도 앞의 물고기 낚시 과정과 유사하다. 젤리 베이비만 먹는 물고기처럼 결국에는 마침 코돈, 즉 비자연적인 아미노산만을 읽는 tRNA 합성효소를 만들 수 있다.

여기서 끝이 아니다. tRNA를 앰버코돈의 안티코돈으로 작동하도록 번식시킬 수도 있다. 유전자 배열 속에 UAG를 첨가해서 tRNA에 낚일 수 있게 하면 조금 성가시긴 해도 여느 유전자 조작에 이용되는 도구들—가령 거미염소 프레클스를 창조한 도구들—과 비슷한 DNA 조작 도구들로 활용할 수 있다. 중요한 지점에서 앰버코돈으로 종결을 지어 아예 유전자 배열을 '다시 쓰기'한 세트로 합성할 수도 있다. 또는 '돌연변이 유발 중합효소 연쇄반응(mutagenic PCR)'이라는 기술을 이용해서 변이 속에 새로운 코돈을 삽입할 수도 있다. UAG는 보통 유전자 안에서 종결부를 지시하기 위해 존재하므로 이 시스템이 잘 작동되기 위해서는 모든 요소들이 바뀌어야만 한다. 즉 암호와 합성효소, tRNA가 모두 비자연적 아미노산을 인식하도록 바뀌어야 한다.

다시 말하면 생명의 가장 기본적인 공정—프랜시스 크릭이 설명한 '센트럴 도그마'—을 생물학적으로 매우 정교하게 조작한다는 의미다. 그러나 단순히 조작만을 위한 실험은 아니다. 제이슨 친을 비롯한 몇몇 과학자들은 이러한 실험을 통해 단백질들이 어떻게 상호

작용하는지를 밝히고자 한다. 살아 있는 세포들은 상호작용하는 단백질들의 조직이라고 할 수 있다. 어떤 단백질들은 DNA에 부착되기도 하고 어떤 것들은 대사 활동에 관여하는 분자들과 결합하기도 하는데 대개 다른 단백질들과 결합하여 생명의 기능을 수행한다.

친의 실험에서 첨가된 비자연적 아미노산의 곁사슬에는 두 가지 기능이 있다. 우선 지시가 내려지면 아미노산의 곁사슬은 상호작용하는 단백질과 단단한 결합을 형성한다. 다시 말해 그 아미노산을 미끼로 단백질을 낚을 수 있으며 미지의 짝, 즉 미끼로 쓸 수 있는 조작된 단백질을 발견할 수 있다. 둘째로 비자연적 아미노산의 곁사슬은 광활성(light-activated)을 갖는다. 따라서 세포에 자외선만 조사하면 이 아미노산을 목표물과 결합시킬 수 있다.

비자연적 아미노산으로 이 기능을 수행시킨 연구진은 친의 팀 외에 여럿 있지만 그의 팀은 최초로 여러 종들에게 이 기능을 수행하는 데 성공했으며 여기에는 동물도 포함된다. 2012년까지 이 비자연적 반응들은 배양기나 배양접시처럼 말끔하게 통제된 환경에 있는 세포에서만 제한적으로 나타났다. 친은 이 공정을 생물학 실험의 표준 동물인 초파리에 삽입했고 이로써 생물학적 문자와 암호와 단백질—지금은 '다시 쓰기'가 일반화된 생명의 시스템 일체—을 재조작하는 데 있어서 출입금지 구역이 없음을 입증했다.

이 연구들은 우리가 알고 있는 단 하나의 시스템이 지구에서 살아가는 모든 생명의 바탕을 이룰 만큼 강력하긴 해도 반드시 그 시스템대로만 작동하리란 법은 없음을 보여준다. 자연선택에 의한 진화는 원리를 이해하기 훨씬 이전에 발견되었고 설명되었다. 진화라는 시행착오 과정을 일으키는 암호는 유일하지만 이 암호는 수정과 다시 쓰기로 충분히 조작될 수 있으며 심지어 완전히 새로운 암호가 창조될 수도 있다.

자연선택이 아닌 (초자연적 창조주의 개입 따위도 없는) 생물의 진화 시스템은 상상하기 힘들지만 우리에게는 실제로 유의미한 정보를 암호화하고 재생산할 수 있는 하나의 시스템이 생겼다. XNA, Z와 P 염기 그리고 세포에게 낯선 비자연적인 아미노산들의 존재는 다른 것들도 존재할 수 있음을 암시한다. 마침내 자연이 아닌 오로지 인간의 손으로 발명한 유전자 암호를 진화시킬 새로운 생명을 위한 첫걸음을 내디딘 셈이다.

디지털 DNA

지금까지 나는 DNA의 유전자 암호를 근본적으로 바꾸고 새로운 버전의 유전자 물질을 고안하며 유전자의 어휘를 확장하여 비자연적인 단백질들을 만들 수 있는 힘의 원천이 바로 자연의 경계를 침범한 합성생물학이었음을 웅변하는 사례들에 대해 이야기했다. DNA의 언어는 생명 창조에만 국한되지 않는다. DNA는 변화하는 환경에 적응하기 위해 자연이 설계한 불완전한 정보를 담고 있지만 정보 저장 장치로서 수십억 년 동안 똑같은 방식으로 정보를 전달해올 정도로 상당히 안정적이다. 심지어 세포나 유기체가 죽어도 DNA에 기록된 정보는 반영구적으로 그대로 보존된다.

최근 들어 고대의 DNA를 연구하는 새로운 과학 분야에서 이러한 이야기들이 점점 더 많이 흘러나오고 있다. 매머드의 게놈—6만 년이나 묵은 털에서 추출한 게놈—이 공개되었고 이베이(eBay)를 통해 게놈을 구매한 유전학자들이 배열 순서를 밝혀냈다. 2010년 진화론적으로 인간의 사촌일 확률이 높은 네안데르탈인의 게놈도 4만 4,000년 묵은 뼈 표본에서 DNA 일체가 밝혀짐으로써 게놈 클럽에 합류했다. 바위취과(科)로 확인된 그린란드의 얼음 진흙 속에서 추출한 DNA가 무려 45만 년에서 80만 년이라는 엄청난 기간 동안 보존된 것으로도 밝혀졌다. 실제로 그린란드 빙하 속 2킬로미터 아래는 천연 냉동실이라 할 수 있지만 그럼에도 불구하고 오래전에 죽은 조직을 발견하고 그 안에 쓰인 암호를 해독할 수 있다는 것은 DNA가 정보 저장 장치로서 그만큼 안정적이라는 사실을 방증하는 것이다.

여러 가지 이유 중에서도 특히 DNA의 안정성에 주목한 1900년대 과학자들은 DNA를 세포의 기능에 필요한 생물학적 정보뿐만 아니라 일종의 디지털 데이터를 저장하는 장치로 생각하기 시작했다. 비록 DNA의 정보 저장 능력을 활용한 최초의 예는 아니지만 신시아로 알려진 크레이그 벤터의 합성 박테리아는 현재로서 가장 유명한 살아 있는 디지털 장치다.

벤터는 컴퓨터와 기계로 합성한 염소 병원균체 마이코플라스마 미코이즈의 게놈 안에 있는 DNA 속에 세포 스스로도 알아차리지 못하는 은밀한 메시지를 숨겨 놓았다. 컴퓨터 프로그래머들은 종종 특정인의 공로를 인정하거나 혹은 단순히 이용자들에게 발견의 재미를 선사하기 위해 소중한 비밀이나 메시지—부활절 달걀—를 프로그램 속에 숨기곤 한다.

DNA 부활절 달걀들은 네 부분으로 이루어져 있다. 첫째는 암호표다. 암호문은 영어로 적혀 있기 때문에 유전자 암호를 이루는 네 개의 염기 문자들을 스물여섯 개 영어 알파벳과 구두점으로 변환시켜줄 암호표가 필요했다. 스무 개의 아미노산도 가끔 A에서 W까지 알파벳 가운데 하나의 문자로 표현되기 때문에 영어로 된 메시지를 DNA 안에 숨기는 방법은 간단하게 기존의 유전자 암호 코돈 하나당 로마체 알파벳 하나를 대입하는 것이었다. 하지만 벤터는 영어 알파벳을 위장하기 위한 새로운 암호표를 구상했다. 따라서 그의 암호표는 해독이 필요했다. 그 암호표는 공개되고서 며칠 만에 해독되었다.

둘째와 셋째 부분에는 그 세포를 합성한 수십 명의 연구자들 이름과 인터넷 주소들로 구성된 메시지가 숨겨져 있었다. 부활절 달걀의 마지막 부분은 세 개의 적절한 인용문으로 구성되었다. 첫 번째 인용문은 제임스 조이스의 소설《젊은 예술가의 초상》중 "살기 위해, 실수하기 위해, 패배하고 승리하기 위해, 생명에서 생명을 재창조하기 위해"다.[6] 두 번째 인용문은 원자폭탄의 아버지로 불리는 로버트 오펜하이머(J. Robert Oppenheimer)가 한 말이다. "사물을 있는 그대로가 아니라 그렇게 될 수도 있다고 여기며 보라." 세 번째 인용문은 리처드 파인만의 멋진 말이었으나 우연히 일부가 잘못 인용되었다. 즉 "만들 수 없으면 안다고 할 수 없다"라는 문장으로…….[7] (원래는 "창

6) 앞에서도 언급했지만 이 인용문은 제임스 조이스의 유산 집행자로부터 저작권 침해 소송을 당했다.

조할 수 없으면 안다고 할 수 없다"이다.)

이 DNA 부활절 달걀은 일일이 직접 설계하여 컴퓨터로 조립된 것이다. 부활절 달걀 양옆에는 세포에게 해독하지 말라는 지시를 내리는 DNA 태그들이 달려 있다. 왜냐하면 이 덩어리가 갖고 있는 암호는 세포에게는 무의미한 완전히 새로운 유전 물질이기 때문이다. 이 덩어리 속 배열은 유전자 암호의 염기 코돈 방식으로 배열되지 않았으며 단백질을 만들 수도 없고 만들지도 못한다. 벤터는 DNA의 문자들을 역사와 무관하게 단순히 암호로만 이용해서 완전히 새로운 '암호화된 암호'를 갖고 있는 정보 저장 장치를 설계한 것이다.

2012년 하버드 대학의 조지 처치(George Church)는 한 권의 책을 DNA에 디지털 형식으로 암호화시켜 저장하는 데 최초로 성공하면서 DNA 상품화 시대를 열었다. 《부활*Regenesis*》이라는 책인데 합성생물학을 설명하는 데 이보다 적절한 제목이 있을까 싶다. 그가 저장

---

7) 좀 당황스럽겠지만 DNA에 적힌 이 인용문은 다음과 같다. TTAACTAGCTAATTTCATTGCT GATCACTGTAGATATAGTGCATTCTATAAGTCGCTCCCACAGGCTAGTGCTGCGCACGTT TTTCAGTGATATTATCCTAGTGCTACATAACATCATAGTGCGTGATAAACCTGATACAATA GGTGATATCATAGCAACTGAACTGACGTTGCATAGCT CAACTGTGATCAGTGATATAGA TTCTGATACTATAGCAACGTTGCGTGATATTTTCACTACTGGCTTGACTGTAGTGCATAT GATAGTACGTCTAACTAGCATAACTAGTGATAGTTATATTTCTATAGCTGTACATATTGTA ATGCTGATAACTAGTGATATAATCCAACTAGATAGTCCTGAACTGATCCCTATGCTAACTA GTGATAAACTAACTGATACATCGTTCCTGCTACGTGATAGCTTCACTGAGTTCCATACATC GTCGTGCTTAAACATCAGTGATAACACTATAGAGTTCATAGATACTGCATTAACTAGTGAT ATGACTGCAAATAGCTTGACGTTTTGCAGTCTAAAACAACGTGATAATTCTGTAGTGCTA GATACTATAGATTTCCTGCTAAGTGATAAGTCTACTGATTTACTAATGAATAGCTTGGTTT TGGCATACACTGTGCGCTGCACTGGTGATAGCTTTTCGTTGATGAATAATTTCCCTAGCA CTGTGCGTGATATGCTAGATTCTGTAGATAGGCTAAATTCGTCTACGTTTGTAGGTGATA GTTTAGTTGCTGTAACTAATATTATCCCTGTGCCGTTGCTAAGCTGTGATATCATAGTGCT GCTAGATATGATAAGCAAACTAATAGAGTCGAGGGGGAGTCTCATAGTGAATACTGATAT TTTAGTGCTGCCGTTGAATAAGTTCCCTGAACATTGTGATACTGATATTTTAGTGCTGCCG TTGAATATCCTGCATTTAACTAGCTTGATAGTGCATTCGAGGAATACCCATACTACTGTTT TCATAGCTAATTATAGGCTAACATTGCCAATAGTGCGGCGCGCCTTAACTAGCTAA.

한 암호는 5만 3,000개의 단어, 열한 개의 이미지 그리고 한 개의 소프트웨어 암호 스크립트로, 분량으로 치면 이 책의 약 4분의 3 정도, 정보 단위로는 약 5메가비트가량이다. 암호는 지극히 간단한 2진법이다. A와 C는 1로 표시되고 T와 G는 0으로 표시된다.

그는 단어들을 디지털 형식으로 전환한 다음 염기 96개짜리 DNA의 배열로 컴퓨터상에서 합성했다. 이렇게 합성된 조각들은 부품의 위치 등을 알려주는 정보 태그—프로그래머들의 용어로 '메타데이터(metadata)'라고 한다—를 갖고 있다. 이러한 조각들이 대략 단어 하나당 하나 꼴로 있으며 조지 처치가 암호화시킨 책에는 이런 조각들이 5만 5,000개가량 있다. 책 한 권을 DNA로 옮기는 과정에서 오류는 500만 비트의 데이터에 단 열 개밖에 없었다.

정보 일체가 저장된 소위 DNA칩은 크기만 훨씬 작을 뿐 저장 장치로서는 종이와 잉크를 이용한 책과 다를 바가 없다. DNA칩은 DNA를 고정시키기 위한 화학물질이 얇게 발라진 작은 유리판(종이 성냥만한 크기)인데 그 유리판 위에 잉크젯 프린터의 가느다란 노즐에서 분사된 DNA 조각들이 점착되어 있다.

벤터가 합성 박테리아에 정보를 저장한 것과 달리, 처치의 저장 방식은 생명과는 거리가 멀다. 처치의 DNA는 컴퓨터로 작성되고 기계로 합성되었으며 프린터로 출력된다. 해독도 기계와 소프트웨어로 이루어지는데 이때 이용하는 기법은 죽은 지 1,000년쯤 된 조직에서 추출한 DNA를 복구할 때 과학자들이 주로 쓰는 표준 기법들이다.

이 책에 등장하는 여러 신기술들과 마찬가지로 이 기술도 한 가지 원칙을 입증하고 있다. 정보 저장 장치로서 DNA의 회복력은 반박의 여지가 없다는 것이다. 조지 처치를 비롯한 여러 과학자들은 DNA가 암호를 운반한다는 간단한 원리를 이용했고 그 암호를 '다시 쓰기'함으로써 비생물적 데이터를 저장했다. DNA의 안정성 그리고 기술 비용의 절감 덕분에 지금은 획기적인 밀도로 데이터를 저장할 수 있다. 1제곱밀리미터당 5.5페타비트(125×10^{15}바이트)까지 저장할 수 있다고 한다.

차세대 광디스크로 주목받는 블루레이 디스크(Blu-ray disc)나 심지어 우리가 쓰는 컴퓨터 하드 드라이브나 플래시 드라이브보다 훨씬 더 밀도 있게 정보를 저장할 수 있는 장치인 셈이다. 현재까지 개발된 기술로 DNA칩은 정보 저장 장치로서의 역할밖에 못한다. 게다가 컴퓨터가 동량의 정보를 처리하는 데 수 초면 될 일을 DNA칩에 정보를 저장하고 메모리에 접근하는 데는 며칠이 소요된다. 하지만 컴퓨터에 실리콘칩이 아닌 DNA칩이 장착될 날이 마냥 공상 과학 속 이야기만은 아닐 것이다.

합성생물학의 열쇠는 창조적인 공학 정신이다. "어떻게 하면 생물학적 기술을 목적에 맞게 재설계하고 이용할 수 있을까?" 이 질문에서 출발한 합성생물학의 기술들은 아직 실험실 수준을 벗어나지 못했다. 그럼에도 그 기술들은 인간의 창조력이 자연의 한계를 능가할 수 있음을 보여주는 증거들이다. 인간은 늘 스스로에게 유리하도록 자연을 각색해왔다. 그리고 바야흐로 분자생물학의 시대를 맞아 리믹싱을 통해 '분자 수준'에서 자연을 각색하기에 이르렀다. 지구의 탄생 이래 최초로 지금 우리는 진화가 제공한 바로 그 언어를 '다시 쓰기'함으로써 새로운 생명 시스템을 설계하고 조작하고 있다.

PART Ⅰ 생명의 기원

서장 생명은 어디에서 왔는가

- 이 책에서는 일반적으로 세균을 '박테리아'라고 표현했다. 문법적으로 단수형(bacterium)과 복수형(bacteria)이 구분되나 일반적으로 '박테리아(bacteria)'로만 쓴다.
- 지구에 존재하는 생명의 기본 메커니즘은 대부분 밝혀졌고 진화와 유전에 관한 수많은 명저들은 이미 출간되었기 때문에 우리는 지금 호사를 누리고 있다. 최근 내가 가장 아끼며 읽었던 책은 닉 레인(Nick Lane)의 《생명의 도약*Life Ascending*》을 비롯해 제리 코인(Jerry Coyne)의 《지울 수 없는 흔적*Why Evolution Is True*》, 닐 슈빈(Neil Shubin)의 《내 안의 물고기*Your Inner Fish*》 그리고 매트 리들리(Matt Ridley)의 저술들과 스티브 존스(Steve Jones)가 쓴 대부분의 책들이다. 존스의 책들 중 특히 《유전자 언어*The Language of the Genes*》는 20년 전에 집필되었고 무엇보다 '인간게놈 프로젝트'가 시작되기 10년 전에 출간되었지만 DNA의 특징에 대해 다룬 오늘날 그 어떤 책과 비교해도 손색이 없을 만큼 통찰력과 읽는 재미가 가득하다. 또한 《진화하는 진화론*Almost Like a Whale*》은 《종의 기원》을 진화생물학의 대표 도서로 격상시킨 명저라고 할 수 있다. 물론 찰스 다윈의 저서들을 직접 읽으면 진화론 전문가가 부럽지 않을 만큼 지식을 쌓을 수 있다.

1장 세포의 발견

- 과학이 대부분 그렇듯, 위대한 발견으로 이르는 길은 곧은 법이 없다. 복잡하고 구불구불하며 이리저리 빗나가기 일쑤다. 사실 유레카의 순간은 거의 꿈도 못 꾼다. 수십 가지 실험과 이론들의 결과를 위한 여정도 안톤 반 레벤후크에서 세포설로 이어진 숱한 여정과 다르지 않다. 그중에서도 결정적인 길을 개척한 몇몇 사람의 이야기들을 간략하게 짚어보았다. 대표적인 초기 현미경학자이자 철두철미한 성격으로 명성이 높았던 헨리 해리스(Henry Harris) 교수가 집필한《세포의 발견*The Birth of the Cell*》은 가장 믿을 만한 길잡이여서 나 역시 세포설을 설명할 때 이 책을 주요한 참고서로 삼는다.
- 1910년 웬트워스 톰슨(D'Arcy Wentworth Thompson)의 재번역으로 새롭게 탄생한 아리스토텔레스의《동물계》는 처음부터 끝까지 흥미진진하며 보는 즐거움까지 선사한다. http://classics.mit.edu/Aristotle/historym_amim.html 에서 무료로 다운받아 볼 수 있다.

2장 생물학의 도약

- 위대한 과학자로서 그레고어 멘델을 조망한 저술은 많다. 이 책에서는 '멘델의 유전 법칙'으로 탄생하게 될 이론의 개요를 담은 논문의 원본을 참고했다. 'Versuche über Pflanzen-hybriden'(Verhandlungen des Naturforschenden Vereines 4, Abh. Brünn, 1866, pp. 3-47) 또는 'Experiments in Plant Hybridization'(Journal of the Royal Horticultural Society 26, 1901, pp. 1-32, 번역판).
- 멘델 논문의 복사본은 115부였으나 다윈의 서재에서는 한 부도 발견되지 않았다는 내용은 R. C. 올비(Olby)의 논문에서 참고했다. 'Mendels Vorlaüfer: Kölreuter, Wichura, und Gärtner'(Folia Mendeliana 21, 1986, pp.49-67).
- 멘델학파는 J. B. S. 홀데인과 시월 라이트(Sewall Wright) 그리고 (이 두 사람이 한 방에 있는 것조차 황송해했다는) 현대 진화생물학의 창시자로 꼽히는 로널드 피셔(Ronald Fisher)가 멘델의 실험 결과들을 재분석하고 내린 결론에 관심을 갖고 있었다. 피셔는 멘델의 연구 결과가 가지는 통계학적 의의

에 대해 '멘델의 기대에 근접하도록 실험들이 조작되었음'이 분명하다는 사실을 보여주는 것에 지나지 않는다고 결론을 내렸다. 그는 멘델의 실험 결과들이 조작이 의심될 정도로 정확하다는 의미지 멘델의 법칙이 틀렸다는 뜻은 아니라고 주장했다. 그 후 이러한 주장이 공공연하게 여러 번 되풀이되었지만 유전학자 대니얼 L. 하틀(Daniel L. Hartl)과 대니얼 J. 페어뱅크스(Daniel J. Fairbanks)는 뒤이어 발표한 논문에서 피셔의 주장은 "면밀하게 분석해보니 멘델의 실험 결과가 설득력 있는 증거로 뒷받침되지 않는다는 사실이 입증되었다"라는 말로 해석할 수 있다고 결론을 내렸다. 'Mud Sticks: On the Alleged Falsification of Mendel's Data'(Genetics 175:3, 2007. 03, pp.975-9).

- 실제로 20세기 생물학과 과학은 당대의 가장 혁혁한 과학적 진보로 기록된 크릭과 왓슨의 이중나선 구조 발견을 둘러싼 이야기라고 볼 수 있다. DNA에 관해서는 이미 수많은 저술들이 있으니 참고하길 바란다. 제임스 왓슨의 목소리로 직접 듣고 싶다면《이중나선*The Double Helix*》을 추천한다. 가히 전설적인 스토리텔러라 할 만하며 내게는 신화적인 존재로 각인된 왓슨의 개인적인 이야기가 분명하지만 손에서 놓을 수 없는 책이다. 이 책에서 왓슨은 로잘린드 프랭클린을 못마땅하게 대하는 듯하다. DNA 이야기를 살펴보자. 그는 종종 "프랭클린이 크릭과 왓슨과 더불어 노벨상을 받아야 하는가?"라는 질문을 던지곤 한다. 이에 대한 대답은 간단하고도 절대적이다. 노벨상은 사후에 수여되지 않는다는 명백한 규칙 때문에 프랭클린은 역할의 중대함을 떠나 노벨상 수상 자격이 되지 못했다. 1962년 노벨상 심사위원회가 DNA 구조의 발견을 승인할 당시 프랭클린은 이미 이 세상 사람이 아니었다. 브렌다 매독스(Brenda Maddox)의 전기《로잘린드 프랭클린과 DNA*Rosalind Franklin: The Dark Lady of DNA*》는 프랭클린을 있는 그대로 솔직하게 그린, 한마디로 수작이라고 할 수 있다.
- 이 책에서 프랜시스 크릭은 여러 장에 걸쳐 등장하는데 1953년 왓슨과 이룬 희대의 발견 이후에도 생명의 본질을 끊임없이 탐구하는 천재로 묘사된다. 크릭의 삶과 연구를 가장 잘 설명한 책은 매트 리들리(Matt Ridley)의《프랜시스 크릭: 유전부호의 발견자*Francis Crick: Discoverer of the Genetic Code*》다.
- BBC는 1987년 DNA 이야기를 〈생명 이야기Life Story〉라는 시리즈 드라마로 제작했다. 시리즈 전편 모두 볼 만한 가치가 있다. 할리우드에서 기발한 과학자 역으로 주가를 올리고 있는 배우 제프 골드블럼(Jeff Goldblum)이 비

현실적인 기발한 과학자 짐 왓슨(Jim Watson)으로 등장한다. 여담이지만 골드블럼은 영화 〈카우보이 밴자이의 모험The Adventures of Buckaroo Banzai Across the 8th Diemnsion〉에서 신경외과의사로, 〈플라이The Fly〉에서는 양자물리학자로, 〈쥬라기 공원Jurassic Park〉에서는 수학자로, 〈인디펜던스 데이Independence Day〉에서는 컴퓨터 과학자이자 환경운동가로, 〈스티브 지소와의 해저생활The Aquatic〉에서는 해양생물학자로, 〈캣츠 앤 독스Cats and Dogs〉에서는 동물학자로 등장했다. 과연 어떤 배우가 이렇게 다양한 과학자 역할을 맡을 수 있겠는가?

- '우리는 데옥시리보핵산(D.N.A)의 구조를 제안하고자 한다. 이 구조는 생물학적으로 매우 흥미로운 신기한 특징을 갖고 있다'라는 말로 시작하는 20세기 가장 유명하고 중대한 연구 논문은 〈네이처〉지 171호(1953. 4. 25, pp.737-8)에 실린 왓슨과 크릭의 'A Structure for Deoxyribose Nucleic Acid'다. http://www.nature.com/nature/dna50/archive.html에는 이 논문을 비롯하여 생물학의 황금기라 할 수 있는 당대 거물들이 쓴 탁월한 논문들을 접할 수 있다. 대표적으로 오스월드 에이버리, 콜린 매클라우드, 매클린 매카티의 논문 'Studies on the Chemical Nature of the Substance Inducing Transformation of Pneumococcal Types'(Journal of Experimental Medicine 79, 1944, pp. 137-59)도 볼 수 있다.
- 언어는 DNA의 작동 방식을 이해하고 설명할 때 가장 흔하고 유용하게 이용된다. 생물학자 마크 페이겔(Mark Pagel)이 'Human Language as a Culturally Transmitted Replicator'(Nature Reviews Genetics 10, 2009, pp. 405-415, doi:10.1038/nrg2560)라는 논평에서 설명한 것처럼 언어는 진화론과 매우 유사한 특성들을 갖고 있다. 단어와 언어의 진화를 다룬 기 도이처(Guy Deutscher)의 《언어 펼치기*The Unfolding of Language: The Evolution of Mankind's Greatest Invention*》도 상당히 흥미로운 책이다.
- LUCA의 존재에 대한 통계학적 분석은 더글러스 시어벌드의 'A Formal Test of the Theory of Universal Common Ancestry'(Nature 465, 2010. 5. 13, pp. 219-22, doi:10.1038/nature09014)를 참고했다. 이에 대한 반대 의견은 다카히로 요네자와(Takahiro Yonezawa)와 마사미 하세가와(Masami Hasegawa)의 'Was the Universal Common Ancestry Proved?'(Nature 468, E9, 2010. 12. 16, pp. 219-22, doi:10.1038/nature09482)를 보면 알 수 있다.

- 로렌스 D. 허스트(Laurence D. Hurst)와 알렉사 R. 머천트(Alexa R. Merchant)의 'High Guanine-cytosine Content Is Not as Adaptation to High Temperature: A Comparative Analysis Amongst Prokaryotes'(Proceedings of the Royal Society B268, 2001, 493-7, doi:10.1098/rspb.2000.1397) 참고.
- 최초의 세포 화석에 대해서는 다음을 참고한다. 데이비드 웨이시(David Wacey) 외 다수가 쓴 'Microfossils of Sulphur-metabolizing Cells in 3.4-billion-year-old Rocks of Western Australia'(Nature Geoscience 4, 2011, pp. 698-702, doi:10.1038/ngeo1238).
- 박테리아와 고세균류가 부모 세포로부터 유전자를 전달받기보다 서로 유전자를 교환한다는 사실에 관한 논문은 상당히 많다. 그중에서도 V. 쿠닌(V. Kunin) 외 다수가 쓴 'The Net of Life: Reconstructing the Microbial Phylogenetic Network'(Genome Research 15, 2005, pp.954-9)는 이 사실을 가장 생생하게 다룬 논문인데 복잡하게 뒤얽힌 생명의 계통수 밑동을 이해가 쉽지 않은 도표들로 비중 있게 묘사했다. 이 논문은 전반적으로 유전자의 수직 및 수평적 전달이라는 다소 미묘한 내용을 다루고 있다. 역사를 자랑하는 과학 저널 〈뉴 사이언티스트〉는 2009년 다윈 탄생 200주년을 기념하는 테마로 이 논문을 주목했으며 '다윈은 틀렸다(Darwin Was Wrong)'라는 대담한 제목을 표지에 실었다. 그리고 다음과 같은 사설을 추가했다.

  다윈 탄생 200주년을 기념하며 우리는 생물학이 달라졌고 강력해졌음을 보여줄 제3의 혁명을 고대한다. '〈뉴 사이언티스트〉가 다윈이 틀렸다고 선언했다'라는 소식에 협소한 창조론자들의 우주가 벌써부터 들썩거리지만 그들에게 도움이 될 만한 내용은 전혀 없다. 이 논문에서 생물학자들이 일제히 진화론을 포기하고 있다는 증거로 들이댈 만한 부분을 찾을 수 있을 거라 기대하는가? 하지만 생물학자들은 결코 그럴 리 없다.

  지금까지 나는 이 표지 제목이 (혹은 이 제목을 인용하여) 공개 석상에서 특정 종교 집단, 즉 증거를 무시하고 창조론자들의 교리를 주장하는 사람들의 공격 도구로 쓰이는 모습을 일곱 번이나 목격했다.

3장 지구의 대변신: 지옥에서 파라다이스까지

- 지구의 최초 20억 년에 관한 내용은 이 분야의 고전이나 다름없는 에우안 니스벳(Euan Nisbet)의 《젊은 지구*The Young Earth: An Introduction to Archaean Geology*》를 참고한다.
- 혜성들이 지구와 달에 물을 운반했다는 가설에 관한 연구는 제임스 그린우드(James P. Greenwood) 외 다수가 쓴 'Hydrogen Isotope Ratios in Lunar Rocks Indicate Delivery of Cometary Water to the Moon'(Nature Geoscience 4, 2011, pp. 79-82, doi:10.1038/ngeo1050)을 참고한다.
- '마지막 운석 대충돌기'의 맹렬한 포화 속에서도 미세한 생명들이 해저에서 생존할 수 있었음을 암시하는 흥미로운 모델은 올레그 아브라모프(Oleg Abramov)와 스티븐 모이즈시스(Stephen J. Mojzsis)의 'Microbial Habitability of the Hadean Earth During the Late Heavy Bombardment'(Nature 459, 2009. 5. 21, pp. 419-22, doi:10.1038/nature08015), 린 로스차일드(Lynn J. Rothschild)의 'Earth Science: Life Battered but Unbowed'(Nature 459, 2009. 5. 21, pp. 335-6, doi:10.1038/459335a)에 자세히 설명되어 있다.
- 시몬 와일드(Simon A. Wilde) 외 다수가 쓴 'Evidence from Detrital Zircons for the Existence of Continental Crust and Oceans on the Earth 4.4 Gyr Ago'(Nature 409, 2001, 1, 11, pp. 175-8, doi:10.1038/35051550) 참고.
- 고대 그리스 신화에서 달의 여신 셀레네의 어머니인 '테이아'라고 하는 거대한 천체가 어린 지구에 부딪쳤을 때 뜯겨져 나온 파편들이 달을 형성했다는 사실을 입증한 연구들 중에서도 가장 핵심적인 연구는 U. 위헤르트(U. Wiechert) 외 다수가 쓴 'Oxygen Isotopes and the Moon-Forming Giant Impact'(Science 294, 2001. 10. 12, pp. 345-8, doi:10.1126/science.1063037)를 참고한다.
- 다윈의 육필 서신에 대하여: BBC의 다큐멘터리 〈생명의 시작, 세포The Cell〉 제작에 참여한 사람으로서 나는 다윈이 '따뜻하고 작은 연못'이라는 유명한 개념을 골똘히 생각하며 1871년 조지프 후커에게 보낸 친필 서신을 장갑도 끼지 않은 맨손으로 만져보는 엄청난 특혜를 누렸다. 케임브리지 대학 도서관 열람실에서 감히 의자에 앉지도 못한 채 역사적 기록을 읽기도 했다. 하지만 다윈이 휘갈겨 쓴 문장들을 도무지 판독할 수 없었기에 몇 번이나 구겨버

리고 싶은 충동에 휩싸였고 결국 방송에서는 실제 편지 대신 사본을 슬쩍 끼워 넣어야 했다. 다윈이 정말 끔찍하게 악필이었다는 사실과는 전혀 무관하지만 어쨌든 꽤 유쾌한 경험이었다.

- J. B. S. 홀데인은 20세기 생물학의 수많은 형식들을 결정한 중요한 인물이다. 생명과 종의 기원과 본질을 깊이 고민했을 뿐만 아니라 유전학과 진화생물학을 비롯하여 생명의 기본적인 측면들을 융합한 핵심 학자였다. 게다가 재생 가능한 에너지의 기본 성분으로 수소를 제안한(1923년) 최초의 인물도 홀데인이었다. 마르크스주의자였던 그는 1956년에 발발한 수에즈 위기(Suez crisis, 수에즈 운하를 둘러싼 이집트와 영국 및 프랑스의 냉전 기류–옮긴이)에서 보여준 영국 정부의 태도를 강력히 비난했다. 홀데인이 직접 참여하여 '절단된 개의 머리에서 일어나는 사후의 물리적 반응'을 촬영한 (소비에트 필름 에이전시(Soviet Film Agency)가 1940년에 제작한) 〈Experiments in the Revival of Organisms〉라는 제목의 흥미로운 동영상과 함께 그의 유명한 논평 'On Being the Right Size'도 온라인에서 쉽게 찾아볼 수 있다. 1968년 로널드 클라크(Ronald Clark)가 쓴 홀데인의 전기 《J. B. S. 홀데인의 삶과 업적들*The Life and Works of J. B. S. Haldane*》은 안타깝게도 현재 절판되었다.
- 1953년부터 진행된 스탠리 밀러의 상징적인 실험에 대해선 S. L. 밀러의 'A Production of Amino Acids under Possible Primitive Earth Conditions'(Science 117, 1953. 5. 15, pp. 528-9, doi:10.1126/science.117.3046.528)를 참고한다.
- 스탠리 밀러의 실험 일부를 재분석한 2008년 제프리 베다의 실험에 대해선 애덤 존슨(Adam P. Johnson) 외 다수가 쓴 'The Miller Volcanic Spark Discharge Experiment'(Science 322, 2008. 10. 17, p. 404, doi:10.1126/science.1161527)를 참고한다.

4장 생명이란 무엇인가

- 글자들 안에 정보가 저장되고 유전된다는 내용에 대해선 조이스(G. F. Joyce)의 'Bit by Bit: The Darwinian Basis of Life'(PLoS Biology 10, 2012, e1001323. doi:10.1371/)를 참고한다.
- 생명에 관한 다양한 정의는 피에르 루이기 루이지(Pier Luigi Luisi)의 'Origins

of Life and Evolution of the Biosphere 28'(1998, pp. 613-22)를 참고한다.

- 생명을 은유적으로 정의한 에드워드 트리포노프는 'Vocabulary of Definitions of Life Suggests a Definition'(Journal of Biomolecular Structure and Dynamics 29, 2011, pp. 259-66)에서 과학자들이 사용하는 용어들을 근거로 삼았다. 그의 논문이 실린 같은 저널 2012년 2월호에 이를 반박하는 19개의 논평도 실려 있다.
- 에르빈 슈뢰딩거와 홀데인이 쓴《생명이란 무엇인가》라는 동명의 소책자는 (1944년과 1949년에 각기 발표되었으며) 온라인에서 무료로 다운받을 수 있으며 두 권 모두 필독할 가치가 충분하다.

5장 암호의 기원

- 케빈 류(Kevin Leu) 외 다수가 쓴 'On the Prebiotic Evolutionary Advantage of Transferring Genetic Information from RNA to DNA'(Nucleic Acids Research 39, 2011, pp. 8135-47, doi:10.1093/nar/gkr525)를 참고한다.
- 끊임없이 스스로를 복제하는 기능을 가진 짧은 RNA 분자에 관한 제리 조이스와 트레이시 링컨의 논문은 'Self-Sustained Replication of an RNA Enzyme'(Science 32, 2009, 02. 27, pp. 1229-32, doi:10.1126/science.1167856)을 참고한다.
- 잭 쇼스택과 데이비드 바텔이 진행한 리보자임 실험에 관해서는 'Isolation of New Ribozymes from a Large Pool of Random Sequences'(Science 261, 1993, 09. 10, pp. 1411-8)에 실렸다.
- 데이비드 애덤의 'Give Six Monkeys a Computer, and What Do You Get? Certainly Not the Bard'(Guardian, 2003. 05. 09)를 참고한다.
- 리보자임이 가장 오래된 조상일 것이라는 개념은 알렉스 테일러(Alex Taylor)의 블로그 'Tale from Nobel Factory(http://talesfromthenobelfactory.posterous.com)'에서 참고했다. 아니엘라 보흐너(Aniela Wochner) 외 다수가 쓴 'Ribozyme-Catalyzed Transcription of an Active Ribozyme'(Science 332, 2011. 04. 08, pp. 209-12, doi:10.1126/science.1200752)도 도움이 될 것이다.
- 유전자 암호가 오늘날 생명이 간직한 네 개의 염기보다 더 적은 수의 염기

에서 기원했다는 이론은 세 편의 논문을 참고했다. 제프 로저스와 제럴드 조이스의 'A Ribozyme That Lacks Cytidine'(Nature 402, 1999. 11. 18, pp. 323-5, doi:10.1038/46335), 존 리더(John S. Reader)와 제럴드 조이스의 'A Ribozyme Composed of Only Two Different Nucleotides'(Nature 420, 2002. 12. 19, pp. 841-4, doi:10.1038/nature01185), 줄리아 데르(Julia Derr) 외 다수가 쓴 'Prebiotically Plausible Mechanisms Increase Compositional Diversity of Nucleic Acid Sequences'(Nucleic Acids Research, 2012, doi:10.1093/nar/gks065).

- 존 서덜랜드가 주장한 우라실 합성에 관해서는 매튜 포너(Matthew W. Powner), 베아트리스 제를란(Beatrice Gerland), 존 서덜랜드의 'Synthesis of Activated Pyrimidine Ribonucleotides in Prebiotically Plausible Conditions'(Nature 459, 2009. 05. 14, pp. 239-42, doi:10.1038/nature08013)를 참고했다.
- 우라실이 대기권 밖에서 유래했다는 내용에 관해서는 지타 마틴스(Zita Martins) 외 다수가 쓴 'Extraterrestrial Nucleobases in the Murchison Meteorite'(Earth and Planetary Science Letters 270, 2008, pp. 130-36)를 참고했다.

6장 창조의 재현

- 인류의 축적된 문명에 대해서는 애덤 파웰(Adam Powell), 스티븐 셰넌(Stephen Shennan) 그리고 마크 토머스(Mark G. Thomas)의 'Late Pleistocene Demography and the Appearance of Modern Human Behavior'(Science 324, 2009. 06. 05, pp. 1298-1301, doi:10.1126/science.1170165)를 참고한다.
- 세포막 형성 중 발생하는 경쟁에 관한 이야기는 이타이 버딘과 잭 쇼스택의 'Physical Effects Underlying the Transition from Primitive to Modern Cell Membranes'(PNAS, 2011, doi:10.1073/pnas.1100498108)를 참고한다.
- 세포막 등장에 관한 연구는 잭 쇼스택의 '원시 세포'가 가장 유력한 모델로 꼽힌다. 그 밖의 가설이나 실험들에서는 세포막 등장의 경로가 약간씩 다르다. 최근 브리스톨 대학의 스티븐 만(Stephen Mann)과 쇼가 코가(Shoga Koga)

가 이끄는 한 연구진은 물리적인 표피 없이 뉴클레오타이드와 아미노산으로 채워진 미세 물방울로 구분되는 막 이론을 내놓았다. 이에 관한 내용은 쇼가 코가 외 다수가 쓴 'Peptide-nucleotide Microdroplets as a Step Towards a Membrane-free Protocell Model'(Nature Chemistry 3, 2011, pp. 720-24, doi:10.1038/nchem.1110)을 참고한다.

- 2001년부터 자가 복제를 하는 원시 세포 안에서 일어나는 DNA 복제와 딸 세포들 사이에서 일어나는 DNA의 공유를 파헤치는 흥미로운 연구가 진행되고 있다. 요즘 세포와 같지 않다는 점은 분명하며 그 과정은 실제 세포분열과 유사하다. 이에 관해서는 K. 쿠리하라(K. Kurihara) 외 다수가 쓴 'Self-reproduction of Supramolecular Giant Vesicles Combined with the Amplification of Encapsulated DNA'(Nature Chemistry 3, 2011, pp. 775-81, doi:10.1038/nchem.1127)를 참고한다.
- 레슬리 오르겔의 'Prebiotic Chemistry and the Origin of the RNA World'(Critical Reviews in Biochemistry and Molecular Biology 39, 2004, pp. 99-123, doi:10.1080/10409230490460765)를 참고한다.
- 잭 쇼스택, 데이비드 바텔, P. 루이기 루이지의 'Synthesizing Life'(Nature 409, 2001. 01. 18, pp. 387-90, doi:10.1038/35053176)를 참고한다.
- 로스트 시티의 열수 분출공을 최초로 설명한 논문은 D. S. 켈리 외 다수가 쓴 'An Off-axis Hydrothermal-vent Field Near the Mid-Atlantic Ridge at 30° N'(Nature 412, 2001. 07. 12, pp. 145-9)이다.
- 열수 분출공에서 일어나는 양성자 변화도와 생명의 기원에 관해서는 닉 레인, 마이크 러셀, 빌 마틴을 비롯하여 여러 사람이 쓴 논문과 논평이 출간되어 있다. 그중 으뜸을 꼽는다면 닉 레인과 W. 마틴의 'The Origin of Membrane Bioenergetics'(Cell 151, 2012, pp. 1406-16)와 W. 마틴의 'Hydrogen, Metals, Bifurcating Electrons, and Proton Gradients: The Early Evolution of Biological Energy Conservation'(FEBS Letters 586, 2012, pp. 485-93) 그리고 마이크 러셀의 《Origins, Abiogenesis and the Search for Life》이다. 닉 레인, J. F. 앨런(J. F. Allen), W. 마틴의 'How Did LUCA Make a Living? Chemiosmosis in the Origin of Life'(Bioessays 32, 2010, pp. 271-80)와 W. 마틴, J. 배로스(J. Baross), D. 켈리, 마이크 러셀의 'Hydrothermal Vents and the Origin of Life'(Nature Reviews, Microbiology 6, 2008, pp. 806-14) 그리

고 W. 마틴, 마이크 러셀의 'On the Origin of Biochemistry at an Alkaline Hydrothermal Vent'(Philosophical Transactions, Royal Society of London (Ser. B) 362, 2007, pp. 1887-925d)도 수작으로 꼽힌다. 마이크 러셀의 연구에 관한 개요는 존 휘트필드(John Whitfield)의 'Origin of Life: Nascence Man'(Nature 459, 2009, pp. 316-19, doi:10.1038/459316a)을 참고한다.

- 혹시라도 다음의 논문을 입수하게 된다면 '심봤다'를 외치시기를……. 바로 지구 생물의 기원으로 외계 생명체를 심각하게 고려한 크릭과 오르겔의 논문이다. F. H. C. 크릭과 L. E. 오르겔의 'Directed Panspermia'(Icarus 19, 1973, pp. 341-6).
- 프레드 호일 경과 찬드라 위크라마싱(Chandra Wickramasinghe)이 주장한, 흥미롭지만 틀린 판스페르미아 가설이 궁금하다면 프레드 호일 경과 찬드라 위크라마싱의 《우주에서의 진화*Evolution from Space: A Theory of Cosmic Creationism*》를 읽어보기 바란다.

PART Ⅱ 생명의 미래

서장 생명은 창조될 수 있는가

- 철저히 인공적으로 제조한 게놈으로 세포를 구축하는 연구에 대한 크레이그 벤터의 논문은 대니얼 깁슨(Daniel G. Gibson) 외 다수가 쓴 'Creation of a Bacterial Cell Controlled by a Chemically Synthesized Genome'(Science 329, 2010. 07. 02, pp. 52-6, doi:10.1126/science.1190719)을 참고한다.
- '신시아'라는 애칭으로 불리는 마이코플라스마 미코이즈의 게놈에 대한 특허권 이야기는 'http://1.usa.gov/QsssVZ'를 참고한다.
- 영향력 있는 인물로 데이비드 캐머런과 세라 페일린 사이에 벤터를 넣었다는 내용은 〈뉴 스테이츠먼*New Statesman*〉지(2010. 09. 21)를 참고했다.

1장 신과 경쟁하는 인간

- 내가 거미염소 프레클스를 (그리고 그 염소의 창조주인 랜디 루이스를) 실제로 만난 것은 BBC의 과학 다큐멘터리 시리즈 〈호라이즌*Horizon*〉을 제작할 때였다. 당시 인터뷰 내용과 〈옵서버*Observer*〉지에 기고한 기사 일부를 인용했다. 기사 원본은 'Synthetic Biology and the Rise of the "Spider-goats"'(2012. 01. 14, 토요일)다.
- F. 퇼레(F. Teulé) 외 다수가 쓴 'A Protocol for the Production of Recombinant Spider Silk-like Proteins for Artificial Fiber Spinning'(Nature Protocols 4:3, 2009, pp. 341-55, doi:10.1038/nprot.2008.250)을 참고한다.
- 1970년대 제한효소 HinDII를 설명한 해밀턴 스미스의 논문은 그 뒤를 이은 모든 분자생물학 연구의 초석이 되었다. 해밀턴 스미스와 K. W. 윌콕스(K. W. Wilcox)의 'A Restriction Enzyme from Hemophilus Influenzae 1. Purification and General Properties'(Journal of Molecular Biology 51, 1970, pp. 379-91, doi:10.1016/0022-2836(70)90149-X)를 참고한다.

2장 생명에 숨겨진 논리

- 오늘날 생물공학을 가장 포괄적으로 해석한 책은 로버트 칼슨(Robert H. Carlson)의 《생물학은 기술이다*Biology Is Technology: The Promise, Peril, and New Business of Engineering Life*》이다. 이 책은 과학과 경제와 정치는 물론이고 끊임없이 변하는 생물공학을 위한 입문서로도 손색이 없다.
- 론 바이스의 암세포 킬러 회로에 대해서는 쩐 시에(Zhen Xie) 외 다수가 쓴 'Multi-Input RNAi-Based Logic Circuit for Identification of Specific Cancer Cells'(Science 333, 2011. 09. 02, pp. 1307-11, doi:10.1126/science.1205527)를 참고한다.
- 킬러 프로그램의 표적이 되어 파괴되는 암세포를 헬라세포라고 한다. 무한한 분열 능력 때문에 이 세포는 꾸준히 실험 대상이 되어왔고 수많은 연구소에 보급되었다. 무엇보다 현대 생물학의 여러 측면에서 헬라세포의 중요성은 말로 다 표현할 수가 없다. 이 암세포는 1951년 가난한 흑인이었던 헨리에타 랙

스의 자궁 경부에서 떼어낸 세포로, 세포 제공자였던 그녀는 암으로 사망했으며 이름 없는 묘지에 묻혔다. 레베카 스클루트(Rebecca Skloot)는 뛰어나고 세련된 글 솜씨로 그녀의 삶을《헨리에타 랙스의 불멸의 삶*The Immortal Life of Henrietta Lacks*》에 담았다.

- 합성생물학이 탄생할 즈음 유전공학의 본질을 세상에 선보인 두 편의 논문은 마이클 엘로위츠와 스타니슬라스 레이블러의 'A Synthetic Oscillatory Network of Transcriptional Regulators'(Nature 403, 2000. 01. 20, pp. 335-8, doi:10.1038/35002125)와 티모시 가드너, 찰스 칸토르(Charles R. Cantor) 그리고 제임스 콜린스(James J. Collins)의 'The Construction of a Genetic Toggle Switch in Escherichia coli'(Nature 403, 2000. 01. 20, pp. 339-42, doi:10.1038/35002131)다.
- 그로부터 10년 후 회로들은 놀라우리만치 정교해졌다. 대표적으로 탤 대니노(Tal Danino), 옥타비오 몬드라곤-팔로미노(Octavio Mondragón-Palomino), 레브 치미링(Lev Tsimring) 그리고 제프 해스티의 'A Synchronized Quorum of Genetic Clocks'(Nature 463, 2010. 01. 21, pp. 326-30, doi:10.1038/nature08753)를 참고한다.
- 〈네이처〉지에 근무하는 나의 동료 샤를로트 스토다트(Charlotte Stoddart)는 합성 박테리아의 놀라운 동시성을 짧은 동영상으로 제작해 유튜브에 올렸다. 동영상에서 스토다트는 형광 현상을 '파도타기(Mexican wave)'에 빗대어 설명했다. 스포츠팬들이 일어서서 고함치고 앉기를 연달아 반복하는 것을 예로 들어 후시성(지네나 갯지렁이가 이동할 때 근육의 수축이 한쪽 끝에서 다른 쪽 끝으로 차례로 이동하는 성질-옮긴이) 리듬을 타는 박테리아를 설명했다. 유튜브 이용자들은 제대로 눈치 채지 못했지만 동영상 아래에 주석처럼 달아놓은 '파도타기'라는 용어에 대한 설명은 실로 놀라웠다. '파도타기(Mexican wave)'는 본래 영국에서 관용어로 쓰이는데 그 이름이 붙은 까닭은 1986년 멕시코 월드컵 때 처음 이 응원 기법이 등장했기 때문이다. 누군가에게는 어딘지 모르게 인종차별주의적인 용어로 들리는 모양이다.
- 화성 여행의 위험에 대해선 W. 프리드버그(W. Friedberg) 외 다수가 쓴 'Health Aspects of Radiation Exposure on a Simulated Mission to Mars'(Radioactivity in the Environment 7, 2005, pp. 894-901)를 참고한다.
- 합성생물학에 대한 정당한 요구와 과장된 시선을 설명하는 적절한 분석은 로

베르타 곽(Roberta Kwok)의 'Five Hard Truths for Synthetic Biology'(Nature 463, 2010. 01. 20, pp. 288-90, doi:10.1038/463288a)를 참고했다.

3장 진화와 창조의 리믹스

- 진화와 합성생물학을 복제와 창조성 그리고 음악과 비교한 내 생각의 출발점은 뉴욕에 거주하는 영화 제작자 커비 퍼거슨(Kirby Ferguson)이 인터넷(http://www.everythingisaremix.info)에 올린 〈모든 것이 리믹스Everything Is a Remix〉라는 동영상 시리즈였다.
- 퍼거슨은 시리즈 4편에서 '기원'의 개념을 비유적으로 설명하기 위해 진화론으로 서문을 열었고 이로써 뛰어난 수작이 완성되었다. 감개무량하게도 그는 내게 약간의 도움을 받았다는 사실을 명시해주었다. 덕분에 나도 합성생물학을 설명하면서 그의 아이디어를 빌려 조금 다듬어 쓸 수 있었다. 상부상조한다는 의미에서 퍼거슨도 흔쾌히 허락해주리라 믿는다.
- 음악계에 저작권법이 등장함으로써 창조성의 본질이 달라졌다는 내용은 조애너 디머스(Joanna Demers)가 《이 음악을 훔쳐라*Steal This Music*》에서 훌륭하게 설명해놓았다.
- 음악에서 샘플링의 실상을 보여주는 가장 놀라운 사례는 오늘날 음악팬들의 기억에서 거의 사라진 펑크 소울 밴드 '윈스턴스(The Winstons)'가 1969년에 발표한 7인치 싱글 앨범 중 B면의 드럼 솔로 파트일 것이다. 이 부분은 정말 이지 셀 수도 없을 만큼 샘플링되었다. '아멘, 형제여(Amen Brother)'라는 곡 중에 등장하는 소위 'Amen Break'라고 알려진 드럼 솔로 구간은 짧게 내려치면서 당기는 듯한 '브레이크 비트' 연주 기법이 특징이다. 1980년대 한창 발달하고 있던 뉴욕 힙합 무대에서 맛보기로 등장했던 브레이크 비트는 1980년대 말 갱스터힙합의 선두 주자였던 NWA의 '컴튼에서 벗어나(Straight Outta Compton)'을 포함하여 수많은 힙합 밴드와 댄스 그룹들의 곡에 샘플링되었다. 10년 후에는 데이비드 보위부터 각종 영화의 엔딩 크레디트와 만화〈퓨처라마*Futurama*〉에 이르기까지 장르를 막론하고 수백 곡에 7초 드럼 루프가 삽입되었다. 정글 뮤직은 물론이고 거의 모든 장르의 드럼과 베이스 부분은 'Amen Break'가 기초공사를 맡은 셈이다. 'http://amenbreakdb.com'에

서 더욱 다양한 자료를 찾아볼 수 있다.

- 샘플링만으로 전곡을 구성한 첫 앨범은 DJ 섀도우(DJ Shadow)의 '엔드트로듀싱(Endroducing)'(1996)이다. 이 앨범은 영화 〈사일런트 러닝Silent Running〉(1972), 〈프린스 오브 다크니스Prince of Darkness〉(1987)의 삽입곡을 비롯해 퀸(Queen), 메탈리카(Metalica), 핑크 플로이드(Pink Floyd), 크라프트베르크(Krafrwerk), 너바나(Nirvana) 등 유명 그룹의 곡에서 최소 99개의 구간을 샘플링하여 18개의 트랙으로 완성했다. 비록 이 앨범이 문화적으로는 의미가 훨씬 더 크고 많은 이들에게 사랑받는 샘플링이겠지만 크레이그 벤터의 '신시아'는 아마도 살아 있는 세포를 가장 근사하게 샘플링한 합성 박테리아임에 틀림없다.
- 'Hello World'에 대해서는 안젤름 레브스카야(Anselm Levskaya) 외 다수가 쓴 'Synthetic Biology: Engineering Escherichia coli to See Light'(Nature 438, 2005. 11. 24, pp. 44-2, doi:10.1038/nature04405)를 참고한다.
- 걸쭉하게 부패한 사탕수수 배양액에서 대눈파리(사이르토디옵시스 달마니(Cyrtodiopsis dalmanni)) 수천 마리를 번식시킨 후 무려 세 달 동안 눈과 날개를 관찰하고 측정했던, 그야말로 행복에 겨웠던 날들이 떠오른다. 그에 대한 기록은 P. 데이비드(P. David), A. 힝글(A. Hingle), D. 그레이그(D. Greig), A. 포미안코프스키(A. Pomiankowski), K. 파울러(K. Fowler) 그리고 나, 애덤 러더퍼드의 'Male Sexual Ornament Size but Not Asymmetry Reflects Condition in Stalk-eyed Flies'(Proceedings of the Royal Society B 265, 1998, p. 2211, doi:10.1098/rspb.1998.0561)에 수록되어 있다.
- 브라운 대학과 스탠퍼드 대학의 연합으로 만들어진 iGem 팀이 생체 광물 형성 과정의 첫 단계에 사용한 기법은 외계 행성의 지구화를 위해 만들어진 레고브릭 회로를 설명한 논문에 잘 나와 있다. S. S. 뱅(S. S. Bang)과 V. 라마크리슈난(V. Ramakrishnan)의 'Calcite Precipitation Induced by Polyurethane-immobilized Bacillus pasteurii'(Enzyme and Microbial Technology 28, 2001, pp. 404-9).
- 유전학과 합성생물학의 특허권에 관련된 논평은 다음 두 편이 가장 유익하다. 아티 레이(Arti Rai)와 제임스 보일(James Boyle)의 'Synthetic Biology: Caught Between Property Rights, the Public Domain, and the Commons'(PLoS Biology 5, 2007, p. e58, doi:10.1371/journal.pbio.0050058),

베르트홀드 러츠(Berthold Rutz)의 'Synthetic Biology and Patents: A European Perspective'(EMBO Reports 10, 2009, pp. S14-S17, doi:10.1038/embor.2009.131).

- 온코마우스에 대한 유럽의 특허권에 대해서는 http://register.epoline.org/espacenet/application?number=EP85304490에 자세히 나와 있다.
- 오바마 대통령의 국가 바이오경제 청사진에 대해서는 http://www.whitehouse.gov/sites/default/files/microsites/ostp/national_bioeconomy_blueprint_april_2012.pdf를 참고한다.

4장 발전을 위한 변론

- 마틴 로빈스(Martin Robbins)의 '"HULK SMASH GM"-Mixing Angry Greens with Bad Science'(2012. 05. 30, 수요일, guardian.co.uk)를 참고한다.
- 소피 밴더모튼(Sophie Vandermoten)의 'Aphid Alarm Pheromone: An Overview of Current Knowledge on Biosynthesis and Functions'(Insect Biochemistry and Molecular Biology 42, 2012, pp. 155-63)를 참고한다.
- C. 라인홀드(C. Reinhold) 외 다수가 쓴 'Constitutive Emission of the Aphid Alarm Pheromone, (E)-beta-farnesene, from Plants Does Not Serve as a Direct Defense Against Aphids'(BMC Ecology 10, 2010, p. 23, doi:10.1186/1472-6785-10-23)를 참고한다.
- L. G. 피어뱅크(L. G. Firbank) 외 다수가 쓴 'Farm-scale Evaluation of Genetically Modified Crops'(Nature 399, 1999, pp. 727-8)를 참고한다.
- J. N. 페리(J. N. Perry) 외 다수가 쓴 'Ban on Triazine Herbicides Likely to Reduce but Not Negate Relative Benefits of GMHT Maize Cropping'(Nature 428, 2004. 03. 18, pp. 313-16, doi:10.1038/nature02374)을 참고한다.
- M. S. 허드(M. S. Hard) 외 다수가 쓴 'Weeds in Fields with Contrasting Conventional and Genetically Modified Herbicide-tolerant Crops. 1. Effects on Abundance and Diversity'(Philosophical Transactions of the Royal Society B 358, 2003, pp. 1819-32)를 참고한다.
- J. N. 페리 외 다수가 쓴 'Design, Analysis and Power of the Farm-scale

Evaluations of Genetically-modified Herbicide-tolerant Crops'(Journal of Applied Ecology 40, 2003, pp. 17-31)를 참고한다.

- 첼시 스넬라(Chelsea Snella) 외 다수가 쓴 'Assessment of the Health Impact of GM Plant Diets in Long-term and Multigenerational Animal Feeding Trials: A Literature Review'(Food and Chemical Toxicology 50, 2012, pp. 1134-48)를 참고한다.
- '밀가루를 되찾자'(Take the Flour Back)의 웹사이트는 'http://taketheflourback.org'이다.
- 2010년 합성생물학에 대한 위원회의 보고서에 대해 자세히 알고 싶다면 아래 웹사이트를 참고하라. 'New Directions: The Ethics of Synthetic Biology and Emerging Technologies(http://bioethics.gov/cms/synthetic-biology-report)'.
- 위원회의 보고서에 대한 '지구의 벗'과 ETC 그룹의 대응은 아래 웹사이트에 게재되어 있다. 'http://www.foe.org/news/blog/2010-12-groups-criticize-presidential-commissions-recommenda'.
- 오바마 대통령의 바이오 경제 청사진은 아래 웹사이트에서 확인 가능하다. 'http://www.whitehouse.gov/blog/2012/04/26/national-bioeconomy-blueprintreleased'.
- 바이오 경제 청사진에 대한 '지구의 벗'과 ETC 그룹의 반론은 아래 웹사이트에 게재되어 있다. 'Principles for the Oversight of Synthetic Biology' 'http://www.foe.org/projects/food-and-technology/blog/2012-03-global-coalition-calls-oversight-synthetic-biology'.
- 유전자 조작의 최초 실례를 담은 정통 논문은 폴 버그와 그의 팀이 집필했다. D. A. 잭슨(D. A. Jackson), R. H. 사이먼스(R. H. Symons) 그리고 폴 버그의 'Biochemical Method for Inserting New Genetic Information into DNA of Simian Virus 40: Circular SV40 DNA Containing Lambda Phage Genes and the Galactose Operon of Escherichia coli'(Proceedings of the National Academy of Science USA 69, 1972, pp. 2904-9).
- 아실로마 학회 이후에 일어난 분열에 대해서 더 알고 싶다면 'Environmental Groups Lose Friends in Effort to Control DNA Research'(Science 202, 1978, p. 22)를 참고하라.

- 바이오 산업에 기반을 둔 경제학에 대한 ETC 그룹의 분석 결과를 알고 싶다면 'The New Biomassters: Synthetic Biology and the Next Assault on Biodiversity and Livelihoods(http://www.etcgroup.org/content/new-biomassters)'를 참고하라.
- 우편 주문으로 천연두 게놈 일부를 입수했다는 〈가디언〉지의 허세가 궁금하다면 제임스 랜더슨(James Randerson)의 'Revealed: the Lax Laws That Could Allow Assembly of Deadly Virus DNA'(Guardian, 2006. 06. 14)를 읽어보시라.
- 2002년 일반에게 공개된 데이터베이스에서 척수성 소아마비 게놈 배열을 입수해 바이러스를 조립했다는 내용에 대해서는 제로니모 셀로(Jeronimo Cello), 아니코 폴(Aniko V. Paul), 에카드 위머(Eckard Wimmer)의 'Chemical Synthesis of Poliovirus cDNA: Generation of Infectious Virus in the Absence of Natural Template'(Science 297, 2002. 08. 09, pp. 1016-18, doi:10.1126/science.1072266)를 참고한다.
- 1918년 유행한 독감에 대한 내용은 테렌스 텀피(Terrence M. Tumpey) 외 다수가 쓴 'Characterization of the Reconstructed 1918 Spanish Influenza Pandemic Virus'(Science 310, 2005, pp. 77-80, doi:10.1126/science.1119392)를 참고한다.
- 〈네이처〉지에 실린 가와오카의 논문과 〈사이언스〉지에 실린 푸시에의 논문은 상당한 논의와 토론을 거쳐 결국 2012년 6월 무삭제판으로 출간되었다. 출간 이전의 〈네이처〉지 논평과 두 논문의 출간에 관해서는 다음 세 논문을 참고했다. 마사키 이마이(Masaki Imai) 외 다수가 쓴 'Experimental Adaptation of an Influenza H5 HA Confers Respiratory Droplet Transmission to a Reassortant H5 HA/H1N1 Virus in Ferrets'(Nature 486, 2012. 06. 21, pp. 420-28, doi:10.1038/nature10831), 샌더 허프스트(Sander Herfst) 외 다수가 쓴 'Airborne Transmission of Influenza A/H5N1 Virus Between Ferrets'(Science 336, 2012. 06. 22, pp. 1534-41, doi:10.1126/science.1213362)와 'Publishing Risky Research'(Nature 485, 2012. 05. 03, p. 5, doi:10.1038/485005a)이다.
- 클레어 M. 프레이저(Claire M. Fraser)와 말콤 단도(Malcolm R. Dando)의 'Genomics and Future Biological Weapons: The Need for Preventive Action by the Biomedical Community'(Nature Genetics 29, 2001, pp. 253-6,

doi:10.1038/ng763)를 참고한다.

- GM 작물이 쥐의 섭생에 미치는 부정적 영향에 대한 질레스 에릭 세랄리니의 논쟁적 논문은 세랄리니 외 다수가 쓴 'Long term Toxicity of a Roundup Herbicide and a Roundup-tolerant Genetically Modified Maize'(Food and Chemical Toxicology 50, 2012, pp. 4221-31)를 참고한다.
- 그리고 두 달 후 유럽식품안전청의 발표는 다음 회보에 실렸다. 'European Food Safety Authority, Final Review of the Seralini et al. (2012a) Publication on a 2-year Rodent Feeding Study with Glyphosate Formulations and GM Maize NK603 as Published Online on 2012. 09. 19 in Food and Chemical Toxicology'(EFSA Journal 10, 2012, p. 2986).
- 아르테미시닌의 합성에 대해 더 알고 싶다면 노대균(Dae-Kyun Ro) 외 다수가 쓴 'Production of the Antimalarial Drug Precursor Artemisinic Acid in Engineered Yeast'(Nature 440, 2006. 04. 13, pp. 940-43, doi:10.1038/nature04640)와 P. J. 웬스트폴(P. J. Westfall) 외 다수가 쓴 'Production of Amorphadiene in Yeast, and Its Conversion to Dihydroartemisinic Acid, Precursor to the Antimalarial Agent Artemisinin'(Proceedings of the National Academy of Science USA 109 E111-8, 2012. 01. 12), 데클란 버틀러(Declan Butler)의 'Malaria Drug-makers Ignore WHO Ban'(Nature 460, 2009. 07. 14, pp. 310-11, doi:10.1038/460310b)과 멜리사 리 필립스(Melissa Lee Phillips)의 'Genome Analysis Homes in on Malaria-drug Resistance'(Nature News, 2012. 04. 05, doi:10.1038/nature.2012.10398)를 참고한다.
- GM 식품에 대한 영국 과학기술자문위원의 과학적 조언을 듣고 싶다면 'GM Food Needed to Avert Global Crisis, Says Government Adviser'(Telegraph, 2011. 01. 24)를 참고하라.
- '신의 영역을 넘본다'라는 내용에 대해 궁금하다면 'Meanings of "Life"'(Nature 447, 2007. 06. 28, pp. 1031-2, doi:10.1038/4471031b)를 참고하라.
- 폴 버그, 데이비드 볼티모어(David Baltimore), 시드니 브레너(Sydney Brenner), 리처드 로블린 3세(Richard O. Roblin III), 막신 싱어(Maxine F. Singer)의 'Summary Statement of the Asilomar Conference on Recombinant DNA Molecules'(Proceedings of the National Academy of Science USA 72, 1975,

pp. 1981-4)를 참고한다.

- 합성생물학을 바라보는 영국 대중의 다양한 시선에 대한 주요 언론의 평가는 'BBSRC Synthetic Biology Dialogue'(http://www.bbsrc.ac.uk/web/FILES/Reviews/synbio_summary-report.pdf)를 참고한다.

맺는 글 진화로 창조하며 창조로 진화하다

- 바벨, 에스페란토, 클링온, 보아보무(Babm, 일본의 철학자 리키치 오카모토가 제작한 국제적인 예비 언어-옮긴이), 블리스 기호 체계(Blissymbolics), 로글란(Loglan, 논리에 기반한 인공 언어-옮긴이), 로지바(Lojba, 로글란에 기초한 기능성 인공언어-옮긴이) 등을 포함해 인간이 어떻게 900여 개의 언어를 사용할 수 있었는지 궁금하다면 애리카 오크렌트(Arika Okrent)의 《창조된 언어의 땅에서*In the Land of Invented Languages: Esperanto Rock Stars, Klingon Poets, Loglan Lovers, and the Mad Dreamers Who Tried to Build a Perfect Language*》를 읽어보기 바란다.
- A, T, C, G의 천연 염기에 Z와 P를 첨가한 스티브 베너의 연구에 대해서는 양(Yang)과 F. 첸(F. Chen) 외 다수가 쓴 'Amplification, Mutation, and Sequencing of a Six-Letter Synthetic Genetic System'(Journal of the American Chemical Society, 2011, doi:10.1021/ja204910n)을 참고한다.
- ZNA와 합성유전학의 탄생에 대해서는 비토르 피네이로 외 다수가 쓴 'Synthetic Genetic Polymers Capable of Heredity and Evolution'(Science 336, 2012. 04. 20, pp. 341-4, doi:10.1126/science.1217622)을 참고한다.
- 비자연적 아미노산에 관한 연구는 로이드 데이비스(Lloyd Davis)와 제이슨 친의 'Designer Proteins: Applications of Genetic Code Expansion in Cell Biology'(Nature Reviews Molecular Cell Biology 13, 2012. 02, pp. 168-82, doi:10.1038/nrm3286), 제이슨 친 외 다수가 쓴 'Addition of a Photocrosslinking Amino Acid to the Genetic Code of Escherichia coli'(PNAS 99, 2002, pp. 11020-24, doi:10.1073/pnas.172226299)에 자세히 설명되어 있다.
- 고대 DNA에 대해서는 〈네이처〉지 팟캐스트 방송을 핑계로 2008년 11월

20일 매머드 게놈 배열의 권위자인 스티븐 슈스터(Stephan C. Schuster)와 진행했던 인터뷰 내용으로 대신한다.

슈스터: 모간에 DNA가 실제로 남아 있을 가능성이 있을지도 모른다고 생각했지요. 우리는 무작정 밖으로 나가서 DNA가 존재할 만한 곳을 뒤져보았습니다. 그것 말고는 방도가 없었으니까요. 그때 전 이베이를 검색해보기로 했습니다. 세상에나! 마음만 먹으면 수천억 가닥도 손에 넣을 수 있더군요. 우리는 곧장 판매자에게 연락했고 그 다음에는 대학 당국과 머리를 맞대어 수입허가장을 받을 수 있는지 알아봤지요. 그리고 우리가 알고 있는 러시아의 고생물학자나 박물관 큐레이터들에게 부탁해 공급자에 대해 알아봤습니다. 털이나 화석들 중 일부가 러시아 바깥에서 불법적으로 팔려나가고 있다는 사실을 알고 있었기 때문에 좀 불안했지요. 모든 게 안전하고 합법적이라는 사실을 확인한 후부터 털을 왕창 사들였습니다.

나: 논문의 연구 방법 부분에는 이러한 내용들은 기록하지 않으셨죠? 귀가 의심스러워서 그러는데요. 정말 그 털들을 이베이에서 사셨단 말씀인가요? 낙찰가는 대체 얼마였습니까?

슈스터: 털 한 줌에, 제 기억으로는 132달러였던 것 같습니다.

- 웹 밀러(Webb Miller) 외 다수가 쓴 'Sequencing the Nuclear Genome of the Extinct Woolly Mammoth'(Nature 456, 2008. 11. 20, pp. 387-90, doi:10.1038/nature07446)를 참고한다.
- 오래전 죽은 사체 표본의 DNA 배열 감정에 대해서는 S. 파보(S. Pääbo) 외 다수가 쓴 'Genetic Analyses from Ancient DNA'(Annual Review of Genetics 38, 2004, pp. 645-79, doi:10.1146/annurev.genet.37.110801.143214)를 참고한다.
- 정말 오래된 인간 DNA에 대해 궁금하다면 리처드 그린(Richard E. Green) 외 다수가 쓴 'A Draft Sequence of the Neanderthal Genome'(Science 328, 2010. 05. 07, pp. 710-22, doi:10.1126/science.1188021)을 참고하라.
- 상상도 못할 만큼 오래된 식물 DNA에 대해 궁금하다면 에스케 윌러슬레브(Eske Willerslev) 외 다수가 쓴 'Ancient Biomolecules from Deep Ice Cores Reveal a Forested Southern Greenland'(Science 317, 2007. 07. 06, pp. 111-14, doi: 10.1126/science.1141758)를 참고하라.
- DNA를 디지털 정보 저장 장치로 이용할 수 있다는 사실을 학문적으로 접

근한 최초의 논문은 에릭 바움(Eric B. Baum)의 'Building an Associativ Memory Vastly Larger Than the Brain'(Science 268, 1995. 04. 28, pp. 583-5, doi:10.1126/science.7725109)이다.

- DNA가 가장 진보적인 데이터 저장 장치임을 설명한 논문은 조지 처치(George M. Church), 위안 가오(Yuan Gao), 스리람 코수리(Sriram Kosuri)의 'Next-Generation Digital Information Storage in DNA'(Science 337, 2012. 09. 28, doi:10.1126/science.1226355)이다.

ㅇ

크리에이션

생명의 기원과 미래

초판 1쇄 2014년 8월 29일

지은이 | 애덤 러더퍼드
옮긴이 | 김학영

발행인 | 노재현
편집장 | 서금선
책임편집 | 조기준
교정 | 전경서
디자인 | 권오경
조판 | 김미연
마케팅 | 김동현 김용호 이진규
제작지원 | 김훈일

펴낸곳 | 중앙북스(주)
등록 | 2007년 2월 13일 제2-4561호
주소 | (121-904) 서울시 마포구 상암산로 48-6(상암동 DMCC 빌딩 20층)
구입문의 | 1588-0950
내용문의 | (02) 2031-1353
팩스 | (02) 2031-1399
홈페이지 | www.joongangbooks.co.kr
페이스북 | www.facebook.com/hellojbooks

ISBN 978-89-278-0569-4 03470